U0048530

我，為什麼會這樣？

喜歡這些，討厭那些，從生物學、腦科學與心理學解釋我們的喜好、情緒、行爲與想法，重啟一趟人類的認識之旅

比爾・蘇利文——著
鄧子衿——譯

Pleased to Meet Me
Genes, Germs, and the Curious Forces that Make Us Who We Are

Bill Sullivan

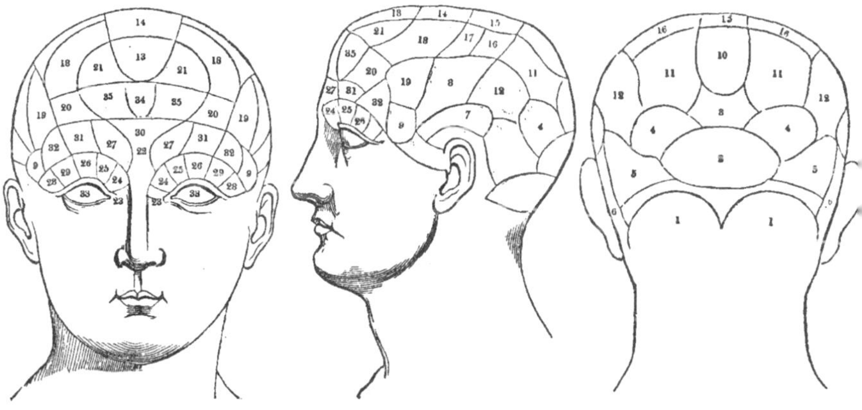

Copyright © 2019 by William J. Sullivan, Jr
This edition arranged with DeFiore and Company Literary Management, Inc.
through Andrew Nurnberg Association International Limited

科普漫遊 FQ1062

我，為什麼會這樣？

喜歡這些，討厭那些，從生物學、腦科學與心理學解釋我們的喜好、情緒、行為與想法，重啟一趟人類的認識之旅

Pleased to Meet Me: Genes, Germs, and the Curious Forces that Make Us Who We Are

作　　者　比爾・蘇利文（Bill Sullivan）
譯　　者　鄧子衿
副總編輯　謝至平
責任編輯　鄭家暐
行銷企畫　陳彩玉、薛綸
美術設計　廖勁智
排版設計　莊恒蘭

編輯總監　劉麗真
總 經 理　陳逸瑛
發 行 人　凃玉雲
出　　版　臉譜出版
城邦文化事業股份有限公司
臺北市中山區民生東路二段141號5樓
電話：886-2-25007696　傳真：886-2-25001952
發　　行　英屬蓋曼群島商家庭傳媒股份有限公司城邦分公司
臺北市中山區民生東路二段141號11樓
客服專線：02-25007718；25007719
24小時傳真專線：02-25001990；25001991
服務時間：週一至週五上午09:30-12:00；下午13:30-17:00
劃撥帳號：19863813　戶名：書虫股份有限公司
讀者服務信箱：service@readingclub.com.tw
城邦網址：http://www.cite.com.tw
香港發行所　城邦（香港）出版集團有限公司
香港灣仔駱克道193號東超商業中心1樓
電話：852-2508623　傳真：852-25789337
電子信箱：hkcite@biznetvigator.com
新馬發行所　城邦（馬新）出版集團
Cite（M）Sdn. Bhd.（458372U）
41, Jalan Radin Anum, Bandar Baru Sri Petaling,
57000 Kuala Lumpur, Malaysia.
電話：603-90578822　傳真：603-90576622
電子信箱：cite@cite.com.my
一版一刷　2020年06月
一版十四刷　2024年03月

城邦讀書花園
www.cite.com.tw

ISBN 978-986-235-842-9
售價　NT$ 420
版權所有・翻印必究（Printed in Taiwan）
（本書如有缺頁、破損、倒裝，請寄回更換）

國家圖書館出版品預行編目資料

我，為什麼會這樣?：喜歡這些，討厭那些，從生物學、腦科學與心理學解釋我們的喜好、情緒、行為與想法，重啟一趟人類的認識之旅／比爾. 蘇利文(Bill Sullivan)著；鄧子衿譯. 一版. 臺北市：臉譜，城邦文化出版；家庭傳媒城邦分公司發行, 2020.06
面；　公分. --（科普漫遊；FQ1062）
譯自：Pleased to Meet Me: Genes, Germs, and the Curious Forces that Make Us Who We Are
ISBN 978-986-235-842-9（平裝）

1.基因　2.遺傳學　3.行為心理學

363.81　　109006003

獻給我的孩子柯林（Colin）與蘇菲亞（Sophia）。

看到你們讓我更瞭解自己，

至少你們從母親那裡得到了一些好性狀。

目次

引言　見見真正的自己

人類做的事情可真是怪透了，對吧！不論你認為自己有多普通，總是有人會認為你是個怪咖。從飲食、習慣到信仰，人類真是多采多姿。

為什麼會這樣呢？有些人喜歡異國風味的食物和上好的葡萄酒，有人只需要用簡單的漢堡和啤酒就可以打發。有些人吃素，有些人認為球芽甘藍的味道臭不可聞。有些人一輩子都保持身材苗條，有些人光是想像乳酪蛋糕就覺得自己的腰圍增加了。有些人喜歡健身，有些人喜歡放鬆。

人類的生活習慣也是種種不同。有些人為了支持家鄉的球隊，會穿上隊衫並在臉上彩繪球隊標誌。有些人則喜歡角色扮演成柏格人參加《星艦迷航》大會。有些人晚上會到城裡瘋一瘋，有些人則偏好去逛博物館。有些人喜歡到世界各地去旅行，有些人甚至不願嘗試去逛一逛世界商店（World Market）。有些人追逐時尚流行，有些人把慘不忍睹的衣服穿到破爛。

那麼人類的行為呢？有些人不會受到酒精和藥物的影響，但有些人難逃它們的致命吸引力。有些人總是清白誠實，有些人偷拐詐騙而不會後悔。有些人有色盲，有些人卻能看到多彩的世界。有些人連蒼蠅都不願意傷害，有些人則容易大發雷霆。有些人為了贏得戰爭而奮鬥，有些人為了和平挺身而出。

對於愛情的關係也是。有的人對伴侶忠誠，有些人假裝對伴侶忠誠。有些人寄望於美貌與財富，有些人更著重加強表面之下的東西。有些人希望遇到靈魂伴侶，能夠相愛終身，有些人認為終身廝守如同無期徒刑。有些人記得週年紀念日，有些人忘得一乾二淨。

那麼人類的本性呢？有些人慈悲仁愛，有些人嚴格殘酷。有人精力無窮，有些人始終懶散。有些人無畏無懼，有些人甚至會被自己的影子嚇到。面對半杯水，有些人認為還有一半，有些人認為只剩一半，而且會愈來愈少。

此外，還有許多人位於這種種的極端之間。人類都是由血肉構成，但是生活的樣子卻有很大的不同。不過有件事情我能確定每個人都相同：都想要瞭解每個人為什麼如此的不同。

✤ ✤ ✤

自古以來，人們就一直看到哲學家、神學家、自我領悟的上師，以及影集《歡樂一家親》的心理學家男主角克雷恩（Frasier Crane）等人，想要解開人類行為的奧祕，然而通常不怎麼成功。不過「人類為何如此？」、「人類的本質是什麼？」、「人類為什麼會幹這些事？」等的實際答案，來自於一個意料不到的地方：科學實驗室。

科學家最近對於我們人類有很深刻的瞭解，他們發現了你我都應該知道的黑暗深沉祕密。你愈瞭解真正的自己，便愈容易控制自己的人生旅程。除此之外，知道他人行為背後的原因，也會讓你更瞭解那些和自己不一樣的人。

我們所有人都認為，自己腳步前進的節奏是依照自己內心的想法而定，但是科學研究表明決定這個節奏的人其實肉眼看不到。我們相信自己控制了生活步調，但是有驚人的證據指出，這個想法只是幻覺。實際上有股隱藏的力量操控並且調整我們的每種行為。

為了說明這一點，拿我的一個怪僻做例子好了。我不喜歡綠花椰菜之類的蔬菜，我覺得綠花椰菜很苦，光是聞到烹煮時飄散出的味道，就足以讓我作嘔。不過我的妻子卻很喜歡綠花椰菜，會自動地大口吞下！我和她之間有什麼差異嗎？線索來自我們小孩在嬰兒時期對於綠花椰菜的反應。兒子喜歡綠花椰菜，但是女兒面對綠花椰菜時的反應好像是我們端上了毒藥給她。我們並沒有教他們要喜愛或是厭惡綠花椰菜，他們天生就是這樣，因此這種行為來自於DNA上的指示。（在第二章中有詳細說明。）

讓我們再稍微深入一點討論這種錯綜複雜的影響。在DNA上的基因會讓我們喜歡或討厭某些東西，所以我是無辜的！我討厭綠花椰菜並不是我的錯，而且我不再需要因此感到愧疚，因為我不能決定我會得到哪些基因。

如果連口味這樣基本的事情都不在自己的掌握之中，那麼人類還有哪些事情是不受自己控制的呢？在這本書中，我會詳細說明基因對於人類行為的影響。我們會看到，基因主控的不只是眼睛的顏色，或是出生的時候有手這樣明顯的身體特徵，基因也影響了我們處理生活的方式，有多快會失去耐性，是否會酒精上癮，飯量有多少，會喜歡上誰，以及會不會從航行得好好的飛機上，背著降落傘跳出去。

DNA通常被冠上「生命藍圖」的稱號，因為其中含有建構生命體的指令。對於絕大部分的人類來說，DNA製造出來的身體相當於簡樸的居所，不過有些人得到的是華廈，或是待修的房屋。也有的人得到的藍圖是用來建造《星際大戰》中的「死星」（Death Star）的。

不過我們當然不只是一堆基因而已，對吧？例如你的親人和你有很多DNA是相同的，但是彼此之間還是有很大的差異。同卵雙胞胎基本上算是複製體，基因百分之百相同，即使如此，外貌和行為往往也有所不同。電視節目《房產兄弟》（*Property Brothers*）的主持人是一對雙胞胎兄弟，但兩人並不完全一樣。其中一個高一點點。一個追求時尚，喜歡穿西裝，另一個則隨意打扮。一個擅長設計工作中的許多細節，另一個偏好實際執行工作。一個很在意食物，另一個則能輕鬆節食。這些差異指出基因打造出房子，但是其他的東西把房子變成家。在這本書中，我將會探究那些影響基因運作的環境因子，以及環境影響基因的方式，這些改變或許能夠傳遞到我們的後代。外在世界和基因交互作用的方式是一個新的研究領域，稱為表觀遺傳學（epigenetic）。

表觀遺傳對於人類行為的影響非常大，甚至在**出生之前**就作用在我們的DNA上了。舉例來說，接觸到尼古丁或是其他藥物，會以化學方式影響男性精子中的基因。母親在懷孕期間做的事情也會讓胎兒的DNA永遠改變。表觀遺傳可能對於肥胖、沮喪、焦慮、智能等各方面都有廣泛的影響。科學家發現壓力、虐待、貧窮與疏於照料，都會傷及被害者的DNA，對於行為的不良影響會延續數代。這些表觀遺傳領域中驚人的發現指出了另一種暗地裡影響我們行為的力量，對此我們完全無法控制。

除了基因之外，科學家也發現入侵到人類身體中的微小生物也會影響我們的行為，這些生物含有各式各樣的基因。聽過「微生物體」（microbiome）這個詞嗎？拉一坨屎好好瞧一瞧吧，因為我們將會深入瞭解微生物體。最早偷偷住進我們身體的微生物來自於母親。隨著年紀增長，我們也從食物、寵物和其他人那裡得到微生物。新的研究指出，人類的腸道中有數兆個微生物，它們可能會影響我們的食慾、心情、人格等。例如科學家把受到憂鬱所苦的人類腸道微生物，移植到活潑、精神的正常小鼠體內，便會讓小鼠也陰沉憂鬱起來。我們將會看到許多人喜歡的西方飲食會大幅改變腸道中的細菌種類，讓有些人推測腸道細菌可能加重了過敏、憂鬱和腸躁症候群（irritable bowel syndrome）等健康問題，因為這些疾病在富裕國家更為常見。

有一種由貓傳染的常見寄生蟲，會有四分之一的機率入侵你的腦部，減損你的認知能力，讓你變得比較容易上癮、異常憤怒與罹患神經過敏病（neuroticism）。我的實驗室正在研究這種寄生蟲。

有愈來愈多證據指出這些林林總總的微生物為了自己的利益而影響我們的行為，讓人再次懷疑我們是否真的完全控制了自己的行動。書中將會詳細討論這點。

✤ ✤ ✤

二十五年來我一直從事生命科學的研究，這讓我對於生命的運作有了獨特的看法。我研究驅動行為的力量，這些力量讓我確信我們對於人類本身的種種想法幾乎都是錯誤的，同時我們也因為這些想法而付出代價。人類對自己錯誤的感覺危害了個人生活、職業生涯和社會生活。我們對於人類行為的種種誤解，不但有礙於進步，對於教育、心理健康、司法系統和全球政治也都造成了負面影響。把這些隱藏的力量揭露出來，讓我們對於人類的行為有重要的新看法，以及更深入瞭解那些做出不可思議行動的人們。

在接下來的內容中，我們將會仔細探究人類對於自己行動的掌控能力有多大（實際上是有多小）。這些知識有助於我們更瞭解自己，並且讓我們具有改變自身行為的力量，好讓整個世界更快樂也更健康。我們將會一覽肥胖、憂鬱和成癮背後的生物因素，以及知道了這些因素之後要如何發展出更佳的治療方式。我們會看到讓有些人殘暴好殺的真正原因，以及可能阻止這種駭人行為發生的方法。我們還會看到科學對於戀愛與吸引力的看法，以及這些知識如何改善人類之間的關係。最後我們將會一窺人類信仰的心理學，包括我們政治理念的差異，希望在這方面的知識能夠讓我們找到人類會迷信而非理性思考的原因。

我等不及把這些全都告訴你，但是在探究人類各種行為的多樣性之前，我們需要瞭解讓身體活動的幕後力量，所以讓我們從打造身體者開始吧！

第一章 會見打造身體者

「見到自己的製造者並不是容易的事。」

羅伊・貝提(Roy Batty),電影《銀翼殺手》

回想一下自己關於學校最早的記憶,那些老友與同學明亮又年輕的面容。他們就像是期待能夠寫上文字的白紙,有著美好的未來,充滿各種可能性。每天都會聽到各種人說「不論你想成為什麼,都會實現」這樣樂觀的陳腔濫調。

現在當你回憶那些光耀燦爛的年輕臉龐時,想想那些人現在的狀況。有些老友現在飛黃騰達,幹自己想做的事。有些人痛恨現在卑微的工作,甚至還有些人連工作都沒有。大部分同學都上了大學,但是有些只幸運到能完成高中學業。有些人依然愛著高中時交到的女朋友,有的人換伴侶像是換牙刷。有些人可能和同性的人結婚。有些人依然住在你的故鄉,有些人大膽地搬到遠方。有人肚子上依然有六塊肌,有人肚子變成了啤酒桶。有些人成為直升機父母，有些人會忽視或虐待孩子。有些人總是活潑快樂，有些人讓一臉憂鬱相的歌手莫里西（Morrissey）相形之下看起來快樂滿足。有些人陷入酒癮或藥癮，有些人成為戀童癖或政治家，有些人可能關在牢裡。

為什麼後來每個人變得如此不同？同學都是在同一個時代，同一個地方生長，周圍的人也都相同，但是我們的行為卻大相逕庭。或許你發現年幼的同學有些特殊的癖性。查理喜歡聞膠水的味道，凱特從幼稚園開始就喜歡偷偷吃糖果，卡麥羅不遵守男孩子要剛陽的傳統觀念，唐納．川普除了自己之外誰都不關心，令人發毛的魔女嘉莉總是有些地方不太對勁。

當我們看到功成名就的同學，許多人會想是因為他們積極進取、意志堅定，具有良好的職業道德。同樣地，對於那些沒有那麼成功的人，馬上就認為那是因為他們意志薄弱、散漫懶惰。如果你一生的故事像是獲得普立茲獎的小說，那麼你值得稱頌。但是如果像是適合塞在籠子底下接鳥糞的爛俗廉價小說，就只能接受指責。不論如何，絕大部分人都認為成功與否都是自己造成的。

我從小就接受了「人類主宰自己命運」的觀念，但是當我愈來愈瞭解生物學之後，這種簡化的概念就不再有任何教化意義了。拿飲食過量來說好了，許多人會責備肥胖的人，並且嘲笑他們缺乏自我控制的能力，但是這樣實際上並沒有什麼用，不是嗎？為什麼有些人缺乏自我控制的能力？那些有憂鬱症的人也是。對於那些不知道怎麼解決問題的人，我們往往會說：「你已經長大了，要自己克服。」這樣的話也沒有什麼幫助。為什麼憂鬱症患者無法擺脫沮喪？我們對於謀殺者犯案的想法也都是「他們本來就很邪惡」，同樣沒有正面的助益。我們需要深入研究，希望能真正瞭解人類的行動來由。

當電腦花了很久才打開一個程式的時候，我們不會說電腦懶惰。當車子發不動的時候，我們不會說車子缺乏決心。如果飛機因為引擎故障而被迫緊急降落時，我們不會認為飛機是惡意犯下罪行。當然人類要比那些機器精細複雜多了，但是人類也是機器。就像是在《銀河飛龍》（*Star Trek: The Next Generation*）中畢凱艦長（Captain Jean-Luc Picard）對機器人百科（Data）所說的話：「如果想到百科是機器人這件事情會覺得奇怪，那就要記住我們人類只不過是另一類機器，由電和化學驅動的機器。」

優秀的艦長和現代的生物學家不會說這樣泯滅人類獨特性的話，但這話卻指明了人類本質就是如此。如果我們瞭解人體這個生物機器的運作方式，就能瞭解行為，並且在必要的時候修正。但是我們就像是電視影集《霹靂超人》（*The Greatest American Hero*）中的主角那樣，得到了具有神奇力量的紅色服裝，但是沒有說明如何使用這套服裝的指南。如果我們有一本人類使用手冊，就會更瞭解自己的行為了。而在一九五二年，科學家阿佛列德・赫胥（Alfred Hershey）和瑪莎・蔡斯（Martha Chase）找到了手冊。

赫胥與蔡斯為了尋找打造生物體說明書的化學成分，利用最簡單的生命形式：噬菌體

（phage）。這種病毒感染的對象是細菌。噬菌體的組成成分只有蛋白質和DNA，它們像是阿波羅太空船上的登月小艇，會降落在細菌的表面。赫胥與蔡斯分別用放射性磷標定DNA，用放射性硫標定蛋白質（DNA中沒有硫原子，蛋白質中沒有磷原子），藉由追蹤不同的放射性原子，可以知道噬菌體在感染細菌前後，DNA與蛋白質的所在位置。

結果顯示，噬菌體DNA進入了細菌中，而蛋白質外殼留在細菌表面。一旦噬菌體DNA進入細菌體內，便會開始打造更多噬菌體，直到數量多到把細菌塞爆。這個漂亮的實驗指出DNA上有打造噬菌體後代的指令（也有其他任何生物後代的指令）。

DNA的形狀是雙螺旋，像是螺旋狀的梯子，每根階梯由一對生物化合物構成，這種化合物是核酸（DNA中的四種核酸縮寫成A、T、C、G）。從這樣的結構很容易就可以看出DNA如何攜帶我們稱為基因的遺傳單位。螺旋狀的階梯會展平變成一般的梯子，接下來形成階梯的一對對核酸彼此分開，像是打開拉鍊那樣。打開之後，DNA上的密碼會露出來，並且「轉錄」（transcribe）到攜帶訊息的分子上，這種分子稱為信使RNA（mRNA），用以製造蛋白質。我們可以把DNA看成是工地裡的領班，蛋白質是實際從事各種作業的建築工人，讓細胞和組織具有結構並且展現功能。

赫胥與蔡斯的研究成果指出DNA含有的基因能夠用來複製出完全相同的生物體，也就是複製體（clone）。這個理論在一九九六年成真，該年桃莉羊誕生了，這是第一頭由成年細胞複製出來的哺乳動物。製造桃莉羊的方式是把成年羊細胞中的DNA放入已經剔除原本DNA的卵細胞中，再將卵細胞放到代理孕母中。桃莉羊的名字來自於巨乳影歌明星桃莉．芭頓（Dolly Parton），因為那個成年的細胞來自於某一頭羊的乳房（我真的沒有在開玩笑）。二〇一八年，利用相同技術創造的複製猴子首度誕生了。

二〇〇三年，人類基因體計畫（Human Genome Project）完成，把人類DNA的三十億個核酸序列全部定序完畢，這是非常大量的資訊。一個人類細胞中的DNA如果拉長會有兩公尺，和一張大床的長度相同。如果我們每秒讀DNA上的一個字母，要花將近百年才能讀完。人類的基因體中約含有兩萬一千個基因，分布於四十六條染色體上，其中二十三個來自於母親，另二十三個來自於父親。

數十億年前，DNA就開始奮力前進，創造了適應各種環境的不同生命形式。至少在三十五億年前，生命便出現在這個地球上了，但是直到現在，那些芸芸眾生中最後才出現了一個能夠回頭看到主宰者的生物。我們人類是這個星球上第一個能夠見到創造者的物種。

為什麼你不能任意變成想要的模樣？

能夠讀懂DNA的語言迫使我們改寫人類的歷史。地球上繁複多樣的生命不是突然同時出現的。生命起源於一個含有DNA的簡單細胞，經過數十億年的演化，成為現在的模樣。生命起源於競爭資源，讓自己能夠在所處環境中繁衍的個體，把自己的DNA傳給下一代，像是接力賽跑的選手把棒子傳下去。無法贏得競爭的生物體不是死亡，便是在新的環境中展開不一樣的演化軌跡。

著名的生物學家理查．道金斯（Richard Dawkins）把基因描述成「自私」的複製者，就像是生物世界中的戈登．蓋柯（Gordon Gekkos，電影《華爾街》中的主角）。他認為基因所打造出的生物體是基因的「生存機器」，因為這些機器的基本用處就是要保護其中的DNA，並且確保DNA能夠傳遞到下一代。作家塞繆爾．巴特勒（Samuel Butler）早在一個世紀前就講出了這個道理，他說：「母雞實際上是雞蛋用來製造另一個雞蛋的方式。」

雖然人類能夠想像出許多天花亂墜的說法，但是人類和其他動物並沒有什麼差別。研究演化心理學的科學家認為，人類所有行為背後的驅動力量，在某些方面就只是要找到伴侶並且複製基因而已。從這個角度看，人類愚蠢的行為一下子就變得有道理。許多人無法對抗地位、貪婪與權力的誘惑，只是因為這種推力來自於我們的基因庫而已。

人與人之間的差異來自於DNA之間的差異。許多人知道DNA打造出了身體，但是大部分的人卻不瞭解基因也影響了我們其他更為複雜的特徵，例如智能、樂天與攻擊行為。

在有些例子中，遺傳對身體所造成的影響很直接，往往一個基因的改變（突變或是變化）就能產生符合預期的結果。例如鐮狀細胞性貧血患者的紅血球形狀異常，這是製造血紅素（hemoglobin）這種蛋白質的基因上有一個突變所造成的，血紅素的功能是在紅血球中攜帶氧氣。血紅素基因中帶有這種突變的人，將會罹患鐮狀細胞性貧血，沒有例外。

相較之下，那些影響了個性和行為的特徵，就比較複雜了，是由許多不同的基因彼此合作所呈現出來的。在這樣的架構之中，單一基因的變化並不保證會讓生物體出現可以察覺到的改變。所以我們得要記得，大部分遺傳變異能夠指出的是**體質傾向**，而不是確定的結果。

你可以將基因想成是疊疊樂遊戲裡面的積木，如果把錯誤的積木抽出來，整個塔就會倒下，但是抽出另一個積木，塔依然可以維持聳立。只要其他的積木依然能夠支撐，遊戲就還沒有結束。同樣地，一個基因中的單一突變並不一定會對身體造成巨大的災難；是否會危及身體，取決於其他基因是否能夠支持突變的基因。我們也要記得，並非所有基因變異都是有害的，有些突變的基因能夠帶來巨大的力量，像是《X戰警》中演的那樣。

話雖如此，我們的基因能夠讓我們瞭解到我們能變成什麼樣，以及無法變成什麼樣，這點相當有用。如果是我，我想擁有旅程合唱團（Journey）主唱史蒂夫．派瑞（Steve Perry）那樣的好歌喉。我想變得更高一點，讓走過的女性為我傾倒，那將會是很棒的新感受。像愛因斯坦那麼聰明也很棒，如果能夠像《飛俠哥頓》中的飛鷹人（Hawkmen）一樣有翅膀就更棒了。不過，就算我費盡全力，也不可能成為高大的花花公子，用自己的翅膀飛到斯德哥爾摩領取諾貝爾獎，並且在得獎演說的最後演唱旅程合唱團的名曲〈不要停止相信〉（Don't Stop Believin'）。這樣的夢想很有趣，但是我們需要接受事實：我們不可能任意變成想要的模樣。我們所繼承到的基因，就像是我們在牌桌上拿到的牌，只能盡全力發揮手牌的力量，盡力取勝。

就如同女神卡卡所大方坦承的那樣，我們「生來就是如此」，一開始便受到一些來自遺傳的限制。而且我們之後會看到，DNA還只是拉動我們生命鎖鏈中的一環而已。

環境影響基因的方式

想像一下我們要利用科學家製造出桃莉羊的技術，製造一個一模一樣的你。我們把你的DNA插入一個已經剔除DNA的卵細胞中，把這個卵植入代理孕母體內，四十個星期後，她會生下和你一樣的嬰兒。這個嬰兒各方面看起來就像是你的翻版，但是最重要的問題是：這個複製體在行為上和你相同的程度會有多高？

定出人類基因體的序列誠然讓我們更瞭解人類運作的方式，但是序列只是人類這幅圖畫的草圖而已。DNA序列的閱讀方式不同於一般小說，反而更像是《多重結局冒險故事》（*Choose Your Own Adventure*）那樣，環境會改變故事進行的方向。你的DNA有許多不同的故事版本，你在鏡子中看到的自己只是其中一個版本的結局，由你在母胎中接觸到的各個事物塑造而成。

你所處的環境會關乎你DNA中的某個變異是否要緊。如果我生在五萬年前，可能不會活得很長，並不只是因為我厭惡露營，而且上半身的肌肉力量只能夠打開一包洋芋片。而是我同時還有近視眼，這會讓我狩獵與採集的能力很差，而且很容易成為獅子、老虎和熊的獵物。天擇會持續讓差勁的視力從基因庫中淘汰，但是眼鏡發明了之後，像我這樣的傢伙就會出現了。

環境對於基因的正確程度也有直接的影響。雖然曝晒在陽光之下或是掉入核廢料桶中會引起突變，但基因突變也會隨機自然地發生。輻射線和某些化合物稱為致突變原（mutagen），因為它們會傷害DNA，往往會讓細胞陷入瘋狂的狀態，造成癌症。可能的致突變原數量足以和泰勒絲（Taylor Swift）賣出的專輯數量相媲美，不過其中有些比較為人熟知，例如紫外線、香菸、酒精、石棉、煤炭、引擎廢氣、空氣汙染和加工肉品。接觸的數量加上你自己的遺傳特質，決定了你細胞中DNA的受損程度。

環境讓DNA受損，顯然會改變基因的功能，但是這不是環境影響基因運作的唯一方式。想要好好瞭解這一點，可以把基因想成鋼琴的琴鍵。如果你隨便亂彈，聽起來就會像是恐怖片的配樂。要在正確的時間彈下正確的琴鍵，才會成為動人的音樂。你的基因也要這樣運作才行。如果所有琴鍵同時按下去，你長得就會像是《猛鬼街》的佛萊迪（Freddy Krueger）。

你身體中的每個細胞都有相同的兩萬一千個基因，但為什麼有些會成為腦細胞，而有些成為屁股細胞？屁股細胞基因依然存在於腦細胞中，只是有些沒有表現出來而已，除非你有個屁孩腦。有一類稱為轉錄因子（transcription factor）的蛋白質，會連接在DNA序列中的啟動子（promoter）上，啟動子位於基因的起始部位之前。當你還只是個胚胎時，全身都是由幹細胞構成，這些細胞具有變成身體中任何種類細胞的潛力。細胞中的轉錄因子往往會決定這些胚胎幹細胞的命運。在那些未來會變成腦細胞的幹細胞中，轉錄因子會啟動腦部相關的基因，而那些屁股基因受到啟動的幹細胞，則在後來變成屁股細胞。

許多事物會影響轉錄因子的活性，例如激素。激素由內分泌系統製造，能夠控制發育、性慾、情緒、新陳代謝，還有許多其他事物。許多環境中的物質能夠成為內分泌干擾物，它們可以模擬激素的活性，進而干擾相關的基因表現。因此內分泌干擾物可能會造成發育、生殖、神經系統或免疫系統的缺陷，它們包括某些藥物、某些農藥，以及塑膠中的雙酚A（bisphenol A）。內分泌干擾物和致突變原一樣，能否對於基因活性造成重大的影響，取決於接觸到的量。多少分量才會影響？現在還沒有確定，但是這方面的研究很重要，因為內分泌干擾物無所不在（包括許多懷孕和授乳母親與兒童會使用到的物品）。除此之外，內分泌干擾物對於兒童的負面影響可能會延續好幾代。二〇一八年一項研究報告指出，如果母親接觸到內分泌干擾物乙烯雌酚（diethylstilbestrol），她孫子得到注意力不足過動症（ADHD）的風險會比較高。

轉錄因子位於基因調節活動的核心部位，但是並不是獨自運作的。科學家仔細研究DNA後發現它並不是一成不變的分子。有些DNA片段纏得比較緊，有些DNA片段是鬆開來的。在纏緊片段上的基因，表現的程度就不如放鬆片段上的基因。細胞主要藉由兩種方式控制轉錄因子能否接觸到基因。首先是DNA甲基化（DNA methylation），讓甲基這種小分子團直接連接到基因中的核苷酸（nucleotide）上。基因所在的區域上如果有許多甲基，就像是在句子上有許多抹黑的地方，不容易閱讀。因此甲基化的基因趨向於「關閉」的狀態，也就是不活動。第二個機制牽涉到組織蛋白。這種蛋白質會讓DNA纏上，組合成串珠的模樣。組織蛋白可以接受許多種化學修飾，進而影響纏在上面的基因表現方式。轉錄因子再加上這些機制，使得基因表現具有極大的彈性，讓基因除了單純的開啟與關閉之外，有很大的微調空間。基因表現其實比較像是用調光旋鈕來控制，而非單純的開關而已。

在不影響DNA序列的狀況下影響基因表現的機制，稱為「表觀遺傳」（epigenetic），以字源分析來看，即「遺傳基因之外」的意思。表觀遺傳修飾（也稱為表觀遺傳標記）讓環境能夠對你的基因發出訊息，不但能夠改變你身體中基因的運作方式，甚至能夠影響你的孩子與孫子。著名的植物學家路德・巴爾班克（Luther Burbank）曾說：「遺傳只不過是記錄了環境而已。」你在環境中所接觸到的成分會讓你的DNA產生表觀遺傳變化，改變你身體中基因的表現方式，這對你和你的孩子有很大的益處，因為快速改變基因的表現有助於適應環境中的狀況。

除了實際的物質能夠經由表觀遺傳程序影響基因表現，兒時受到的虐待、霸凌、壓力也會造成影響。負面的事情會傷及DNA，在有些狀況下，這些損傷會傳到下一代。在後面的幾章中會提到數個例子，不過這裡有一個例子能夠指出表觀遺傳學對於人類行為的重要性。我們現在確實知道，低社經地位和成年人疾病的增加有關。在貧困環境中成長的孩子，成年之後比較不健康。這樣的結果可能來自於許多環境因素，不過在起跑點的差異可能真的極為重要。加拿大馬吉爾大學（McGill University）的莫薛・思夫（Moshe Szyf）發現，幼年生活經濟狀況不好的成年人，基因甲基化的模式，和幼年在富裕環境中成長的成年人不同。生來地位低的猴子和生來高地位的猴子，在DNA甲基化上也有類似的現象。

這些研究以及本書後續將提及的研究指出，我們的DNA在兒時，甚至在胎兒時期就接受到了表觀遺傳標記，在胎兒時期接受到的稱為「胎兒編程」（fetal programming）。在人們出生之前，基因是否便會因為我們的社會階級而被設定好，使我們根據這樣的設定展現行為？年幼時貧困的生活所造成的甲基化差異是否能夠解釋成年人的健康或行為問題？家族是否會因此陷入惡性循環當中？對於這些引人興趣的問題，我們目前都還沒有答案。不過研究指出，弱勢兒童將來不只苦於不利的社會處境，也會苦於負面的生物性結果。

在生命初期連接到組織蛋白上的表觀遺傳標記也會影響行為。表觀遺傳有可能影響生涯選擇，如果我們是賓州大學謝莉・伯傑（Shelley Berger）實驗室中的螞蟻，就會如此。蟻群中的螞蟻各有專門的工作，比較大的螞蟻成為兵蟻，要保護群體。比較小的螞蟻則成為工蟻，負責採集食物。你可能會認為大的螞蟻是螞蟻軍隊徵招入伍的，而比較小的螞蟻會專門去學習蒐集食物的方式，但其實不然。

因為這些行為不是學習而來的。伯傑和同事假設，表觀遺傳機制決定了螞蟻的職業生涯。為了檢驗這個假設，伯傑把藥物注射到幼蟻的腦中，改變了組織蛋白和ＤＮＡ之間的交互關係。第一個讓人驚訝的是她居然可以把藥物注射到幼蟻的腦中。第二件讓人驚訝的是伯傑改變了組織蛋白後，重新設定了螞蟻的行為，讓兵蟻轉變成工蟻（接受到藥物注射的工蟻採集食物比平常更努力）。換句話說，表觀遺傳藥物在不改變兵蟻基因的狀況下改變了兵蟻的命運。

表觀遺傳研究的結果凸顯出基因和所處環境之間密切的關聯，並且指明了基因並不必然決定了我們的命運。雖然我們並沒有權利選擇出生的時候要拿到哪些基因，我們仍然能夠以改變環境的方式影響這些基因的表現。就像是撲克牌高手雖然拿了一手爛牌，但是可以靠虛張聲勢而獲勝一樣。

微生物對於基因的影響

科學家最近也瞭解到，不只是我們DNA中的那兩萬一千個基因會影響身體。在人類的身體表面和內部，有數不盡的微生物生活著，包括細菌、真菌以及寄生蟲，當然還有病毒。它們的基因和我們的基因構成了複雜的遺傳生態系。這聽起來可能感覺毛毛的。這些寄居在身上的生物合在一起統稱為微生物相（microbiota），它們的基因合稱為微生物體。它們和人類和平共處，並且還會帶來好處。舉例來說，腸胃道中的細菌會幫助消化食物與製造維生素。有些產硫的細菌在你需要獨處的時候會幫你把房間裡的人趕走。這些「友善」的細菌不會引起疾病，而且還會抑制「不友善」的致病細菌。

我們身上一開始的微生物相來自於母親。嬰兒出生的時候經過產道，身上便包裹了第一批細菌。母親經由授乳把身上的細菌傳給嬰兒，因此微生物相某方面來說是可以遺傳的，因為其中有些物種是從母親那傳給孩子。人們在生活中持續得到各種微生物，經由食物、水、空氣、門把，以及和其他人與動物的互動。世界各地的人們消化道中的細菌種類各有差異，取決於食物、地理位置、衛生條件、疾病與年齡。

你可能會注意到每個人的家中有不一樣的氣味。有些是因為烹煮食物、寵物、抽菸、黴菌或是青少年所造成的。不過有的時候也來自於家庭成員。研究人員發現，我們就像漫畫《史奴比》中的角色「乒乓」（Pigpen）那樣，身體周圍圍繞著「細菌雲」。你到任何地方都會落下部分微生物相，就像是一路留下微生物麵包屑。

在不久的將來，警方可能運用這種資訊，以微生物相追蹤對象，就像是現在使用指紋或是DNA那樣。我們散發出的細菌雲可能讓狗可以追蹤到某人，蚊子偏好叮咬某些人可能也是這個原因。皮膚上細菌的副產物包括了氣味，我們移動的時候，氣味也飄散到空氣中。嗅覺敏銳的動物可以嗅聞到這些氣味分子，並且追蹤味道的來源。在第七章中將會提到，細菌雲甚至可能影響到我們會和誰談戀愛。

這些微生物看起來很小，但是就如同在《星際大戰》電影系列中絕地大師尤達（Yoda）所說的，我們不應該由大小來判斷。在人類的腸道中大約有一萬種細菌，具備了八千萬個基因。這些細菌加總起來約一點五公斤，相當於腦部的重量。如果你在節食的話這也是個好消息，今天晚上你站上體重計的時候，想想這個新的知識，然後馬上把自己的體重減掉一點五公斤（不必謝我告訴你這件事）。關於微生物相還有另一個數據，可以在下次宴會的時候用來難倒賓客：人類身體中細菌的數量要比人類細胞的數量還要多，所以比起人，我們其實更偏向細菌。身體內外有那麼多其他生物棲息著，它們對於人體會有什麼影響呢？

最近幾年，微生物相頻頻在媒體上曝光。這些人體中的微小生物看來上從食慾，下到傷口癒合，在人類的各個面向都發揮了影響力。腸道細菌除了製造供身體利用的維生素和其他營養化合物之外，也是神經傳導物質的重要來源，這類化合物能夠影響腦部。有些科學家認為，身體中的細菌經由製造神經傳導物質，調節了我們的情緒、性格和脾氣。

研究人員養育了小鼠並且移除牠們的微生物相，發現這些小鼠出現了奇特的神經疾病，而且無法適當地應對逆境。這些研究進而找到了腦腸軸（gut-brain axis），這是位於腦和腸兩個器官之間的聯絡管道。人類也具有腦腸軸，因為科學家也注意到腸道問題和心智健康狀況有密切的關聯，舉例來說，焦慮和憂鬱症狀和腸躁症候群與潰瘍性結腸炎關係密切。除此之外，許多人體中有不會傷人的寄生蟲，它們一生當中都在腦中處於休眠狀態。本書將會討論到科學家發現了某種常見的寄生蟲和三十億人的某些行為有關。

微生物帶著自己的基因住在我們的身體裡面，它們這股隱藏的力量改變了我們行為，而我們對此完全不知不覺。

人類基因的大危機

在《星際大戰》系列電影中，皇帝希夫．白卜庭（Sheev Palpatine）把安納金轉入黑暗面後，成為這位達斯．維達的主人。但到頭來，達斯．維達殺死了皇帝，這是僕人殺死主人的經典故事。在地球上，基因一直是無可置疑的主人，但是它們可能也面臨相同的命運。

大約六億年前，基因在某個類似現代水母或軟蟲之類的生物中，打造出一個神經元（腦細胞）。從那時候起，這些神經元開始聚集在一起，成為腦部，讓幸運具備這種結構的生物有了新的優勢。隨著時間發展，腦變得愈來愈大，運作的速度也愈來愈快，所包含的神經元數量增加了，神經元彼此連接的數量也是。除了人類之外，有些動物的腦部能力高強到足以產生自我意識（包括人類之外的靈長類、大象、海豚、虎鯨和鵲鳥）。腦部發展出的演化道路，就像是在《綠野仙蹤》中通往奧茲的黃磚路，讓我們發現DNA這個在幕後操控一切的魔法師。

人類的腦製造出「自我」這個感覺，讓我們覺得自己能夠做決定，並且忍不住去相信在有了腦之後，就可以脫離基因這個暴君，獲得自由。這個想法雖然誘人，但是依然無法讓我們逃避事實，我們的思考器官是以DNA中的遺傳藍圖為基礎建造出來的。腦是屬於基因的器官，是由基因打造的器官，也是為基因工作的器官。在這本書中將會提到，腦部也不是在公平的基礎上製造出來的，我們無法選擇這個在兩耳之間的器官。

雖然腦一開始就受到遺傳的限制，但是它有可能精密複雜到足以展開自己的道路嗎？人類的腦有一千億個腦細胞，這真是不得了的數字，超過了追蹤凱蒂佩芮（Katy Perry）推特人數的一千倍。除此之外，平均每個神經元和其他一萬個神經元產生連結，這數量也很驚人。這些神經元彼此以化學訊號交談。在人腦中，神經元間連結的數量超過一百兆個。也就是說，光是一個人類的腦中神經元連結數量，便是銀河系中所有恆星數量的千倍。

人類和其他動物一樣，心跳、呼吸、消化、流汗等大部分的生理運作都是自動進行的，由腦部最古老的部位負責控制。在這個自動系統之上是比較大的皮層，模樣像是優格霜淇淋。腦部的這個部位負責預測天氣和股票市場、瞭解影集《怪奇物語》（*Stranger Things*）的劇情，以及前任伴侶說要恢復成朋友關係時考慮是否要答應。

在腦部這個巨大的聊天室中，神經元收到來自外界的訊息，並且爭論要如何反應，相關情節會變得非常複雜。人類的腦是複雜社會性動物的控制中心，活動於其他無數個體所構成的環境之中。現在人類的腦都瞭解了DNA的自私遊戲，那麼我們會有什麼反應？

我們很快就會具備改造造物者的力量。我們正在發展編輯基因、操縱表觀遺傳標記、重塑微生物相和改造腦部的技術，這些行動讓我們不再僅是生命之書的讀者，也參與到寫作之中。我們運用人工智慧創造出的複製機器或許能夠讓人類完全拋下基因。我們會從生物生命轉變為機械生命嗎？或是人類只是機器人占領整個宇宙過程中的一塊踏腳石？如果我們不多加小心，就會和達斯·維達一樣，在擊敗DNA主人的過程中也受到了致命的傷害。

科學正在揭露人類的本質，找出人類從事各種行動的原因，但是人類使用手冊的複雜程度遠遠超過我們的想像。人類具有智能、幽默，以及對藝術的熱愛，但是我們也要知道人類的核心本質：DNA所打造出來的生存機器。這個機器受到許多我們無法控制的隱藏力量所影響。在接下來的各章中，我將會詳細介紹我們能夠控制的部分有多少，以及要如何利用這些知識讓自己以及人類所處的世界變得更加美好。

第二章 認識自己喜惡的味道

「我不喜歡綠花椰菜。我從小時候就不喜歡綠花椰菜，但是我媽逼我吃。現在我是美國總統了，我再也不會吃綠花椰菜。」

喬治．布希（George H. W. Bush）

綠花椰菜有益健康，這點毫無疑問，但是對我和其他約四分之一的人類來說，綠花椰菜的味道就像是狗呼出來的氣一樣難聞。同樣難吃的還有芥藍菜、球芽甘藍、白花椰菜，以及絕大多數的十字花科蔬菜，父母親往往會毫不留情地強迫把這些蔬菜放到我們抗議連連的味蕾上。對於這些常見蔬菜的反感讓我屢屢成為社交晚宴上嘲弄的對象。明明有許多超棒的話題可聊，但是最後都會變成審判我的飲食習慣，真討厭。

「你不喜歡吃沙拉嗎？」如果有一盤沙拉在我的面前，我的反應會像是《公園與遊憩》（*Parks and Recreation*）中的羅恩．斯萬森（Ron Swanson）那樣：「這一定有哪裡出錯了，你剛好把我食物所吃的食物拿給我。」

「可能是心理創傷吧。小時候你媽曾把大堆綠花椰菜塞到你的喉嚨中嗎？」沒，我曾把我該吃的份塞到嘴裡然後說我要去上廁所。

「你是科學家，絕對很清楚蔬菜很有營養。」我知道。但是至少對我這個科學家而言，綠色蔬菜並不容易下嚥，我吃胡蘿蔔就好了。

有的時候我覺得甚至要動手術才能把這些背刺的人拔走，不過當我被這些灼熱的目光烤焦時，不禁會想我到底是怎麼了？我看到有人勇於大口吃下綠色蔬菜而且樂在其中，真是讓我羨慕忌妒恨。

有些蔬菜不只能夠出現在菜單上，還能成為用餐成員爭論的焦點。有些人酷愛甜食，有些人喜歡吃辣；有些人無法忍受乳製品，有些人沒有咖啡就無法正常運作；有些人完全不喝酒精飲料，有些人對葡萄酒很挑剔。有些人喜歡吃一些其他許多人根本無法當成食物的東西。每個人的舌頭看起來都一樣，為什麼我們對於食物和飲料的偏好如此迥異？我們能對餐桌上的食物達成共識嗎？

你討厭綠花椰菜的理由

人們對於綠花椰菜的喜好差異之大，在《歡樂單身派對》的〈烤雞〉那一集中特別演出來了。那一集中，克萊默（Kramer）討厭肯尼．羅傑斯烤雞店（Kenny Rogers Roasters），但是一嘗之下成主顧。後來他密謀讓好朋友紐曼（Newman）為他從餐廳買肉回來。在紐曼去買的時候剛好碰到傑瑞（Jerry），這使傑瑞起了疑心，因為紐曼「就算綠花椰菜是在巧克力醬裡煮熟的也不會吃。」紐曼為了打消傑瑞的疑心，就說自己喜歡吃綠花椰菜。傑瑞說他不敢，紐曼於是吃了一塊，然後馬上就吐出來了，說那是「骯髒的雜草」，接著吃了一口蜂蜜芥末好清除口中的苦味。

紐曼顯然是個「超級味覺者」（supertaster），生理心理學家琳達．巴托夏克（Linda Bartoshuk）發明了這個詞，用以描述像我這樣味覺特別敏感的人。成為超級味覺者聽起來好像很棒，其實不然。我衣服胸口上沒有大大的S字樣，反而像是因為犯罪而在額頭上被塗上紅字。

你認為自己可能是超級味覺者嗎？自行檢測看看吧。找一些食用藍色色素抹在舌頭上，這些色素會覆蓋在舌頭表面，但是不會覆蓋在味蕾上，因此味蕾看起來像是粉紅色的坑洞。拿一個讓活頁紙洞不易扯破的環狀塑膠片，蓋在舌頭上，讓環中的味蕾凸出來，然後用放大鏡觀察，數一數圓形區域中味蕾的數量，如果超過三十個，就是超級味覺者。

每個味蕾上約有五十到一百五十個味覺受器細胞（taste receptor cell），TAS2R（發音剛好如「味覺者」taster）這群基因會製造味覺受器。味覺受器細胞上的這類蛋白質能和飲料或食物中的分子結合。當這些分子進入口中並且連接到受器上，訊號便會傳遞到腦部，成為「**喔喔喔喔喔是瑞氏花生醬巧克力**」或「**噁，是芥藍菜**」。

超級味覺者除了有比較多味蕾，TAS2R基因也具有遺傳變異，使得味覺受器對苦味更為敏感，其中有一個基因——TAS2R38所製造出來的受器能夠偵測到許多蔬菜都含有的硫脲（thiourea）。在素食者飲食所含有的成分中，沒有比硫脲聽起來更為險惡的玩意兒了，但硫脲只是綠花椰菜所含有的眾多化合物中的一種。所以當自稱是「食物寶貝」（Food Babe）的瓦尼・德瓦・哈里（Vani Deva Hari）宣稱「食物中可接受的化合物成分標準是零」時，科學家都大為反彈。所有的食物，不論是否有機或是非基因改造，都是由化合物組成的。

一九三〇年代，杜邦公司的化學家亞瑟・福克斯（Arthur Fox）最先注意到人們對於硫脲的味道有不同的反應。福克斯有次意外把硫脲灑到了自己和一位實驗室伙伴身上，這種化合物並沒有讓福克斯困擾，但是他的化學家伙伴卻抱怨硫脲的味道非常苦。福克斯不是超級味覺者，但是他的實驗伙伴是。這是人們味覺並不一定相同的最早證據之一，某人嚐到的味道並不一定會和另一個人相同。

TAS2R38受器的差異在於這個基因的DNA序列不同，也就是不同人的味蕾上這種蛋白質有所不同。超級味覺者的DNA讓他們的味覺受器覺得硫脲非常苦。因此當超級味覺者的嘴巴塞入綠色蔬菜時，腦會認為這種食物很可怕，不適合食用。綠花椰菜當然不會真的讓超級味覺者身體不舒服，但是由於感覺到的苦味很強，有的時候甚至足以引起嘔吐反應。換句話說，超級味覺者所具備的TAS2R38基因變異，是因為DNA為了安全起見的措施，好讓人不要吃到可能有毒的植物。

在這裡我得要再次提醒，我們是DNA的產物，這種分子一心一意就只是要複製自己。DNA打造出像是人類這樣的生物，把我們當成生存用的機器，好讓自己傳遞到下一代的機會提升到極大值。（聽起來很冷酷，但是實情就是如此。）

作為生存機器，人類具備了味蕾，用於區別哪些東西對身體有利，哪些東西可能致命。要進一步瞭解人類的味覺，我們得知道植物也是生存機器。由於植物無法移動躲避掠食者，它們的DNA便發展出了不同的保護策略，其中之一是讓自己的某些部位難以下嚥，或是乾脆具備毒性，好讓動物不會來吃。植物製造苦味的化合物，讓我這樣討厭綠色花椰菜的人不會有把植物當成午餐的念頭。

植物的繁殖策略之一，是利用喜歡吃甜食的動物。植物用甜美的果肉包裹種子，這樣一來，動物就會吃果實，不知不覺為植物散播種子。如果你仔細思考，會發現植物非常擅於操弄動物。如果我吃能吃沙拉，我會充滿怒氣地吃，狠狠用叉子插入那些萵苣的心臟。

你為什麼喜歡吃綠花椰菜？

如果TAS2R38的突變是為了保護我們不要吃到有毒的植物，那麼為什麼不是所有的人都厭惡綠花椰菜呢？可能是取決於我們祖先在當時的自然環境中所能吃的食物。如果祖先演化的地區長滿了有毒植物，具備超級味覺者基因則對生存大有裨益。另一方面，如果那些植物其實是可以吃的，那麼祝福就變成了詛咒，味蕾會造成誤導，使超級味覺者無法得到營養的食物。

許多味蕾受器基因之外的基因，也會影響我們偏好的味道以及代謝（分解）某些食物的方式。找到這些基因並且確定這些基因的特性，屬於新興學門「營養遺傳學」（nutrigenetics）。二〇一六年，義大利港大學（University of Trieste）的遺傳學家帕羅・加斯帕里尼（Paolo Gasparini）發表一項研究成果：發現了十五個和人類對於各種食物偏好相關的基因。他比對了四千五百多人的基因體序列，找到與這些人喜好的二十種不同食物有關的基因。有意思的地方在於這些基因中，沒有一個和嗅覺受器或味覺受器有關，顯示人類厭惡某些食物的原因還有許多值得探究之處。

為什麼你無法拒絕甜食？

不管今天發生了什麼糟糕的事情，一塊巧克力就能讓你恢復好心情。但不管你信不信，並非所有哺乳類動物都喜歡吃甜食。掰一段奇巧巧克力（Kit Kat）給你的貓咪吃看看，會發現你的慷慨換來冷漠的對待，為什麼會這樣呢？像貓這樣完全的肉食動物並沒有偵測甜味的味覺受器。（但這可以解釋網路迷因不爽貓為什麼會有不爽的表情嗎？）

現在代社會中，人類的甜味受器讓我們陷入飲食災難中。很久很久以前，人類的靈長類祖先需要吃成熟的水果，好取得身體所需的能量。水果成熟的時候所含的糖分最多，所以人類演化出愛好甜食的天性，確定在水果含有最多能量的時候吃。人類對於甜食的喜好根植於演化，是個難以戒除的習性。不過你會注意到，有些人會輕易屈服於甜甜圈之下，但是有些人能夠拼死抵抗。

科學家的確找到了偏好甜食的基因變異，而且不是每個人都有這類變異，你周遭的人可能就有這種基因突變，他們能夠拒絕甜食的誘惑，並且讓其他人有罪惡感。（不過我的妻子肯定有偏好甜食的基因。我請她把杯子蛋糕分一半給我，她分給我下面那一半。）

加拿大多倫多大學的營養學家阿麥德．艾爾-索希米（Ahmed El-Sohemy）在二〇〇八年找到了一個位於SLCa2基因上的突變，這個突變和你會不會再多加一塊方糖有關聯。

SLCa2基因的產物是GLUT2，這個蛋白質的功用是把葡萄糖從血液帶到腦細胞裡面，之後葡萄糖會分解以產生能量。研究人員認為在GLUT2受體上的變化干擾了對於葡萄糖的偵測，結果便是身體無法正確地偵測出血液中的葡萄糖含量。血液中明明飽含了葡萄糖，但是你的葡萄糖計量表上卻說只有一半，所以你會吃下第二塊蛋糕，渾然不覺自己吃的甜食已經超量了。在小鼠身上進行的實驗支持這個概念。沒有GLUT2的小鼠就算腦部已經被葡萄糖浸透了，依然會吃個不停。帶有SLCa2突變的人，罹患第二型糖尿病的風險比較高。

你為什麼喜歡垃圾食物？

你還認為能夠拒絕垃圾食物就只是因為意志力強大嗎？如果告訴你在你出生之前，DNA就已經幫你安排好是否會喜歡垃圾食物了，你該怎麼辦？

如果母親吃多了高糖、高鹽、高油脂的「垃圾食物」，那麼生出來的小孩可能天生也就比較喜歡垃圾食物。在人類中，我們可能會認為這是因為小孩的家境貧窮，吃得不好。雖然沒有人能夠否定這種可能，但是實驗室中的大鼠讓我們知道事情並沒有那麼單純。看看這個結果。一項在二〇〇七年發表的結果指出，大鼠懷孕期間如果吃垃圾食物，那麼生出來的幼鼠會比較喜歡吃高糖、高鹽、高油脂的食物。如果母鼠懷孕時期吃健康的食物，生出的幼鼠便不會喜歡垃圾食物。

可能的原因是什麼？母親吃了很多垃圾食物導致子宮中的胎兒累積了突變？這樣的事幾乎不可能發生，於是科學家推測可能是胎兒編程發揮了作用：母親的飲食改變了胎兒的表觀遺傳。換句話說，垃圾食物並沒有改變基因的序列，而是改變了某些基因的表現程度。就像是二〇一八年女歌手菲姬（Fergie）在美國職籃全明星賽上演唱的美國國歌，雖然歌詞相同，但唱起來感覺完全不是那回事。雖然經常吃垃圾食物的小孩在長大之後會愛上垃圾食物也沒有什麼好驚訝的，不過許多研究指出，喜歡垃圾食物的傾向早在臍帶還沒有剪斷之前，就已經設定到DNA上了。

DNA的表觀遺傳編程方式主要是靠甲基化，受到化學修飾的DNA，其上的基因表現會受到影響。DNA上的甲基接得愈密集，表現的程度就愈低。如果你把基因表現想成高速公路，DNA甲基化就像是放在路上的橘色交通錐，會讓車速減緩。二〇一四年，一項針對大鼠前腦啡黑細胞促素皮促素（proopiomelanocortin）基因DNA上甲基化程度的研究結果發表了。前腦啡黑細胞促素皮促素基因所製造出的激素能夠降低食慾。如果母鼠在懷孕期間吃富含脂肪的垃圾食物，生出的小鼠前腦啡黑細胞促素皮促素基因上的甲基會比較密集，也就是說這些幼鼠製造出來抑制食慾的激素會比較少。所以說，在大嚼垃圾食物的母鼠子宮中，胎兒的基因會經過編程，出生之後會比較容易感到飢餓。而飲食正常的母鼠後代不會這樣。

吃垃圾食物母鼠所產下的幼鼠，如果被迫吃健康食物，又會怎樣呢？在子宮中受到編程的DNA是否可能反轉回來呢？很不幸地，看來並不能，至少前面提到的那篇發表於二〇一四年的論文否定了這點。健康的飲食並不能讓前腦啡黑細胞促素皮促素基因上的甲基化逆轉，變回成正常的模樣。換句話說，母親吃垃圾食物對於幼鼠造成的影響會持續終身。如果在人類也是如此，就能夠解釋為什麼有些人難以控制所吃食物的種類和分量。在胎兒發育的某一段重要時刻中，DNA甲基化所鋪成的道路就已經無法改變了。

為什麼你會覺得芫荽的味道像肥皂？

芫荽這種植物原產於地中海東岸地區，通常用於調味，會加入各式各樣中的食物中，例如莎莎醬、海鮮和湯品。大多數人喜歡，覺得芫荽很香，但是有些人吃到了會吐出來，抱怨芫荽的味道像肥皂。我並不知道那些人為什麼會有這樣的「專長」，但顯然這些人並不喜歡芫荽，就算是著名的廚師茱莉亞．柴爾德（Julia Child）也不羞於承認自己討厭芫荽，她說她會將芫荽從盤子中挑出來扔到地板上。

柴爾德和其他痛恨芫荽的人，是因為他們能夠聞到這種香草中的醛類化合物

（aldehyde），肥皂和乳液中也有醛類化合物，驚不驚訝？對他們來說，芫荽聞起來和那些衛浴用品一模一樣，並不適合用於調味食物。嗅覺和味覺之間的關係非常密切，TAS2R這類基因會影響味覺受器，也會影響嗅覺受器。雙胞胎的研究指出，對於芫荽的喜好來自於遺傳。同卵雙胞胎對於芫荽喜好的一致性大於異卵雙胞胎。由於同卵雙胞胎的DNA一模一樣，而異卵雙胞胎只有一半相同，這項研究的結果指出人們對於芫荽的感覺受到了遺傳的影響。

專門為顧客定出基因型的公司23andMe中，一個研究團隊為了找出厭惡芫荽的罪魁禍首，研究了三萬人的基因體，發現這個喜惡和OR6A2這個基因有關。我們知道芫荽和肥皂共通的化學組成成分，而這個OR6A2基因所製造出來的嗅覺受器對於醛類化合物非常敏感。在另一項研究中，人們對於芫荽的偏好還與其他三個基因有關，其中包括了一個TAS2R類的基因。就像是人們對於苦的食物有不同的感覺那般，遺傳也在幕後控制了我們對於某些香草的喜好。

我們無法控制與生俱來的基因，不過我們有辦法控制芫荽散發出來的肥皂氣味，方法之一是把葉片壓碎好讓酵素把醛類化合物分解掉。如果你的朋友真的不想嚐到芫荽，你或許該接受這一點，用歐芹代替。

為什麼你喜歡吃辣？

我的女兒從小就喜歡吃洋芋片配莎莎醬。她在幼兒時期，就開始大把大把地將那玩意兒塞入口中，同時辣到流眼淚。就算耳朵和臉頰都通紅了，依然想吃更多。有天晚上她注意到另一種她喜歡吃的食物番茄醬也是紅的。為什麼莎莎醬是辣的但是番茄醬不辣呢？

這個問題的答案在於植物繁殖方式的差異。有些植物演化出特別的方式，好讓某類動物幫助繁衍。莎莎醬原料中的辣椒是利用鳥類散播種子到遠方，而不是在陸地上行走的動物。辣椒中含有的有害化合物，會讓大部分的動物覺得舌頭辣痛，但是鳥類吃辣椒的時候不會覺得辣。

對於植物來說，這是聰明的策略，絕大多數的動物都知道辣椒會辣，留給鳥類吃就好，但是人類不一樣。我們不但喜歡吃這種會辣的果實，還特別人擇出比天擇選出來更辣的辣椒品種。辣度的高低由史高維爾辣度單位（Scoville heat unit）表示，這是由同名的藥學家在一九一二年設計出來的。一般的甜椒（bell pepper）辣度是零，哈拉貝紐辣椒（jalapeno）的辣度是一萬。大家熟悉的塔巴斯哥辣椒（tabasco）辣度約四萬，最辣的哈瓦那辣椒（habanero）辣度可高達三十五萬。有些品種的辣椒是刻意打造出來創下最辣辣椒的紀錄，例如卡羅來納死神椒（Carolina Reaper）或龍之氣息辣椒（Dragon's Breath）辣度可高達不可思議的兩百萬單位。二〇一八年出現的X辣椒（Pepper X）辣度首度超過了三百萬單位，足以辣到讓溫室冒火。

人們對於辛辣料理的忍受程度，和對於高溫產生反應的基因有關，這個基因稱為TRPV1，所製造出的蛋白質受器位於細胞表面，能夠感受到高溫的刺激。當熱使得這個受器的一部分發生變化，就會傳遞訊息到腦部：「喔，好燙！」辛辣食物中含有辣椒素（capsaicin），也能夠活化感受熱的TRPV1受器。當辣椒素活化了TRPV1受器，它也會傳遞給腦相同的訊息：「喔，好燙！」我們愚笨的腦部會認為我們碰到了熱的東西，甚至會傳訊息給汗腺，要汗腺分泌汗水。我們之所以真的覺得燙，是因為不論是舔到發燙的熨斗或是大嚼鬼椒（ghost pepper），傳到腦中的訊息都相同。酒精也會刺激TRPV1受器，所以喝下一口威士忌的時候也會有特殊的燙辣感。

TRPV1受器上的遺傳變異，會讓它和辣椒素之間結合的力量減弱，因此能夠忍受比較辣的食物。有些人的TRPV1受器版本則會讓他們對於辣椒素非常敏感。有些人喜歡吃辣的另一個原因是已經習慣辣椒素了（就像是對酒精或是咖啡因出現耐受性）。換句話說，相較於從來沒有嘗過泰式辣醬的人來說，這些人要比較多辣醬才能夠感受到相同的辣度。

我父親的習性顯示出辛辣食物與熱的關聯以及耐受性。他到哪兒都會隨身攜帶辣椒醬，他也要求已經滾燙的咖啡放到微波爐中再加熱，讓人懷疑吃這麼燙會不會引發人體自燃現象。我的叔叔會在食物上灑滿胡椒，讓人弄不清楚他到底在吃什麼，因為看起來都像是灰灰的屋頂，這也顯示出吃辣和遺傳有關。我的 TRPV1 基因顯然來自於母親，因為我要等到咖啡涼了才喝，光是看到辣椒就會辣出眼淚來，也喜歡喝加冰的蘇格蘭威士忌。我的女兒喜歡吃辣的習性應該遺傳自我妻子，她買水牛城辣雞翅醬都是整箱購入的。

不過，有些人喜歡吃辣並不因為他們能夠耐辣。包括我那喜歡吃莎莎辣醬的女兒在內，有些人顯然即便感覺到很辣，流淚冒汗，發出痛苦的吼聲，卻仍繼續大吞那些熔岩般辣口的食物。

為什麼這些人會覺得辛辣感算得上美味呢？研究指出許多喜歡辛辣食物的人往往也喜歡找刺激（這可能預先警告在我女兒進入青春期時我會有得受）。對於辛辣食物的喜好也和良性自虐（benign masochism）有關，這類的行為可以讓人在安全的狀況下享受腎上腺素大量分泌所帶來的快感（這種感覺有點像是看恐怖片，或是在臉書上反駁某些人的政治理念）。

當然，文化造成的影響也很重要，在很多辛辣食物的環境中成長的人，成年後也會比較喜歡吃辛辣的食物。嗜辣的文化往往位於氣候炎熱的地區，這些區域食物腐壞的速度比較快。歷史上這些地區的人會以辛香料調味食物，許多辛香料能夠抑制細菌和真菌的生長，減緩腐壞的速度。由於辛辣食物也會讓人流汗，因此也有可能讓炎熱氣候地區的人們保持涼爽。

有些人狂倒辣椒醬，是因為味蕾的數量隨著年紀而減少了。人類在孩提時期，口腔中約有一萬個味蕾，一兩週便會更新一次。但是人到了四十歲以後，味蕾更新的速度減緩了。個別味蕾的敏銳程度沒有下降，但是整體數量減少，所以許多人隨著年紀增長，口味愈來愈辣。年紀大的人經常吃藥，味覺可能也會受到影響。同樣重要的是人到中年，嗅覺也開始減退，這深深影響了我們對於味道的感覺。（同樣地，嗅覺衰退也讓年長者容易用太多香水）。總的來說，感覺隨著年齡而有劇烈變動，讓我們知道：衰老一去不復返，人的一生當中味覺變化也並非異常之事。

不論你喜歡辛辣食物的原因是有自虐傾向、受到文化影響，還是年紀大了，到頭來生物還是有其極限。大口咬下極度辛辣的食物可不是鬧著玩的。二〇一四年，馬特．葛羅斯（Matt Gross）在二十一點八五秒鐘嚼下了三個卡羅來納死神椒，引起了嚴重的心絞痛，讓他以為自己發生了急性心臟病十二個小時。二〇一六年，有個傢伙吃下塗上鬼椒醬的漢堡後，幾乎死掉。鬼椒醬引起的嘔吐劇烈到在他的食道上開了個洞，讓他接下來的三個星期必須待在醫院中以餵食管進食。吃太多辣的食物往往會引起嘔吐反應，因為辣椒素會使得黏膜增加，小腸收縮，所以身體會想要排除這樣的有害物質。當然，如果辣椒素沒有從上面吐出來，就會經由下面排出去，造成的灼燙感和吃進去時相同。也有報告指出，短時間內吃了太多辣椒會引起癲癇發作。

吃到薄荷時的醒腦清涼感也是類似的。細胞上的TRPM8受器在低溫時會受到活化，把「喔，好冷」這樣的訊息傳給腦。薄荷腦（menthol）是薄荷類植物上面的蠟質化合物，綠薄荷和胡椒薄荷都有這種成分，會和TRPM8受器結合。不論TRPM8受器是以什麼方式活化，腦所接收到的都是通知寒冷的訊息。

藉由科學之助，現在我們知道了有些食物影響了感覺溫度的受器，所以會讓人覺得熱或冷。不過讓我們面對現實吧，科學到現在都還沒有辦法解釋為什麼有些人能夠忍受得了辣妹合唱團。

為什麼你沒有喝咖啡就無法展開一天的生活？

在一九八二年的電影《瞞天過海飛飛飛》（*Airplane II: The Sequel*）中，空服員通知乘客他們所搭乘往月球的飛船偏離了軌道，小行星撞擊了飛船船艙，導航系統受到破壞，這些都沒有讓乘客嚇著，但空服員宣布了最後一個消息，乘客便陷入恐慌中：已經沒有咖啡了。

世界各地許多繁忙的人士，手中往往端著一杯咖啡。對有些人來說，咖啡不只是一種飲料，它簡直就像是身體的一部分。所以說，基因也會影響我們對於咖啡的偏好，就像能夠影響身體的一部分那般。

咖啡是無所不在的能量形式，不僅能夠輕易地把咖啡因這種藥物送到身體中，大部分的人也覺得咖啡美味。咖啡因的刺激效果來自於它的分子形狀類似腺苷（adenosine），腺苷會在身體中流動，是身體能量高低的指標。清醒的時候，腺苷在身體中逐漸累積，最後當腦中和腺苷結合的腺苷受體很多時，便會發出訊號：「差不多了，該睡覺了。」而咖啡因會取代腺苷，和腺苷受體結合，截斷了這個程序。如果結合得夠多，腦就不會收到需要睡覺的訊息。當有足夠的咖啡因欺瞞了我們的神經元，腦部就受到愚弄，誤以為有緊急狀況，進而刺激釋放腎上腺素或和「戰或逃」（fight-or-flight）反應有關的激素。這個時候注意力和記憶力會提高，心跳速率加快，先前所儲存的糖會被釋放出來，好增加可以使用的能量。

有些人對於自己的咖啡癮引以為傲，有些人卻沒有辦法喝太多咖啡。這種喜好差異也可能不是由你決定，而是你的DNA發揮了影響力。科學家已經發現TAS2R38這種基因和你會喝下多少咖啡有關。超級味覺者難以接受苦味，所以可能就無法忍受比較濃的咖啡，或是需要許多糖和奶精中和苦味。但是除了TAS2R38上的突變之外，還有許多事情會讓有些人無法對咖啡因上癮。

對於咖啡的偏好不只受到味蕾的影響，因為咖啡因對每個人的影響也不同。CYP1A2這個基因或許可說明為何有些人喝咖啡如飲水而不會有任何副作用，有些人只喝了一杯卻會心悸。CYP1A2基因所製造的蛋白質是一種位於肝臟的細胞色素（cytochrome），具有酵素的功能，能夠分解咖啡因和其他成分。

CYP1A2細胞色素並非人人相同。絕大多數人在攝取到咖啡因後十五到三十分鐘內會感覺到效果，這種藥物的半衰期大約是六個小時（也就是要花六個小時，體內的咖啡因才會消除一半。所以你在六點鐘吃晚餐的時候不要喝太多咖啡，因為在午夜時分你想要去睡覺的時候，還有一半的咖啡因讓你的身體停不下來。）具有CYP1A2*1F這種細胞色素的人，代謝咖啡因的速度慢，他們的這種酵素像是懶鬼，不會快速地處理掉咖啡因。實際上的狀況就是咖啡因會因此在身體中留得比較久。這會使得咖啡因的刺激效果增強，也會讓血壓上升。有些研究甚至指出，代謝咖啡因比較慢的人如果食用咖啡因，高血壓和心臟病突發的風險會增加。

你注意到絕大部分的抽菸者會喝很多咖啡嗎？這是因為菸中的尼古丁會活化CYP1A2基因，使得咖啡中的咖啡因代謝得比較快，因此從咖啡得到的提神效果比較短暫，癮君子們會比不抽菸者更快想要喝第二杯咖啡。

由人們代謝咖啡因的速度不同來看，毫無疑問地，人們代謝其他藥物與食物的速度也有差異，這造就了不同人之間心智與體能表現上的不同。一項發表於二〇一二年的研究指出，在固定式自行車比賽中，代謝咖啡因緩慢的人喝了咖啡以後一分鐘就出現效果，但是代謝咖啡因快速的人，在喝了咖啡後要四分鐘才有效果。所以現在奧林匹克運動會是不是需要禁止咖啡和其他含有咖啡因的飲料呢？

有另一個原因或許能解釋個人對於咖啡因飲料的偏好差異：腸道中的細菌類型。腸道微生物能夠影響咖啡因代謝的證據來自於咖啡果小蠹（coffee berry borer）。這種惹人討厭的生物對於種植咖啡的人來說是天大的威脅，牠們會把咖啡豆當成早餐、午餐和晚餐。咖啡果小蠹是目前已知唯一只靠咖啡就能夠生存的動物，每天吃下的量如果換算成成年人類，相當於兩百三十杯小杯咖啡。牠們為什麼能夠忍受足以致死的咖啡因量，一直是個謎。

二〇一五年，勞倫斯柏克萊國家實驗室（Lawrence Berkeley National Laboratory）的微生物學家伊恩．布羅地（Eoin Brodie）所領導的研究團隊發現，咖啡果小蠹腸道中的幾種細菌中，包括精於分解咖啡因的黃褐假單胞菌（*Pseudomonas fulva*）。黃褐假單胞菌帶著能夠分解咖啡因毒性的基因，住進了咖啡果小蠹的身體裡面，讓咖啡果小蠹能夠以吃咖啡為生。雖然目前我們還沒有證據指出人類具備了這類能夠消滅咖啡因的細菌，但是在煮咖啡機上已經找到了那些細菌。如果這些細菌進入人體而且成為了微生物相的一部分，就能影響身體代謝咖啡因的速度。

現在研究人員發現，有其他的基因會影響人類代謝咖啡因的過程，甚至細菌也可能來摻一腳，我們也還要去研究為什麼咖啡因對某些人的作用比較快或是比較強。咖啡因影響身體的方式，當然會影響我們對於咖啡因飲料的感覺。

為什麼牛奶不是對人人都好？

你喝的是牛奶還是瀉藥？世界各地有許多人無法飲用牛奶或是吃其他的乳製品，因為他們的DNA不會製造乳糖酶（lactase）。乳糖酶由LCT這個基因製造，能夠分解乳汁中的乳糖。如果你的身體無法代謝乳糖，會由腸道中的細菌代勞，但是你得付出代價。腸道細菌在大吃乳糖時會放出大量氣體，造成腹脹或是其他讓人尷尬的聲音（在你第一次約會的時候，這種聲音鐵定會出現）。乳糖還會因為造成滲透壓，使小腸細胞的水分流入小腸腔，迫使身體只好以**那種**方式排出這些水分。所以無法製造足夠乳糖酶的人吃了乳製品之後，會肚子痛或是腹瀉。如果你的LCT基因沒有表現而沒有製造出乳糖酶，就表示奶昔、冰淇淋，甚至有的時候連披薩都不該出現在你的菜單上。我有些朋友的乳糖不耐症之嚴重，讓他們每次聽到乳酪般濃郁的情歌時都會排出氣體。

LCT基因和之前討論到的各種基因不同，它本身沒有缺陷。基本上每個人生下來的LCT基因功能都正常，因為具有乳糖酶才能消化母乳中的乳糖。對於絕大多數的嬰兒而言，不再吸食母乳之後不久，LCT基因的基因就會關閉，因此造成乳糖不耐症。不過，古代某些地區的人類馴化了生產乳汁的動物（主要位於歐洲、中東和南亞地區），讓他們得到了一種突變，使LCT基因持續表現。換句話說，成年人有乳糖不耐症是正常的，能夠消化的人才帶了突變。科學家稱這些帶有突變而能大口喝奶的人為「吸乳鬼」（mampire），因為他們喝其他哺乳動物分泌出來的乳汁。古代吸乳鬼在斷奶之後依然製造出乳糖酶，而能有其他的營養來源，例如牛、山羊或駱駝的乳汁，這對於生存大有幫助。也是因為這種幫助，讓LCT基因持續表現的突變在一萬年前如同野火般散播到世界各地。

為什麼你認為便宜的紅酒比較好喝？

我確信大部分對於紅酒的描述，都是由電腦的文章產生程式所寫出來的，大概是這樣：這種（紅酒的名稱）具有（木材的名稱）的香氣，繚繞鼻腔，讓人回憶起（某個異國區域）（某個季節）中（某種動物）（某個部位）。酒進入口中之後有（形容詞）的感覺，宛若（某個節日），突然之間，（某種水果）的氣味湧出，接續而來的是（某種顏色）（某種香料）的味道。

許多人無論如何就是無法領會紅酒的複雜味道，有些人甚至認為那些能夠領會的人只是在自欺欺人。科學家曾經進行研究，讓專業品酒師試飲一大批紅酒，但是這些品酒師所不知道的是，其中有一些紅酒是相同的。只有大約一成的品酒師能夠把這些相同的紅酒評在同一個等級。研究也指出，大部分非專業的品酒師（甚至一些葡萄酒宅）在盲測的狀況下，無法區別廉價酒和高價酒。那麼，人類對於紅酒複雜性的鑑賞能力為什麼會有種種區別呢？線索之一來自超級味覺者在專業品酒師中所占的比例異常地高。換句話說，那個讓你厭惡綠花椰菜的TAS2R38基因為你打開了一扇大門，讓你得以感受紅酒在口腔中漱動與吞吐的樂趣。

不過紅酒狂熱者會告訴你，氣味比味道還要重要，也就是紅酒散發出的香氣。嗅覺的確對味道的感知極為重要，而人類基因的變化也會影響我們的嗅覺體驗。不過西班牙國家研究委員會（Spanish National Research Council）的食品科學家瑪莉亞・維多利亞・馬瑞諾–阿瑞芭（Maria Victoria Moreno-Arribas）在二〇一六年發表了一篇研究結果，指出口腔中的細菌也會影響感受到的紅酒香氣。

在每個人口腔中安營紮寨的細菌種類並不相同，這些細菌組成了口腔微生物相。持續變化的口腔微生物相不僅說明了有些人會讚揚紅酒，有些人卻不屑一顧，也可以解釋為什麼專業品酒師有的時候意見並不相同。人類的口腔微生物相中有各種細菌和酵母菌，牠們來自於我們的飲食與呼吸的空氣，且能很快地發生變化。舉例來說，使用漱口水就能夠馬上把微生物消抹殆盡。

研究人員關注的是位於口腔後方的「鼻後通道」（retronasal passage）上的一小片神經。這個名詞聽起來有點像是《哈利波特》新一集的標題，但實際上那一小片區域是味覺與嗅覺交會之處，所以你喉嚨上方的部位能夠「聞」到紅酒的氣味。研究人員發現，那個區域的細菌和葡萄香氣混合之後，所釋放出的氣體分子，會因細菌的種類和數量而改變。這多少能夠解釋你的味覺為什麼和其他人有巨大的差異。如果你在綿長的熱吻之後，口腔微生物相便會和對方比較相似，這樣你們對於葡萄酒的品質就比較容易達成共識了。

成為侍酒師並不只有天生基因能決定。DNA和口腔微生物相都在其中扮演了很重要的角色，決定我們能否辨認數不清的紅酒和紅酒醋，或只是滿足於能夠從一些紅酒或白酒當中挑選。

另一個有趣的實驗說明了人類的腦會拒絕接受味覺訊息。釀酒師費德列克・柏契特（Frederic Brochet）在博士論文研究中，讓一群釀葡萄酒學的學生以為喝下了紅酒，但其實是摻了無味紅色染料的白酒。結果，那些專家都把這些白酒的味道描述成紅酒。

在盲測可口可樂和百事可樂的時候也有類似的結果。如果有人給你兩杯可樂，其中只有一杯標示「可口可樂」，你往往會認為那杯有標示的可樂要比沒有標示的好喝，但其實那杯沒有標示的可樂也是可口可樂。你可以拿你的朋友試驗看看。如果你的朋友剛好有一臺能夠掃描腦部的機器，便可以嘗試貝勒醫學院（Baylor College of Medicine）神經科學家理德・蒙太古（Read Montague）進行過的實驗，好瞭解品牌對我們的影響有多麼深遠。

在這場可樂戰爭中，可口可樂派占上風。蒙太古的研究指出，可樂迷在盲測中喝百事可樂的時候，腦部的愉快中樞比喝可口可樂的時候活躍，顯然他們喜歡百事可樂勝於可口可樂。不過，如果讓同一批可樂迷知道各杯可樂的品牌，絕大部分都說可口可樂比較好喝。有趣的是，當受試者知道自己所喝可樂的品牌，腦中的另一個區域會活躍起來：和學習與記憶相關的區域。蒙太古相信，當心智想到可口可樂是成功的品牌時，對受試者造成的影響要比可樂本身的味道還要大。如果受試者不知道品牌，就好像無法自己思考了。

雖然這些實驗結果並不意味品酒（或是品可樂）就毫無意義，但它指出了人們能夠輕易受到欺瞞。人類的腦部是偏頗的器官，充滿了先入為主的想法，有的時候甚至會無視於證據，反對自己認為是正確的念頭（詳見第八章）。腦為什麼那麼懶啊？腦在思考時會有這種抄捷徑的做法，是因為腦需要大量能量。當人體處於休息狀態時，腦需要消耗身體兩成的能量，抄捷徑是為了節省能量。在飲品盲測的實驗中，大腦相信視覺訊號，而忽略了來自味蕾的訊息是與視覺訊號矛盾的。

要瞭解先入為主的觀念主導能力有多強，可以來看在一九八〇年代進行的著名實驗。在這個牛奶巧克力糖實驗中，受試者要從兩個成分完全相同的美味巧克力糖中選擇，一個做成圓片狀，另一個做成非常真實的狗糞狀。研究人員告知受試者兩盤牛奶巧克力糖都完全安全而且一樣可口。但是大腦可不這麼想，人們幾乎全都選擇了看起來不像狗屎的巧克力。

二〇一六年，西北大學的心理學家麗沙．費德曼．巴瑞特（Lisa Feldman Barrett）發現，對於牲畜飼養方式的成見，會影響我們對於肉品的味覺。就算是來源相同的肉品，如果宣稱是來自於大型牧場而非小農，受試者就會認為不論在外觀、味道和口感上都比較差。

我們的成見甚至會影響我們對於水這種最常見飲品的感覺。表演團體「潘恩與泰勒」（Penn & Teller）在他們著名的電視節目《狗屎！》（*Bullshit!*）中，讓一位「侍水師」（water steward）在高檔餐廳中請客人品嚐數種來自世界各地品牌的瓶裝水。在實驗中，那些客人一一指出這些水嚐起來有哪些不同之處，描述了這些水在硬度、脆度、新鮮度和純度的差異。客人一致認為這些有品牌的水要比一般的自來水好喝多了，但是他們都不知道，每瓶名牌瓶裝水裡面裝的水，其實都來自於餐廳露臺那邊用來澆花的水龍頭。

為什麼你會吃一些很噁心的東西？

在實境遊戲節目如《我要活下去》（*Survivor*）或《誰敢來挑戰》（*Fear Factor*）中，最常受人談論的活動往往是食物挑戰。在這些比賽中，參賽者會大口吞下那些難以置信的噁心食物，例如綿羊眼睛、洛磯山牡蠣（就是睪丸）、毛蜘蛛、鴨仔蛋、牛腦、紅樹林扁蟲等，最後以馬直腸作為漂亮的收尾。為什麼我們會厭惡這些食物（其中有些在某些文化中被視為美食），而不會討厭奶油海綿蛋糕這種世界上有許多人認為並非為真正食物的玩意兒呢？

在不同地區（甚至在不同街區），你都可能遇到有人喜歡吃你覺得反胃的食物。林堡乳酪（Limburger）的味道像是足球員趾甲縫裡的襪子線頭，但是威斯康辛州的一些人非常喜歡它，把它當成三明治的主要食材。日本人喜歡吃納豆，這種發酵的黃豆聞起來像是足球員穿過的襪子放在洗衣籃底一個月後的味道。榴槤產於東南亞，這種長棘刺的黃綠色水果散發出的腐敗臭味之重，被禁止帶上大眾運輸工具。世界上最惡臭的食物，當屬瑞典的鹽醃鯡魚（surstromming）。這種發酵過的鯡魚，氣味極其強烈，該國政府建議鹽醃鯡魚罐頭要在戶外打開。

遺傳學能夠解釋人們喜愛這些味道異常的食物背後的原因嗎？除了味覺受器之外，有證據指出，人類在幼年，甚至在子宮中就習得了哪些食物是美味的了。未出生的嬰兒在子宮中每天會喝下幾口羊水，科學家發現，孕婦所吃的食物會影響羊水的味道。

莫耐爾化學感官中心（Monell Chemical Senses Center）的生物心理學家珠莉．孟尼拉（Julie Mennella）在一九九五年進行了一項研究，讓受試者聞從孕婦體內取出的羊水，猜猜這些孕婦稍早是吃了大蒜或是糖。雖然嗅聞陌生人的體液聽起來並不像是大部分人在週五晚上最想從事的活動，不過這項研究指出孕婦的羊水的確會讓胎兒嚐到味道。也有許多證據指出，嬰兒會經由母乳嚐到母親所吃食物的味道。

不過有句話說「總是要嚐過才知道味道」，因此孟尼拉做了另一個實驗，以確定對於食物的偏好是否真的可以從母親傳到孩子身上。這項研究中有三群懷孕婦女，一群在孕期中每天都喝胡蘿蔔汁，第二群只在後來哺乳期喝胡蘿蔔汁，第三群在懷孕時期和哺乳時期都避免吃到胡蘿蔔。結果顯示，如果母親懷孕或是授乳時期喝胡蘿蔔汁，那麼寶寶會喜歡胡蘿蔔口味的穀物片。在胎兒或是喝奶階段都沒有接觸到胡蘿蔔的寶寶，第一次吃胡蘿蔔口味的穀物片時會出現糾結的表情。這個實驗的結果顯然符合母親的飲食偏好會傳給胎兒的想法。

就如同之前提到的，子宮中的環境受到外界環境的影響。如果母親居住在盛產胡蘿蔔的地區，那麼就會讓胎兒也喜歡吃胡蘿蔔。同樣地，嬰兒嚐到了從來沒有在羊水中嚐過的味道，就可能會遲疑，甚至可能把這種陌生的東西當成有毒的。這並不代表那些嬰兒往後一輩子都會討厭胡蘿蔔，而是會懷疑這些不熟悉的食物是否吃了會不舒服。現在我們相信，從母親傳給胎兒的飲食偏好，多少能夠解釋在某些文化中成長的人，為何會把其他文化從來不曾想過的東西當成食物。

喜歡吃啥就吃啥

應該沒有什麼特質比喜好更因人而異、更能定義自我的了。特別是和飲食有關的喜好。一想到在冰箱門前面有個DNA守衛阻擋我們的飲食欲望，就讓人感到不安。不過知識就是力量。（舉例來說，如果你要讓你身為超級味覺者的可憐孩子吃綠花椰菜，至少要同時配上解苦的蜂蜜芥茉醬。）

還有其他需要認真注意的事情。TAS2R38基因上具有變異的超級味覺者，每年吃的蔬菜量少了兩百份，因此飲食比較不健康，罹患大腸直腸癌的風險比較高。如果你是超級味覺者，請確定自己已經盡量塞下足夠的蔬菜，或是找到讓苦味蔬菜比較容易入口的方式，例如烤蔬菜可以讓糖分焦糖化，以甜味遮蓋苦味。另一個可能讓超級味覺者受害的情況是高血壓。超級味覺者傾向使用較多的鹽，好遮蓋食物中讓味蕾難以忍受的苦味。不過，身為超級味覺者也有好的一面，比較不容易體重過重，因為他們對於太甜或是高油脂的食物也很敏感。對於乳糖不耐症者而言，也有愈來愈多不含乳品的食物可以選擇。那些無法品嚐紅酒複雜美味的人更應該感到高興，因為從超市買來的廉價葡萄酒就足夠，可以省下許多錢。

新研究指出食物能夠調控胎兒DNA的表現（而且可能是無法回復的）。這點使得我們在吃東西的時候要更聰明地選擇。在本書的後面會提到，父親也擺脫不了關係，因為他們在生活中的選擇也會以表觀遺傳的方式影響到寶寶。

瞭解味覺的差異能夠讓用餐時間更為平和安詳。下次如果有人不喜歡你的料理或是推薦的紅酒，不要苛責自己，同時要記得：我們口味上的偏好背後有生物原因，所以別在意。岔開話題，討論某一本書吧！

第三章 瞭解自己的胃口

「我吃個不停。我是因為不高興才吃東西，而我不高興的原因是吃太多東西。這是種惡性循環。」

肥霸（Fat Bastard），《王牌大賤諜二部曲：時空賤諜007》（*Austin Powers: The Spy Who Shagged Me*）

當人們聽到「爆發」這個詞，通常會想到伊波拉病毒、殭屍末日，或是一九九五年一部達斯汀霍夫曼所擔任的主角追著一隻猴子跑的蠢電影——《危機總動員》。不過在美國和其他數個已開發國家中，有另一種「爆發」逐漸成形：腰部形狀的改變。我們的衣服大小型號已經有太多個X了，讓人誤以為走進的是成人書店而不是成衣店。現在已經有專門為體重超重病人設計的救護車，具備了力量更強大的舉重機。《減肥達人》（*The Biggest Loser*）等熱門的電視節目中所進行的減重比賽「深具啟發性」。「美食頻道」（Food Network）這類的頻道就是打造來迎合對食物永無止境的慾望。觀看社交媒體的串流時，幾乎避不開那些成堆的披薩、炸雞和漢堡圖片的誘惑。

我們想要從飲食書中得到啟發，好對抗自己的無盡食慾。但是很不幸，各種流行的節食方式都通往相同的終點：沒有人能夠好好維持健康的體重。這種情形顯而易見，二手書店中塞滿了沾上胡蘿蔔顏色的飲食書，因為之前買了這些書的人很快就發現書中建議的計畫根本就沒有效，所以飽受挫折。我們也知道，即使是《減肥達人》中的優勝者，在參加完節目之後，體重也恢復到接近原來的樣子。

根據美國疾病管制局的資料，美國人口肥胖的比例，近來暴漲到百分之四十，另外有三分之一的人口體重過重。就連兒童也有五分之一在臨床上被認定為肥胖。絕大部分的人都知道體態肥胖所帶來的嚴重健康風險，例如心臟病、中風、第二型糖尿病、癌症等。但是在這場消除身體多餘脂肪的戰役中，人類持續落敗。落敗的代價並不小，美國每年花費在肥胖相關問題的醫療費用，高達一千九百億美元。隨著西方飲食與生活型態散播到世界各地，肥胖問題也隨之蔓延。《新英格蘭醫學雜誌》（*The New England Journal of Medicine*）在二〇一七年刊登了一篇令人不安的報告，文中指出世界各地因為體重過重而有健康問題的兒童和成年人多達二十多億。為什麼會這樣呢？

現代化生活型態充分說明了肥胖流行的原因：吃得太多、動得太少。吃東西時，我們張口大嚼，好像食物快要過期那樣，再加上這些食物很不健康。即便我們知之甚詳，都知道食物金字塔的模樣，也從小學的時候躲避球老是砸到自己頭上起就知道運動有多重要。不過我們仍舊眼睜睜地看著「吃什麼像什麼」這句古老格言成真，大部分的人長得都像是肉桂捲般肥胖，而不是如芹菜梗那般苗條。

為什麼人類在處理食慾和選擇食物時，難以保持理智？這只是意志力的問題嗎？還是受到了其他因素的影響？

為什麼你會渴望高熱量食物？

就如同在第二章所說明的，人類對於甜食的熱愛是有演化淵源的，那個時候汽水和甜甜圈之類的食物都還沒有被發明出來。人類起源的非洲莽原並不容易發現高熱量的食物。熱愛香甜水果、動物脂肪和蜂蜜等高能量密度食物的早期人類，比起沒有這種欲望的人，顯然更具優勢，因為他們有足夠的能量來源，用於狩獵、爭鬥、追求伴侶，以及對孩子大叫，讓他們不要在洞穴牆壁上塗鴉。演化為了讓我們的祖先找尋那類食物，於是在我們的腦中安裝了懲罰與報償系統。

DNA所打造出的腦能夠感受愉悅和痛苦，好讓這個生存機器具有競爭力。如果這個生存機器不吃東西，便會受饑餓感所苦。而在吃下食物之後，痛苦就會由飽足感取代。乳酪蛋糕這樣高熱量的食物，不只會讓人覺得滿足，也會帶來近似高潮的愉悅感。當甜食沾到唇上，腦中就會有獲得報償的感覺。不管是巧克力或是法式深吻，結果都相同：多巴胺（dopamine）大量分泌，這種神經傳導物質能夠讓腦中的報償中心活躍起來，並且想要再來一個。

我們之所以會覺得食物嚐起來美味或是難吃，是因為我們的身體主要以這種方式判斷吃到肚子裡面的東西是否有用。DNA讓我們覺得高熱量的食物很美味，所以就算是冒著生命危險或是身體可能受到傷害的風險，也要得到這類食物。但是現在只有當自動販賣機在投幣之後沒有巧克力棒掉下來，我們才需要動手動腳獲得食物。我們正處於被甜食和高脂肪食物包圍的世界中，唯一要費力去做的事情，就是從沙發上起來，走到門邊取美食外送。我們生活在真實的糖果天地中，卻不需要從事身體活動，這樣下去體重當然會增加。

根據美國心臟協會的建議，成年女性每天平均消耗一千八百大卡的熱量，其中糖所占的熱量應該為八十大卡（約五茶匙）。男性每天平均消耗兩千兩百大卡熱量，其中糖所占的熱量應該為一四四大卡（約九茶匙）。就我所知，有人光是在早上的咖啡中就放了五茶匙的糖（那些人可能是超級味覺者吧）。一罐三百五十毫升的汽水大約有八茶匙的糖，許多人只要喝一罐飲料，就達到了最高的每日建議攝取量。

由於糖隱藏在許多食品中，讓我們通常不會認為那些食品屬於甜食，而低估了自己每天攝取到的糖分。那些食物包括義大利麵、披薩醬、烤肉醬、沙拉醬、果汁飲品，以及某些冠上「健康」名號的穀物片、優格和燕麥棒。大自然中沒有含糖量高到傷人的食物，所以人類的身體構造自然也無法處理這類食物。

當我們以糖霜玉米片和巧克力脆片蛋糕當早餐時，便吞下大量的糖，需要消化的分量之多，遠超過身體所能負荷。胰臟必須過度運轉，好製造出足夠的胰島素，處理淹沒到身體各處的糖分浪潮。胰島素這種激素能夠幫助需要糖分的細胞吸收糖分，其餘的糖分則會以脂肪的形式儲存起來。那些過度製造出來的胰島素能夠有效地清除血液中的糖分，卻也讓我們從糖分帶來的快感中崩落下來，而感到不愉快。因此我們會想要吃其他零食，好維持一直以來不正常的高血糖。

對於鹽分和脂肪的攝取狀況也類似。人類需要脂肪與鹽分等礦物質，以維持身體正常運作，所以在飲食中不需要完全消除這些成分。但是就如同在糖分那樣，我們也沒有意識到在吃下受歡迎的食品時，已經吞下了過多的脂肪和鹽分。如果你每天攝取的熱量是兩千大卡，其中應該吃的脂肪量是四十四到七十八公克之間。一份速食所含的脂肪差不多就在這個範圍之間：一個肉桂捲有約四十公克脂肪，一份焗烤乳酪通心粉的脂肪含量甚至可以高達六十公克。驚人的是，許多速食店販賣的沙拉，脂肪量在三十到六十公克之間，而有些冰摩卡咖啡含有五十公克脂肪。

美國農業部建議健康的成年人每天攝取的鈉不要超過兩千四百毫克。不過美國人通常每天攝取了三千到四千毫克。過多的鹽分來自加工食品、包裝食品和餐廳。一份冷凍餐點或速食連鎖店中的主餐就足以提供一日所需的鹽分，甚至更多。美國最鹹的食物是華館（P.F. Chang's）的酸辣湯，一碗含有三千兩百毫克的鈉（超過了每日攝取限制的兩成以上）。

我們大口吞下的洋芋片、椒鹽脆餅、爆米花和堅果等零食，很容易讓我們攝取過多的鹽分而危害健康。其他比較不顯著的高鹽分食物包括某些湯品、蔬菜汁、醬汁和冷食熟肉。另外，一湯匙醬油中含有的鹽分就可能高達一千毫克。

食品公司和餐廳都希望客人再次光顧。在食品中添加大量的糖、脂肪和鹽分很有效，因為這些成分作用的方式和毒品相同。我們和電影《疤面煞星》（*Scarface*）中的艾爾帕西諾（Al Pacino）一樣，只不過他埋首的是古柯鹼，我們則埋首於一堆撒上糖粉的甜甜圈中。高熱量食物激發腦中報償中樞的方式和鴉片一樣，因此這些垃圾食物在技術上來說屬於成癮物質。多項研究都已經指出，糖讓人成癮的力量比古柯鹼更高，這也是我們對於不健康零食的渴望如此強烈的原因。況且糖又像是蓋可汽車保險公司（GEICO）的廣告那樣無所不在，要讓人戒除吃糖的習慣，就好像在鴉片煙館裡戒毒一樣。

我們之所以渴望含有大量糖分、脂肪與鹽分的加工食品，是因為這些成分的供需方向和數百萬年以來的方向完全相反。糖分、脂肪與鹽分本來很稀少，現在卻常見又便宜。非加工食物現在通常比加工食物還要昂貴，而且你還需要花時間料理。因此以前是富有的人才會肥胖，現在則是窮人和中產階級肥胖的人數暴增。這種兩極化的現象體現在「方便午餐盒」（Lunchable）發明者的女兒莫妮卡．杜蘭（Monica Drane）所說的話中。這種專門為兒童設計的加工午餐組合包賣得非常好。杜蘭說：「我認為我的小孩不會吃方便午餐盒……他們知道有這種食品，也知道是由祖父發明的。但是我們吃得非常健康。」

你為什麼會吃太多？

絕大多數的加工食品都好好地配合了人類最糟糕的飲食渴望，打造出讓人難以抗拒垃圾食物的環境。但是人類的這種渴望只是其中一部分。是什麼控制了我們的食量呢？

如同智慧型手機上有電量顯示，讓你知道什麼時候該充電。身體中也有一些激素扮演類似的角色。當我們的胃裡面空了，腸胃道細胞會分泌飢餓素（ghrelin），也就是因為飢餓而產生的激素。飢餓素隨著血液流到腦部，相當於對腦發出了「好餓！好餓！」的吶喊。當我們用食物為身體充電時，飢餓素的濃度下降，便產生飽足感。飯後的飽足感來自於另一種「飽足激素」瘦素（leptin），由脂肪細胞釋出。這種精妙的激素循環利用生化訊號，控制了我們的食量與進食的時間。有些人吃得太多，是因為遺傳突變破壞了這個飢餓／飽足的激素系統，就像是智慧型手機無法偵測到還剩多少電量。

與控制食慾相關的基因最早是在小鼠身上找到的。這有點讓人驚訝，你有看過肥肥胖胖的老鼠爬過你家地板嗎？可能從來都沒有見過吧。因為過重的小鼠可能難以逃出掠食者的捕捉。不過在一九四九年，科學家驚訝地發現有胖小鼠和其他瘦小鼠一起在籠子裡面閒晃。這隻小鼠生來瘦素的基因上有突變，後來這隻小鼠培育出的肥胖小鼠品系，稱為*ob/ob*。這個品系的小鼠無法製造瘦素，永遠不會覺得吃飽。值得一提的是，如果研究人員把瘦素注射到*ob/ob*小鼠體內，牠們便不會過量飲食。如果你給*ob/ob*小鼠餅乾，牠們會想吃更多。如果你給*ob/ob*小鼠注射瘦素，它們就會覺得吃飽了。

一九九八年，研究人員在幾名病態性肥胖症（morbid obesity）患者的身上發現突變的瘦素基因。這些病人和*ob/ob*小鼠之間還有另一種奇特的相同之處：都因為肥胖而無法生育。*ob/ob*小鼠是不孕的（除非適當地限制飲食或是補充瘦素），缺乏瘦素的肥胖病人也無法進入青春期。瘦素由脂肪細胞分泌，是體重的指標。雖然身體很大，如果沒有瘦素，腦部就無法得到告知身體的脂肪已經夠多足以從事生殖活動的訊號。這也可以解釋為什麼在人類和小鼠中，瘦素突變都非常罕見。

就如同*ob/ob*小鼠，病態性肥胖症患者如果接受瘦素補充治療，體重可以回到幾乎正常的狀態（同時也能進入青春期並且恢復生殖能力）。聽起來很棒，但是**所有**想要瘦身的人都能使用瘦素嗎？可惜答案是否定的。瘦素療法只能幫助世界上極少數的瘦素缺失患者。事實上，絕大部分肥胖的人都能正常製造瘦素，問題在於腦部變得抗拒瘦素造成的效果，而無法對這種激素產生適切的反應。脂肪細胞一直盡力告訴腦部不要再吃了，但是腦部沒有收到訊息。

就如同你所推測的，任何一種激素（或是某一種神經傳導物質），都有與這種訊息分子配合的受體，就像是接住棒球的棒球手套。瘦素受體的作用就是接住瘦素的手套，如果它的基因發生突變，就會搞亂瘦素所傳遞的訊號。另一個品系的肥胖小鼠 *db/db* 便是瘦素受體的基因有突變，有些人類也是如此。有些人因為瘦素受體的缺陷而受肥胖所苦，他們一直都無法接收到飽足的訊號，因此吃個不停。飽足的訊號持續來敲門，但始終不得其門而入。

瘦素還會刺激另一種與飽足感相關的激素 α-黑色素細胞促素（α-melanocyte-stimulating hormone），這種激素有助於在飯後產生飽足感。接受這種激素並且產生反應的受體是 MC4R。科學家在具有早發性肥胖（early onset obesity）的人身上，發現他們這個受體的基因附近有突變。

還有一件夠奇怪的事。瘦素突變和青春期問題有關聯，MC4R 介入了食物和性之間有趣的連結中。化學家發明各種形狀類似 α-黑色素細胞促素的化合物，希望這些化合物能夠和

MC4R連接，讓肥胖的人有飽足感。結果這些稱為MC4R促效劑（agonist）的化合物具有「促進勃起的功能」，也就是促進性慾。如果這些化合物哪天成為了減肥藥，那麼服藥的男性在餐後也會因為另一個原因想把皮帶鬆開（吃得比較少又能夠增加運動量，真是雙贏的結果呢！）不過，先把這個玩笑話放一邊，這個例子指出我們所要面對的挑戰：食慾背後的遺傳原因很複雜，研究人員還有很多東西需要消化，才能找出能夠幫助為我們安全地維持熱量平衡的藥物。

有的基因負責調控和飲食有關的激素，有的基因調控一頓美食之後所帶來的快樂感覺。研究人員發現帶有Taq1A這種遺傳變異的人更容易變胖，因為這種變異會使得多巴胺受體的數量減少，而這種受體和腦中的報償感覺有關。具有這種遺傳變異的人要比一般人吃得更多，從多巴胺得到的報償體驗才會和一般人相同。

這類的研究說有多重要就有多重要。基因能夠調控我們的感覺，食慾也不是由自己控制的，而是在我們的掌控之外。不過，評斷或勸告那些人食慾旺盛是因為他們的DNA造成的，這樣正確嗎？

就算DNA讓你的腦能夠適當調控飲食分量，但還是有我們掌握之外的事情或狀況，引發了造成體重增加的行為。科學家已經記錄到許多例子是病人因為腦部腫瘤或腦震盪而造成體重增加或減少。除此之外，有些人腦中植入了電極以控制不自主的肌肉運動疾病（例如帕金森氏症），會突然開始大吃大喝。小鼠腦中某些區域受到刺激也會有類似的狀況，馬上開始狼吞虎嚥。這些研究都再三表明了腦部對於飲食習慣的深刻影響。

目前有些研究試著找出腦部控制飲食行為的特定區域，有可能藉此展示出體重疾病的新療法。二〇一八年哥倫比亞大學的神經生物學家查爾斯・祖克爾（Charles Zuker）發表研究成果，他能夠操控小鼠腦中特殊的神經元，讓小鼠喜歡甜食和厭惡苦味的天性都消除。想想看有天你的腦部神經網路重新連接，會讓你覺得綠花椰菜比巧克力蛋糕更為可口！

雙親對你的食慾所造成的影響

有些基因中的錯誤毫無疑問破壞了某些人的食慾控制與新陳代謝系統，不過遺傳變異無法解釋近幾十年來肥胖人口比例大增。根據估計，之前討論到的種種基因只占了目前肥胖流行起因的一成不到。除了DNA突變之外，表觀遺傳機制也可能造成影響，環境中的某些東西可能改變了基因表現，使我們容易變得肥胖。有證據支持，我們吃的食物能夠改變基因表現，進而影響食慾、代謝，以及罹患疾病的傾向。

在飲食影響基因表現的重要觀察結果中，有一項來自杜克大學醫學中心（Duke University Medical Center）的生物學家蘭迪・吉特爾（Randy Jirtle）。他與一些科學家研究小鼠中一個稱為的 agouti 基因，結果顯示出母親在懷孕期間的飲食有多重要。你問這個基因的功能是什麼？答案是讓小鼠出現亞麻色的皮毛。等等，科學家怎麼會從調控毛色的基因研究出和兒童食慾的變化有所關聯？這其中的過程需要更深入解釋。

從精子和卵子結合的那一刻之後，這新組成的基因團隊便捲起袖子，開始建造胎兒。一連串精密的反應隨之展開，一群又一群基因在這個控制嚴密的過程中，陸續開啟與關閉。從第一天起，母親子宮所提供的環境便開始影響胎兒的基因體，好讓寶寶將來可以獨立生存。將母親懷孕時期所生活的環境，假設為寶寶出生後將會探索的環境是很自然的。因此，在出生**之前**就先安排好寶寶的某些基因活動，有助於寶寶準備好面對外界的世界，這就是胎兒編程或稱產前編程（prenatal programming）。

想像一頭小鼠。你所想像的可能是一隻活潑、嬌小又毛茸茸的齧齒動物，具有褐色的皮毛。大部分的小鼠看起來的確是這樣的，但是有的小鼠出生時的皮毛是亞麻色的，長大後變成了一個大型毛球，或說更像是《星艦迷航》中出現的「崔寶」（tribble）。這種黃毛小鼠很容易罹患某類疾病，包括肥胖症、糖尿病與癌症。正常小鼠和黃毛小鼠之間的差異在於黃毛小鼠的 agouti 基因不會關閉。如果你仔細檢查正常小鼠的毛，會看到毛中間的部分是淡黃色的，這表示那段毛髮生長時，agouti 基因是開啟的。而黃色片段兩邊的褐色部分是在 agouti 基因關閉時長出來的。有些小鼠的 agouti 從來都沒有活動過，所以整根毛都是褐色。黃色小鼠的agouti基因一直沒有關閉，造就了牠一身黃色皮毛。

我們之前討論過和飽足感有關的激素α-黑色素細胞促素。α-黑色素細胞促素就和其他激素一樣，在身體中能夠發揮多種效果。除了在吃東西後提供飽足的感覺之外，α-黑色素細胞促素也會讓毛色變深。Agouti蛋白質能夠阻止α-黑色素細胞促素和受體結合，因此毛髮會是黃色的。但是這些黃毛小鼠並不會過得更快樂，而是更不幸，因為agouti蛋白質阻撓了腦中α-黑色素細胞促素連接到MC4R受體上，使得小鼠無法得到飽足的訊號而吃得太多。

但是你可能會想，這些小鼠都有agouti基因，為什麼有些是纖瘦的灰色小鼠，有些卻變成肥胖的黃色小鼠？讓這些小鼠毛色不同以及未來健康展望有所差異的，是agouti基因活躍的程度以及活躍的時間。

你可能會想，黃色的肥胖小鼠通常是由同樣不健康的黃色母鼠所生下來的，但是有個會讓你嚇到下巴掉下來的發現：如果你改變黃色母鼠懷孕時期的飲食，牠們會生下褐色的纖瘦健康小鼠。這其中到底有什麼祕密？訣竅是在懷孕母鼠的飲食中添加促進DNA甲基化的成分，例如葉酸、甜菜鹼（betaine）、維生素B_{12}和膽鹼（choline），這種化學上的變化能夠使基因關閉。其中一個因為飲食驅動的DNA甲基化而遭到關閉的基因是agouti。在agouti關閉的狀況下，黃色胖母鼠生下的小鼠是褐色的，而且不會飲食過量，因為會封鎖α-黑色素細胞促素受體的agouti蛋白質沒有製造出來。

這項傑出的研究對於食慾而言有許多意義。首先，發育中胎兒的DNA已經受到許多編程，在出生之前就已經準備好對應母親所處的環境。這種胎兒編程有部分來自於母親飲食的訊息，這些訊息代表了外界環境的狀況。其次，母親懷孕時期的飲食會影響胎兒的DNA甲基化，造成持續的影響。對於非健康專業人員所建議的飲食添加物都需要小心謹慎，因為那些添加物會對胎兒DNA造成哪些影響，我們無從得知。第三，雖然你從父親與母親遺傳到基因，但是並不表示那些基因在你的身體裡面會以相同的方式表現。黃毛的agouti母鼠可能肥胖，但是她生下的幼鼠不一定會走上相同的命運，這個概念當然可以逆向操作。深入鑽研基因和表觀遺傳控制發育過程的研究結果，或許有助於孕婦影響未出生的寶寶，讓孩子有理想的健康狀況。

那些要成為父親的人在享受大塊豬肉和三層布朗尼冰淇淋聖代之前，應該要知道飲食習慣也會經由精子中的表觀遺傳編程影響到未來的孩子。二〇一〇年，澳洲新南威爾斯大學的藥理學家瑪格莉特・莫里斯（Margaret Morris）發現，雄性大鼠如果採取高脂肪飲食，生下的雌大鼠會有胰島素方面的問題，這剛好和體重增加與脂肪變多有關。科學家仔細研究吃垃圾食物的雄大鼠所生下的雌大鼠，發現她們胰臟中負責製造胰島素的胰島細胞（islet cell）裡面有六百多個基因表現異常。

那麼人類呢？丹麥哥本哈根大學的生物學家羅梅恩・巴瑞斯（Romain Barres）為了確定

體重是否會影響人類精子中的基因表現，檢查了瘦男和胖男的精子DNA甲基化模式，在二〇一五年他的研究團隊發現到瘦男精子和胖男精子之間有九千多個基因甲基化的程度不同。九千是個很大的數字，其中有些基因在之前就被懷疑和飲食控制有關，例如MC4R。這些基因表現的變化可以使腦中的神經網絡改變，對食慾造成永久性的影響。這個發現或許能夠解釋為什麼有些人的飲食習慣幾乎不可能改變。在同一項研究中，巴瑞斯和同事也檢查了肥胖男性在接受胃繞道手術（一種減肥手術）、體重減輕前後的精子，看看其中DNA甲基化的模式。他們發現在減肥手術後一年，MC4R等基因上DNA甲基化的模式改變了，這表示精子中的DNA甲基化是有可能逆轉的。

人類精子中DNA甲基化的改變是否會影響到自己的孩子？雖然這個在大鼠上進行過的研究還沒有在人類中進行，不過以上種種研究說明了可能有一種機制，讓你父親的飲食習慣影響到你，因為你的DNA有一半來自他的褲襠之中。所以要成為父親的人得知道，不是只有母親需要在懷孕之前保持健康的生活型態。

為什麼糖分會讓你的一生甜蜜而短暫？

嬰幼兒時期的飲食能夠影響成年後的飲食習慣。為了研究哪些活動會影響終身，科學家通常會把果蠅和線蟲當成模型，前者可以活九十天，後者可以活十五天。科學家可以研究哪些事物對於這些模式生物一生的發育造成影響。如果研究人類的一生相當於需要花費科學家的一生，但是如果你在七十歲之後才發表研究結果，真的很難找到工作。

我們可以利用這些壽命短的生物研究一些問題，例如「年輕的成年個體如果吃太多垃圾食物會怎樣？」答案是不太好。二〇一七年，倫敦大學學院的生物學家納齊夫・艾利克（Nazif Alic）的研究指出，年輕的果蠅如果吃了三個星期的高糖分飲食，壽命會比平均減少百分之七，而且不幸的是，就算之後從高糖飲食轉變為健康飲食，壽命還是縮短了。是的，年輕時吃比較多糖的果蠅就算成年之後吃得正確，也會比較早死。

艾利克的團隊繼續挖掘糖分讓生命不可逆地縮短背後的機制，發現蔗糖會影響FOXO這個轉錄因子，而人類也具有這個轉錄因子。轉錄因子的功用為調節多個基因的表現，當一種轉錄因子受到干擾，相關的基因網絡便會崩潰，就像是倒骨牌那般。FOXO基因網絡負責製造許多種類的蛋白質，以維持細胞正常運作。如果這個網絡正常運作，壽命便會延長，這也蠻合理的。過多糖分會阻礙FOXO基因網絡的活動，令人震撼的是，這個改變在吃糖果蠅吃了健康飲食之後，也改不回來。

這項研究指出攝取過多糖分會加速老化，名符其實地讓生命過得甜蜜而短暫。糖的確甜美卻也令人掃興。另外，我們也要謹記，這其中還有許多沒有解決的問題，而且在人類中的研究還極為有限。雖然許多研究指出吃太多糖會危害健康，但如果說讓小孩子的成長過程宛如住在巧克力工廠中就會造成永久性傷害，還太早了。不過讓你自己和小孩的飲食更健康，還是愈早愈好。

你的腸胃道細菌會影響你的食慾

愈來愈多科學家相信，人類胃腸道中的微生物相也能夠影響食慾，並且改變我們的體重。這並不是直覺，而是研究無菌小鼠得到的結果。無菌小鼠出生後就在無菌的環境中生長，身體內外都沒有微生物。地球上沒有如此純潔的生物，就連完美媽媽茱・克莉佛（June Cleaver）都比不上。雖然這些無菌小鼠過著恐菌者夢想中的生活，但是牠們的免疫系統有缺陷，無法對壓力做出適當的反應。這些在無菌小鼠上的異常之處指出了一個驚人的概念：腸道細菌不只是我們生命中的過客，它們對於健康和幸福生活有很大的影響。沒有這些細菌的日子讓人難以想像。

科學家想要知道把微生物植入這些無菌小鼠的腸道之後會有什麼結果。研究人員幹了「骯髒事」，把從正常小鼠盲腸（大腸起始的部位）中蒐集來的一些成分，噴到無菌小鼠的皮毛上。這些無菌小鼠彼此理毛的時候，不知不覺地就會舔到含有許多細菌的盲腸黏稠物。這些無菌小鼠在理毛之後成為了有菌小鼠。

瘦小的無菌小鼠在有了來自正常小鼠的腸道細菌之後，兩個星期中體重便顯著增加了。細菌轉移使得本來骨瘦如柴的小鼠變得和那些「捐贈」細菌的小鼠一樣正常。體重增加的原因不是食慾增加，因為無菌小鼠得到來自正常小鼠的細菌之後，食量實際上變少了。既然如此，這些細菌是怎樣讓無菌小鼠恢復正常體重的呢？這些細菌帶來了新基因，有助於消化小鼠食物中複雜的植物碳水化合物。現在小鼠藉由細菌提供的消化服務，從比較少的食物中得到比較多能量。

之後研究人員有了個瘋狂的點子，想看看是否所有的腸道細菌達到的效果都相同。如果無菌小鼠吃到的細菌來自於*ob/ob*之類的胖小鼠會是怎樣。結果顯示，從*ob/ob*品系胖小鼠得到細菌的無菌小鼠體重增加許多，不久之後便長得和捐贈細菌的小鼠一樣胖。無菌小鼠從正常小鼠得到細菌後，身體中的脂肪增加了將近三成，但是從胖小鼠得到細菌後，脂肪增加了五成。這項結果指出，瘦小鼠和胖小鼠的腸道細菌的確有所不同，細菌除了影響腸道，也影響體重。

有一群研究人員受到了這項開拓性研究的激勵，組成腸道探險隊，開始探索不同身材的小鼠有哪些不同的細菌。美國國家衛生研究院也展開了類似的計畫，要記錄居住在人類身體中的微生物種類，名為「人體微生物體計畫」（Human Microbiome Project）。雖然一直都還有新的發現，不過就如同探險家在森林中遇到的動物和在沙漠中遇到的不同，科學家也發現在瘦小鼠與胖小鼠腸道中所棲息的細菌不同。舉例來說，胖小鼠有比較多厚壁菌（Firmicute）這一類的細菌，而擬桿菌（*Bacteroidetes*）比較少。厚壁菌和擬桿菌這兩大類細菌中，都有許多細菌種類，通常會出現在哺乳動物的腸道中。比起擬桿菌，厚壁菌從食物中取得的能量較多，有助於身體保存更多脂肪。

大多數的研究支持，在人類中降低厚壁菌與擬桿菌之間的比值，也能減少肥胖。不均衡的飲食和不均衡的微生物相也有關聯。華盛頓大學的頂尖微生物相科學家傑佛瑞・高登（Jeffrey Gordon）在二○○九年發表一項研究成果。他比較從一胖一瘦的雙胞胎中所取出的腸道細菌，發現不同的細菌基因有三百八十三個，其中四分之三的基因來自於放線菌（Actinobacteria），有四分之一來自於厚壁菌。研究人員沒有在肥胖的受試者中找到擬桿菌的基因。相較之下，這些基因有百分之四十二自於瘦雙胞胎中的擬桿菌。這些在胖瘦者之間有所差異的基因，許多和新陳代謝有關。

此外，有其他的證據指出人類的飲食、體重與身上微生物相之間有密切的關聯。義大利佛羅倫斯大學的生物學家保羅・里歐奈提（Paolo Lionetti）比較了歐洲城市居民和非洲鄉村居民的微生物相。如你所料，居住在義大利佛羅倫斯的兒童，要比居住在非洲布吉納法索（Burkina Faso）的村落包爾朋（Boulpon）的兒童來得胖。有趣的是，里歐奈提發現佛羅倫斯的兒童主要吃含有大量碳水化合物、脂肪和鹽類的食物，腸道中主要的細菌是厚壁菌。包爾朋兒童的飲食內容應該和我們的祖先相近，以水果和蔬菜為主，偶爾有肉類、蛋類和昆蟲（那個村子的人吃的是白蟻）等蛋白質來源。包爾朋村兒童腸道中的細菌以擬桿菌為主，另外，還有許多在義大利兒童體內沒有發現的兩類細菌：普雷沃菌（*Prevotella*）與木聚糖菌（*Xylanibacter*），這兩類細菌都長於消化植物食物中的纖維。

居住在腸胃道的細菌種類會因為飲食的不同而快速變化。纖瘦的人如果開始吃高熱量的食物，厚壁菌會快速增加，擬桿菌會減少，因為前者從食物中得到了更多熱量。吃垃圾食物會快速地改變腸道細菌的平衡狀態，朝著促進脂肪累積的方向前進，形成惡性循環。

就像是身體裡有太多厚壁菌的小鼠肚子，這方面的研究報告也累積得愈來愈厚。看到來自肥小鼠的細菌讓瘦小的無菌小鼠開始發胖的確很有趣，那如果是把來自人類的細菌給無菌小鼠會有什麼結果呢？二〇一三年，高登的團隊蒐集了人類雙胞胎的腸道細菌，雙胞胎的其中一個要比另一個重了許多。如果把胖雙胞胎的細菌植入無菌小鼠的腸道中，這些小鼠就變胖了。而將瘦雙胞胎的細菌植入無菌小鼠腸道，這些小鼠的體重並沒有顯著下降。

在這組實驗中，高登和同事還做了一個小變化。他們讓吃了瘦雙胞胎細菌的無菌小鼠，和吃了胖雙胞胎細菌的無菌小鼠關在同一個籠子中。要瞭解這麼做的目的，你得先知道小鼠有個會讓大部分人類有點難以適應的習慣：牠們會吃彼此的糞便，所以將牠們關在一起的時候，基本上就會對彼此進行糞便移植。結果讓人驚訝：吃了胖雙胞胎細菌的無菌小鼠如果吃了有瘦雙胞胎細菌的無菌小鼠所排出的糞便，就能夠保持纖瘦。看來來自瘦雙胞胎的細菌有某種超強的力量，能夠阻止體重增加。

在你使用便便顏文字發簡訊給你的瘦朋友討一些「香料」之前，要注意後來這個實驗重複進行了，不過小鼠吃的是高脂肪的飲食，而非平常以植物為主的飲食，這時來自瘦雙胞胎的細菌便失去了超級力量，不再能夠阻止有胖雙胞胎細菌的小鼠變胖。換句話說，只是從瘦個體那邊得到細菌是不夠的，還需要有健康的飲食習慣。這些結果告訴我們，腸道細菌和飲食內容會彼此影響，然後影響新陳代謝。不過在我們能夠操縱這個系統之前，還有需多細節需要釐清。

怎樣才能改變自己的渴望？

在你腸道中落地生根的細菌種類會影響你的食慾，看來那些在肚子中的細菌會把訊息往上傳給腦部，改變你渴望吃到的食物種類，這樣牠們才能得到自己繁殖所需的營養，並且壓過那些要來競爭棲地的其他種類細菌。你吃的東西影響你的微生物，你的微生物所吃的東西會影響你想吃的東西，這就是發生在你肚子裡面的微生物生活史。

在腸道中繁盛的細菌就和其他生物一樣，會彼此競爭空間和營養。幸好數百萬年的演化過程讓人類的DNA和這些細菌的DNA建立了共生關係，彼此互助。人類提供細菌生活的地方以及免費晚餐，而它們會製造一些維生素並且阻止有害的病原菌和真菌入侵。不過所有的細菌都想把自己的繁殖速度調到最大，所以它們演化出欺騙腦部的方法，好讓有助於它們繁殖的食物進來得更多。

從某人腸道細菌的種類，可以推測出這人的飲食。和絕大多數的日本人相比，美國中西部地區的農民並不能好好地消化海藻這種常見的壽司食材。日本裔的人具有特殊的擬桿菌菌種，能夠消化海藻並且從中取得養分。當然其他人也能夠享受壽司的美味，但是消化海藻的能力可能不如日本人來得有效率。研究指出，我們微生物相的組成可能不只受到我們現在飲食內容的影響，也會受到祖先飲食內容的影響。

除了海藻之外，有些細菌種類靠吃糖分繁殖，有些則靠吃脂肪，這些細菌會操縱你對於垃圾食物的渴望。不過你可以打破這個魔咒，反抗自己腸道中的細菌，吃健康的未加工食物。這樣你腸道中的細菌裡，讓你喜歡吃小紅梅核桃沙拉的細菌，會多過讓你想吃培根乳酪漢堡與薯條的細菌。

你所吃（或沒有辦法吃到）的食物會影響你身體中的細菌種類與數量。加工食物中的纖維很少，在人類這個物種的飲食歷史中是絕少出現的狀況。纖維一直在人類的飲食中占有重要的分量，每天約需要二十五到三十五公克，但是現在我們通常幾乎都沒有攝取到這個分量。缺乏纖維的後果使得胃腸蠕動有如在推磨，也讓大腸直腸癌的風險增加。缺乏纖維使得那些對人體健康有利的細菌挨餓了。

對於小鼠的研究發現，在飲食中添加纖維，能夠讓小鼠腸道內的比菲德氏菌（*Bifidobacteria*）數量大幅增加，人類的腸道中也有這種細菌。比菲德氏菌是最早發現的「益生菌」，一直被認為有助於腸道健康。益生菌指的是對健康有正面效應的微生物。發酵食物和乳製品數千年來被認為能夠治療胃腸道疾病，這類食物中含有大量微生物。十九世紀晚期，科學家艾里・梅契尼科夫（Elie Metchnikoff）注意到吃苦耐勞而且長壽的保加利亞人，他們經常吃酸乳或是優格。

同樣屬於益生菌的嗜黏液艾克曼菌（*Akkermansia muciniphila*）在有纖維的時候也會大量繁殖。在瘦的人中，艾克曼菌比較普遍，在肥胖者、第二型糖尿病患者和腸躁症候群患者中則幾乎沒有。艾克曼菌會促進腸道內壁的黏膜更新，這層黏膜的功用是阻擋滲漏。如果有東西從腸道滲漏到身體中，可能會造成發炎，包括讓脂肪組織發炎，使得體重增加。高脂肪飲食會殺死大量艾克曼菌，如果用纖維滋養你身體中的微生物，得到的回報是體脂肪比例數字會比較好看，減少發炎狀況，並且降低胰島素抗性。

纖維的好處還不只這些。有一項在小鼠身上進行的研究指出，膳食纖維能夠降低因為過敏而引起的肺部發炎。這項研究指出，纖維除了能把微生物相中的厚壁菌減少，擬桿菌增加之外，纖維分解後產生的短鏈脂肪酸（SCFA）會在身體其他部位作用。在這個實驗中，纖維消化後產生的短鏈脂肪酸進入肺臟，影響了免疫反應，使得過敏造成的發炎減緩。相反地，吃低纖維飲食的小鼠，有呼吸道過敏疾病的情況增加了。我們之前提過里歐奈提的研究，他比較了義大利都市兒童和非洲鄉下兒童的微生物相，也發現非洲兒童具有和短鏈脂肪酸相關的細菌，但是義大利的兒童沒有。他認為這個結果或許能夠說明為何非洲人比較少罹患發炎疾病。

細菌能夠把纖維和其他食物成分分解成能夠影響身體中多個系統的化合物。科學家對此提出了微生物可能用來操縱我們食慾的兩個方式。首先，細菌能夠製造出能夠進入腦部，激發對於細菌所需食物產生食慾的化合物。第二，細菌製造出的化學物質能夠讓人感覺不舒服，直到我們吃了細菌所需要的食物為止。所以細菌不只控制了我們的食慾，也讓我們的情緒起伏，這個影響會在後面的章節中詳細說明。

所以下次當你坐在餐桌前，要記得你不是只為自己吃飯，而是為了你腸道中數兆個小生物吃飯。你會發現自己並不飢餓卻在吃東西，這是因為那些細菌總是希望有東西可以吃。現代社會中，食物豐富，細菌很容易就可以得到想要的食物，但是那些食物並不一定是你所需要的。

為什麼你不想運動？

雖然對於許多疾病而言，運動是最好的療法，但是我們不願意運動流汗的藉口林林總總，幾乎可以寫滿偵探小說家蘇．葛拉夫頓（Sue Grafton）作品全集那麼多的書本中。雖然我們的藉口可能非常荒謬可笑（我今天上班時帶了一大盒甜甜圈爬上樓梯）或是合情合理（我昨天跑步時有條狗咬傷了我的大拇趾），不過我們從事的運動量只有我們需要的一小部分，這點幾乎無庸置疑。

原因很明顯，運動會造成痠痛，讓人不舒服，渾身發臭。既然有時間，為什麼要把自己搞得那麼慘，而不是端著巧克力馬丁尼，看一集《杯子蛋糕戰爭》（*Cupcake Wars*）?的確，運動不如家務那般一定得去做，但是問題在於我們目前驕縱自己的程度已經到了連按遙控器都覺得太辛苦，所以還可以用聲控的方式讓串流播放下一集的《樂享美妙旅程》（*Diners, Drive-Ins and Dives*）。

在現代社會中，由於我們把所有的工作都變得能夠輕鬆進行，因此就算是輕度運動也會讓人覺得要費盡千辛萬苦。科學已經詳盡列出運動的種種好處：讓力量增強、使人精力充沛、降低血壓、減輕壓力、減少憂鬱、減輕體重，以及降低許多和過重相關疾病的發生機率。研究也指出運動甚至能夠延長壽命，增進學習與記憶能力，減緩心智老化。那麼為什麼我們總是無法起身去運動呢？

基因或許能夠成為部分解答。對於雙胞胎的研究顯示，遺傳組成會影響我們想去運動或是寧願休息。有些人天生的基因所打造出來的身體，便不適合從事某些類型的運動。澳洲雪梨大學的凱薩琳．諾斯（Kathryn North）所領導的研究指出，運動員的表現和ACTN3這個基因有關。ACTN3蛋白質位於能夠快速收縮以產生高速度運動的肌肉纖維中。短跑選手和健力選手含有許多這種蛋白質。而有些人含有一種突變，會停止製造這種蛋白質，這些人比較適合耐力運動。所以你喜歡短跑或是長跑，舉重或是有氧運動，原因可能在於構成肌肉的基因有所不同。

專業運動員無疑接受了嚴格的訓練，但是有些人的確具備了由基因帶來的天賦。有些遺傳造成的好處非常明顯，例如籃球選手往往高到需要注意飛得太低的飛機。不過有的時候遺傳優勢比較隱晦。奧林匹克運動會巨星艾羅．曼泰羅塔（Eero Mantyranta）越野滑雪時顯得輕鬆自在，而我們現在知道這種高強度賽事對他而言比較容易的理由了。他的紅血球生成素受體（erythropoietin receptor）發生了突變，讓他體內製造出來的紅血球數量要比一般人高出許多，比起同場較量的選手，能夠把更多的氧氣運送到極需氧氣的肌肉。這個例子引出了一個有趣的問題：如果你和這類的人比賽，你認為公平嗎？如果你認為這是公平的，那麼你應該允許服用紅血球生成素好讓自己的紅血球讀數提高，自行車選手蘭斯．阿姆斯壯（Lance

Armstrong）便承認自己用過這種激素。

有些人更喜歡運動的原因在於，耗費體力之後，腦部感覺到的報酬比較多。牽涉到腦中多巴胺報酬系統的基因變異，可能和某些人的身體活動多寡有關。如果在運動後能夠得到報酬，那麼就會更傾向去運動。如果你上健身房沒有感覺到報酬，就可能要找其他的方法從事運動。

任何加菲貓的粉絲都知道，人類不是唯一會懶得動的動物。密蘇里大學的法蘭克．鮑斯（Frank Booth）注意到他實驗室有些大鼠更勤於在籠子裡的轉輪中運動，而有些就如同荷馬．辛普森（Homer Simpson）避開自行車那樣避開轉輪。他的團隊篩選了對於運動喜惡不同的大鼠，進而培育出喜歡運動的大鼠和厭惡運動的大鼠，比較兩者之間腦部基因表現的差異。有些差異支持兩者多巴胺報償其系統不同的說法，也就是說，有些人在運動之後感受到報償，而有些人沒有。

吃垃圾食物會大幅減少從事運動的動力，這是垃圾食物對於健康的另一項致命打擊。研究指出，西方飲食和懶惰與憂鬱之間有密切的關係，頂尖的研究人員所做出的結論是，肥胖的人不一定是因為懶惰或是缺乏自律，而是因為垃圾食物改變了他們的情緒和行為。以大鼠進行的實驗證實了這個理論。餵大鼠不健康的食物不只會讓牠們發胖，也會降低牠們進行有報償任務的動力。

科學家也調查了運動員和非運動員之間微生物相的差異，另外許多差異模式也出現在健康飲食者和不健康飲食者之間。二〇一七年，愛爾蘭科克郡的農業與食品發展部（Teagasc Food Research Centre）的電腦生物學家歐拉．歐蘇利文（Orla O'Sullivan）比較了英式橄欖球男性運動員和四體不動男性的腸道微生物相。在男性運動員中，微生物相不僅更多樣化，而且有許多有益健康的艾克曼菌。除此之外，運動員的肌肉雖然飽受折磨，但是發炎的情況卻比較少，原因之一可能是因為他們的微生物相更有助於健康。

規律從事運動的人所具備的微生物種類會製造丁酸，這種化合物有很強的抗發炎功效。西班牙馬德里歐洲大學（European University）的瑪麗亞．德．馬．拉羅薩．培瑞茲（Maria del Mar Larrosa Perez）也在二〇一七年發現到，從事中量運動（每週三到五小時）的女性，身上的微生物相比不運動的女性活躍許多。就算是輕度運動也會讓艾克曼菌之類的益菌數量增加。

對於食物的反思

一九六六年，海灘男孩的主唱布萊恩．威爾森（Brian Wilson）唱到：「我並不適合這些狀況。」我們的確都不適合現在的某些狀況。人類本來就是設計成為狩獵–採集者，吃的應該是真正（沒有加工）的食物，並且從事大量的身體運動。但是我們創造出了和祖先生活時完全相反的環境，導致現在面臨各種流行疾病。大部分的人都在游泳圈肚和開始有老爹般的中等身材之間掙扎，然而保持身材其實是教育問題，我們只需要選擇正確的食物並且離開沙發。對於其他的人來說，體重控制是一生都得面對的嚴肅挑戰，因為那是基因、環境，可能還要加上微生物相彼此之間交互作用產生的問題。

看看皮馬印地安人（Pima Indians）的問題。他們現在居住於美國亞利桑納州和墨西哥之間，是在沙漠中與沙漠周圍居住了數千年的狩獵－採集者，演化出了「儉約基因」（**thrifty gene**），能夠從貧乏的食物中取得最多的熱量。現在如果有人造訪位於墨西哥與亞利桑納州的皮馬印第安人，會發現兩個地區的情況顯然不同了。在墨西哥的皮馬印第安人維持著重勞動的農耕生活，在亞利桑納州的皮馬印第安人接受了西方生活，吃下大量的加工食品，動得也少。猜猜看你會注意到的差異是什麼？亞利桑納州的皮馬印第安人的肥胖問題是全世界最嚴重的，有六成的人罹患了第二型糖尿病。墨西哥的皮馬印第安人就沒有這種問題。由於這兩個地區的皮馬印第安人之間遺傳變異很少，顯然環境是造成亞利桑納州的皮馬印第安人現況的禍首。大量垃圾食物再加上身體運動減少，讓當初的儉約基因現在成為威脅生命的負面因子。

皮馬印第安人的例子顯示出如同祖先那般的飲食和活動有多麼重要，也顯示出基因在體重減輕方程式中的地位，有些人天生就是能夠吸收更多熱量。牽涉到食慾、代謝和運動能力的基因可能有數百甚至上千個。我們必須瞭解DNA上的基因，以及身體中的微生物相會影響飲食習慣和體重增減，並且接受在身材上，有些事情超過我們的掌握。科學已經指出，因為遺傳組成的差異，就算吃一樣的食物，過同樣的生活，體重依然會不同。史蒂芬・奧拉希利（Stephen O'Rahilly）曾經為科學期刊《自然》（*Nature*）寫過一篇文章，漂亮地總結我們對於這方面的知識：「愈來愈多證據指出，人類嚴重的肥胖可能是因為遺傳所造成的。這些證據最終會讓更多人瞭解到，病態性肥胖症是一種需要更多科學研究的疾病。我們不應從虛假的道德論點出發，譴責那些人缺乏意志力。」羞辱肥胖的態度不僅殘酷而且令人反感，許多研究也指出這樣的態度非但無助於健康與福祉，反而會造成傷害。

如同之前所說，許多生物因素會影響食慾，這些因素都不是我們能夠控制的。如果你用意志力能夠成功，恭喜你！不過你要知道自制力也受到遺傳的影響。科學最終會解決我們的肥胖問題，不過在那一天到來之前，善意的支持與鼓勵才有助於幫助自己和他人達到實際的健康目標。

第四章 瞭解自己的癮頭

「應該沒有什們實際的醫學理由可以解釋為什麼我現在還活著，這可能要研究我的DNA才會知道。」

重金屬搖滾歌手奧茲．奧斯本（Ozzy Osbourne）

現在只需要花費一千美元和一個週末的時間，就可以把你的基因體定序出來。你能夠想像第一個人類基因體定序用了十三年（一九九〇年到二〇〇三年），花費高達二十七億美元嗎？

回想當年，哈利波特在霍格華茲學院的冒險才剛要登上大銀幕時，定序自己的基因體可是莫大的特權。最早揭開DNA隱形斗篷的人是華生，他和克里克在一九五三年發現了DNA的結構。另一個人是克雷格．凡特（Craig Venter），他是人類基因體計畫的推手之一。史蒂夫．賈伯斯（Steve Jobs）也是最早讓自己的基因體被定序的人之一（我猜那個用到的技術會稱為iGenome）。科學家有想要選擇哪個傑出人物好找出他們DNA中的祕密嗎？史蒂芬．霍金（Stephen Hawking）嗎？智商最高的紀錄保持人瑪莉蓮．沃斯．莎凡（Marilyn vos Savant）？美國前總統歐巴馬？還是在《危險邊緣》（*Jeopardy*）中七十四連勝的那個傢伙？

都不是，科學家想要定序奧茲．奧斯本的基因體。

奧茲．奧斯本的本名是約翰．麥克．奧斯本（John Michael Osbourne），他還有其他數個稱號，包括「奧茲」、「黑暗王子」、「重金屬教父」。奧茲在一九七〇年代是「黑色安息日」（Black Sabbath）的主唱，當時樂團已經成名，單飛之後他從事的各種表演活動也都大為成功。不過奧茲的音樂往往都因為他長時間濫用酒精和飲酒而蒙上陰影。為何研究人員會想要一窺奧茲的基因？

說實話，奧茲是一個很棒的人類樣本，因為他一直有多種惡性嗜好（古柯鹼、酒、性、藥物和墨西哥捲餅），並且在無止無盡的巡迴演唱會和派對中度過了半個世紀，幾乎每天都要在舞臺上忍受「三百億分貝」的音響聲，同時還要演出實境節目（不過那時他一天要吞下二十五顆止痛藥維可汀）。藥物和酒精把他的免疫系統削弱，有次他還因此被誤判為HIV陽性。

大部分的人只要過上奧茲一個星期的生活，大概就會死翹翹，所以科學家都等不及要把戴上乳膠手套的手伸到這位「鋼鐵人」的DNA中一探究竟。奧茲是否有抗死基因，讓他可以過著以古柯鹼當早餐，每天喝四瓶白蘭地的日子好幾十年？

二〇一〇年，Knome公司的科學家讀了這位狂人的DNA日記，的確發現了一個突變。他的DNA中的確有其他有趣的地方，但是在ADH4基因附近有一個之前從來都沒有見過的突變，這或許可以解釋他為什麼能每天灌下一整櫃的酒。ADH4製造出來的蛋白質是醇脫氫酶四（alcohol dehydrogenase-4），這個酵素能夠分解酒精。ADH4附近的突變可能會影響這種蛋白質的產量。如果奧茲身體分解酒精的速度要比一般人快，或許就能夠解釋他的肝臟為何不會爆炸。

奧茲還有一些基因變異與藥癮、酗酒、吸大麻、鴉片以及安非他命有關。總而言之，他的DNA日記顯示出他對於酒精的依賴或是渴望是一般平均的六倍，古柯鹼成癮的機率是一般人的一點三一倍，因為大麻而引起幻覺的機會是平均的二點六倍。

奧茲覺得這個結果很有趣，他說自己「唯一認識的基因（Gene）是接吻合唱團（KISS）的貝斯手吉因．西蒙斯（Gene Simmons）。」雖然在他的基因體中所發現的變異相當引人入勝，但事實上我們對於這些基因的瞭解還不夠深入，既不清楚在它們的共同運作之下為何會讓某些人容易成癮，也不知道為什麼在虐待身體五十多年之後依然能夠保持某種程度的健康。坦白說，目前擁有的資料就如同「奧茲風暴」（Blizzard of Ozz，奧茲的第一張單飛專輯）。成癮是複雜的行為，不過科學研究正逐漸揭露，在相關的基因以及其他我們操控之外的生物因素共同運作下，成癮讓有些人的生活宛如地獄。

你有酒精上癮者的基因嗎？

酗酒包括四個症狀：對酒精的渴望、失去控制、身體依賴酒精、對酒精的耐受性。美國國家酗酒和藥物依賴全國委員會（The National Council on Alcoholism and Drug Dependence）估計，光是在美國，每十二名成年人中就有一名苦於濫飲或是酒精依賴。美國人每天花在酒精飲料上的錢將近兩億美元，每年約有十萬人的死亡和飲酒有關，諸如酒駕、自殺、從樓梯跌落，或是以為自己能飛。

酒精成癮顯然是嚴重的問題，但是我不會想要把酒描述成來自惡魔的花蜜。重要的是，為什麼有些人明明知道該停杯了卻停不下來。大部分人喜歡酒精飲料的原因在於喜歡酒的味道，想要微醺一下，或是得去見伴侶的親戚。絕大部分的人都喝酒，但是其中只有一些人會酗酒，為什麼？

長久以來人們對那些酗酒的人存在成見，認為他們個性軟弱，缺乏抑制酒癮的意志力。在同樣的思路下，有些人能夠如同電視影集《廣告狂人》（*Mad Men*）中的傢伙那樣喝酒卻不會壞事，就自認為自己的心智力量能夠勝過物質的誘惑。然而，這兩種說法都不符合真實狀況。科學研究指出，控制酒精攝取的能力，以及酒精影響行為的程度高低，深深受到遺傳的影響，所以知道這種狀況的人，都把成癮看待成疾病。對於酒精的渴望，可能和對食物或水的渴望那般強烈。這種渴望有的時候可以強到凌駕於生活中其他事物之上，包括家庭、朋友，甚至個人的福祉。有酒癮的人往往無法拒絕酒精，就像是飢餓的人無法拒絕食物。

美國國家酒精濫用與酒癮研究所（National Institute on Alcohol Abuse and Alcoholism）指出，對於酒精容易成癮的人當中，有一半是因為基因造成的。但是就如同奧茲的基因體那樣，很少情況是一個基因就能夠解釋複雜的行為。和酒精依賴有關的基因很多，我們以下要討論的第一個基因，和有些人在壓力中工作了一天之後會想去酒吧相關。

二〇〇四年，美國印第安那大學醫學院的遺傳學家塔提娜・佛洛德（Tatiana Foroud）發現**GABRB3**和酒精成癮有關。這個基因製造出的蛋白質是腦細胞上γ-胺基丁酸（**gamma-aminobutyric acid**）受體的一部分。γ-胺基丁酸是一種抑制型的神經傳導物質，能夠讓大腦的活動平靜下來。**GABRB3**也和其他腦部正常活動失調的疾病有關，例如癲癇發作、自閉症和學者症候群。

發現到**GABRB3**與酒精濫用的關聯，支持了這種疾病來自腦部過度活躍的理論。酒精有鎮定作用，能夠讓過度反應的神經元放鬆，阻擋心智中的滾滾洪流。酒精成癮往往始於腦部發展完畢的二十多歲初期，腦部過度活躍的人學到了酒精能夠讓人放鬆。在這個階段學習到的行為很難改變，因為這些習慣已經深深烙印在腦中了。

二〇一五年的小鼠實驗，讓我們知道NF1這個基因和酒精成癮有關。NF1會影響γ-胺基丁酸的製造，這項研究結果支持了γ-胺基丁酸訊息傳遞路徑在酒精成癮中是個重要角色。當研究人員改變了小鼠的NF1的基因，便可以讓這些小鼠喝更多酒。（小鼠也喜歡喝酒與吸毒，所以牠們很適合用來研究成癮行為。）

為了確定NF1和酒精成癮的關聯不只發生在小鼠身上，研究團隊檢驗了九千多人的NF1基因，結果和小鼠的實驗一致，NF1和嚴重酒精成癮有關。不過就如同GABRB3受體的狀況，我們還需要更多的研究才能仔細瞭解這些遺傳變化是如何造成酒精成癮的。其中一個線索是，具有NF1突變的小鼠所製造出來的γ-胺基丁酸不足。沒有γ-胺基丁酸，腦部活動就不容易平靜下來，這可能讓某些人需要酒精的鎮定效果。

科學家設計了聰明的方法找出其他和酒精成癮相關的基因。二〇一四年，英國新堡大學（Newcastle University）的肝臟學家昆丁．安提斯（Quentin Anstee）讓小鼠接觸到一種化學突變劑，造成DNA改變。這就有點像是大衛．布魯斯．班納（David Bruce Banner）想改變自己瘦弱的DNA而去照射γ射線，引發DNA突變，成為綠巨人浩克。研究人員接下來篩選出比較喜歡喝摻了酒精的水的突變幼鼠，找尋其中的DNA缺陷，結果發現這個缺陷和

γ－胺基丁酸受體有關，但這次缺陷出現在受體的另一個次單元GABA$_A$R β1上。突變顯示，只要在腦中一種受體上的一個次單元稍微有些變化，就能夠使腦部的電活動增強，造成小鼠的心智過度活躍。小鼠腦中狂亂的電活動需要平息下來，水沒有用，但是酒精辦得到。這些小鼠不僅更喜歡喝摻了酒精的水，而且就算是喝醉了都還停不下來。

科學家的研究持續顯示出酒精成癮問題並不是由性格弱點所造成，而是有遺傳的因素。這些特殊的行為往往會造成自我毀滅，但是有生物學的證據能夠加以解釋。找尋物質濫用的遺傳成因，可以讓我們更有效率與合理地對抗這些疾病，而不是持續譴責與羞辱受害者。

為什麼有些人能夠拒絕物質濫用？

基因控制身體對於酒精和其他藥物的處理過程，也連帶影響到有些人更容易陷入物質濫用。舉例來說，有些人（特別是東亞裔的人），喝酒之後容易臉紅與心跳加速，通常稱為「亞洲臉紅」（Asian flush），更正式的名稱是酒精臉紅反應（alcohol flush reaction）。會出現酒精臉紅反應的人帶有一個遺傳突變，使得代謝酒精的某種酵素產量比較少。

酒精在肝臟中會分解成為乙醛（這種成分依然有毒性），接著再代謝成乙酸（無毒性）。具有酒精臉紅反應的人，能夠把酒精好好代謝成乙醛，但是代謝乙醛的速度緩慢。乙醛濃度增加會使得血管膨脹，造成臉紅和心跳加速的現象，過多乙醛還會造成頭痛和噁心感。這種喝酒造成的不舒服感使得他們往往不喝酒，所以有酒精臉紅反應的人通常不容易酒精成癮。

在演化過程中，為什麼會出現酒精臉紅反應呢？一項研究指出，引起酒精臉紅反應的遺傳突變大約在一萬年前出現於中國南方，當時的人開始栽種水稻。稻米除了能作為食物，也能夠用來釀酒，而酒可以用於消毒或是保存食物。當時有些人可能因為好奇而喝了一些酒，想試試會怎樣，結果發現酒是恩賜，也是詛咒。研究人員推測，這些古代人中不耐酒精的傢伙，可能具有生存優勢，因為他們不會飲酒過量。藥物雙硫侖（disulfiram）能夠用來治療酒癮就是基於相同的原理，它能夠讓人在喝酒之後出現酒精臉紅反應，讓人遠離酒瓶。

毒品在不同的人身上所發揮的影響有高低分別，主要是因為各人在處理這些問題成分的遺傳基礎有所不同。身體對於各種藥物的反應，也說明了為什麼大麻的危險性遠低於快克古柯鹼（crack）。法國波爾多大學（Universite Bordeaux）的神經科學家皮耶・文森索・皮亞查（Pier Vincenzo Piazza）在二〇一四年發表一項研究，指出大鼠吸食了大麻之後，會產生孕烯醇酮（pregnenolone）這種激素。你可能能會想像科學家捲迷你大麻菸捲給大鼠抽的場景，然而並沒有，他們是直接把四氫大麻酚（tetrahydrocannabinol）注射到大鼠體內。這種化合物能夠和腦中的大麻素受體結合，引發迷幻感。孕烯醇酮的原料是膽固醇，製造出來後會阻止四氫大麻酚連接到大麻素受體上，使得大麻造成的衝擊減少。如果人們都會有這樣的反應，或許就能夠解釋大麻為何沒有致死劑量，而且也不容易導致成癮。

還有另一個例子。大約有兩成的美國人在脂肪酸醯胺水解酶（fatty acid amide hydrolase）的基因上有一個突變，這種酵素能夠分解極樂醯胺（anandamide）。極樂醯胺是身體本來就會製造的一種「快樂分子」，能夠和大麻素受體結合，減少焦慮。有脂肪酸醯胺水解酶突變的人腦中的極樂醯胺濃度因此一直都比普通人高。他們不只更平靜快樂，也不容易吸食大麻，因為大麻造成的效果並不顯著。

最後，也有一些人的類鴉片受體（opioid receptor）基因上有突變，因此不容易對嗎啡或是奧斯康定（OxyContin）等類鴉片藥物成癮。種種發現都顯示遺傳差異能夠解釋有些人為什麼不容易喝醉，有些人不容易成癮。

為什麼有些人發的酒瘋比較狂？

你我所認識的朋友中，必定有那麼一個，會在一杯黃湯下肚之後，就從椅子上跌下，然後瘋狂傻笑。酒精很快就能把酒量小的朋友放倒，這可能是因為他們的身材比較瘦小，或是因為他們的CYP2E1基因上有一個變異，讓他們喝少少的酒就會快快地醉。

CYP2E1 基因所製造出來的酵素也參與了酒精分解成乙醛的過程。有一到兩成的人，CYP2E1 基因上帶有一種特殊的變異，讓他們在喝一點酒之後就比其他人更容易醉。或許就像那些對酒精反應強烈的人往往不容易有酒癮，例如具有酒精臉紅反應的人，CYP2E1 基因上的突變或許是另一種幫助人限制酒量的生存優勢。我們應該多瞭解容易醉酒和臉紅的朋友，他們並非懦弱無能，而是身體能夠以更快的速度產生更多毒素。

除了我們那些容易醉倒的朋友，還有一些人在喝了幾杯後就容易做出蠢事，例如站在陌生人的車頂上唱著李歐·賽耶（Leo Sayer）的冠軍單曲〈你讓我想翩翩起舞〉（You Make Me Feel Like Dancing）。這樣的朋友可能也有遺傳突變。芬蘭赫爾辛基大學的精神病學家羅普·提卡南（Roope Tikkanen）發現，喝了兩杯判斷力就大幅下降的人，身上有突變，使得血清張力素受體（serotonin receptor）減少，特別是血清張力素 2B 受體。血清張力素是一種神經傳導物質，能夠調節情緒和行為，血清張力素減少會使得行為控制能力短路（換句話說就是腦中的神經元沒有接收到訊息）。帶有這種突變的人，血清張力素 2B 受體比較少，在受到外界的影響時，更容易出現衝動行為和攻擊行為；清醒的時候也更容易出現情緒變化以及憂鬱症狀。

為什麼有些人就是會喝個不停？

酒精和其他毒品一樣，會讓腦中釋放多巴胺。還記得多巴胺這種神經傳導物質和行為報償有關嗎？它會讓你感覺良好，因此促進你持續做出讓感覺良好的行為。當毒品刺激多巴胺釋放，便能促使用藥者坐上生化快感的雲霄飛車，持續想要吸毒。

多巴胺讓人變成行屍走肉的能力，在《銀河飛龍》的〈遊戲〉（The Game）這一集中表現得淋漓盡致：企業號的成員迷上了一款外星生物引進的電玩，受到誘惑而要投降，它會讓人上癮是因為能夠直接刺激腦中由多巴胺激活的愉悅中心，讓玩家的確能夠得到報償。那個外星遊戲和地球上受歡迎的《糖果傳奇》或《憤怒鳥》不同。研究指出，電玩會刺激多巴胺分泌，讓人容易對電玩上癮。最近幾年，有幾個案例是年輕人因為沉迷於電玩，連續玩了二十四小時以上而死亡。其實只要能夠讓人覺得有所報償，任何活動都會刺激多巴胺分泌，都有可能讓人上癮，所以你得好好挑選要從事的活動。

酒精和其他毒品都是身體需要代謝的外來化合物。如果身體持續接觸到酒精，會讓肝臟加班，好製造更多消除酒精的酵素。飲酒的人可以培養出酒量是因為身體想要恢復正常狀態，但是這也會讓人要喝更多酒才能得到相同的滿足感。對於剛開始接觸酒的人，一杯就會醉。但是連續喝了幾個星期之後，身體代謝酒精的效能提高了，可能要兩三杯才會醉。

當喝酒喝了很長一段時間後，人就需要喝酒才會覺得正常。為了抵銷酒精的鎮定作用，我們腦部的化學機制會製造出更多神經傳導物質，好讓神經元活化起來。如果突然停止喝酒，腦部不再受到鎮定，但是那些神經傳導物質的製造速度依然開到最大，所以有酒精戒斷反應的人會渾身發抖、焦慮，而且坐立難安。

腦部要花一段時間才能恢復到沒有攝取酒精時的標準狀態，許多人在這段期間中苦於戒斷症狀，只好再去喝酒以恢復平靜。如果有過多的酒精需要消耗，還會危害身體中的其他系統，包括肝臟、腎臟和胃。醫師有的時候會開贊安諾（Xanax）和煩寧（Valium）等苯二氮平（benzodiazepine）類藥物給有酒精戒斷症狀的人，用以取代酒精的效用，同時再加上能夠增加抗憂鬱的神經傳導物質 γ-胺基丁酸的藥物。比起喝酒，苯二氮平藥物更容易控制攝取分量與時間，通常能夠幫助神經元在刺激性活動和抑制性活動之間保持適當的平衡。

酒精也會和腦中其他許多系統發生作用，人們的這些系統可能因為遺傳而形成差異，這種差異可以說明人們對於酒精的不同反應，以及成癮傾向為何會有如此大的差異。一如以往，科學家也發現到和酒量增加有關的基因，不過在二〇一六年，倫敦國王學院的關特・舒曼（Gunter Schumann）領導的研究結果指出，有個基因或許能夠解釋有些人為何能夠知道自己的酒量。他所研究的對象中，有四成的人的 β-克洛素（beta-Klotho）基因有變異，這些人在飲酒的時候對於酒精的欲望會減少。

β-克洛素是一種位於腦部的受體，能夠和FGF21這種激素結合，肝臟代謝酒精時會釋放出FGF21。科學家認為，β-克洛素可能參與了肝臟和腦部之間的對話，接受到肝臟因為要代謝太多酒精而發出的求救訊號。這個研究團隊用遺傳工程的方式培育了沒有β-克洛素的小鼠，發現那些小鼠飲酒量更高。這樣的機制和胃部充滿食物時，會釋出飽足感激素瘦素以通知腦部的模式是類似的。

這些研究指出，知道自己酒量的能力，並不一定來自於堅毅或是更自律的人格。他們只是比較幸運，腦部和肝臟之間的溝通天生就比較順暢。除此之外，對於成癮生物機制的瞭解，也能讓我們發展出對抗酒精成癮的新療法。例如舒曼的團隊把FGF21注射到小鼠體內，小鼠對於酒精的熱愛便降低了。

科學家藉由腦部造影技術，確定了長期使用酒精或毒品的成癮者腦部有顯著而且持久的改變。長期濫用藥物者的腦部掃描結果顯示出，與衝動控制、判斷與決策的重要部位產生了變化。這些改變一旦出現，成癮的惡性循環便更難以打斷。

一如許多專家和成癮者所說的，正常人並不想要過著受毒品控制的生活。成癮者並非不想改變，但是他們的腦部已經受損了。如同胰臟無法再製造胰島素，成癮者的腦部無法製造能夠調節自制能力的化合物。我們不會為難因為激素不足而罹患糖尿病的人，所以為難同樣因為激素不足而無法戒毒的人，公平嗎？

科學家正在研究表觀遺傳機制是否能夠重新設定成癮者的腦部。藥物成癮者的DNA上有持續的表觀遺傳修飾，就算是戒毒多年之後依然會造成影響。在第一章中提到，和DNA之間有交互作用的組織蛋白，也會受到化學修飾（例如接上一個乙醯團），而影響到基因的表現。美國西奈山成癮疾病中心（Center for Addictive Disorders at Mount Sinai）的神經科學家雅斯敏・赫德（Yasmin Hurd）在二〇一七年發表的研究結果是，吸食海洛因的時間愈長，組織蛋白接上乙醯團且GRIA1這類基因活躍的情況就愈顯著，這可能和追求藥物的行為有關。重要的是，赫德的團隊能夠減少對海洛因成癮大鼠的藥物使用量，方法是給予牠們能夠干擾組織蛋白連接上乙醯團的化合物JQ1。這項研究結果或許有可能修復成癮者腦部的表觀遺傳損傷，而且避免將來毒癮再犯。

讓人驚訝的是，腸道細菌可能也會影響成癮，同時能夠避免癮頭再犯。瑞典哥特堡大學（University of Gothenburg）的微生物學家費德列克・巴克漢（Fredrik Backhed）在二〇一四年研究指出，酒精成癮戒除後恢復的程度高低和腸道的微生物組成有關。在這項研究中，接受調查的成癮者中將近一半有腸漏症（leaky gut syndrome），腸道中的生物化合物和其他碎渣會從腸腔滲入身體。這聽起來很噁心，因為那些成分不應該出現在身體之中，而那些生物化合物的確會讓身體中的器官和組織發炎。巴克漢發現，比起腸道細菌正常的酒精成癮者，具有腸漏症的酒精成癮者對於酒精的渴望更為強烈。或許有天我們可以給予成癮者微生物以避免腸漏症，幫助他們減少渴望，而恢復正常生活。

你為什麼不會想吸毒呢？

如果毒品帶來的感覺超棒的，那麼應該要提出來的問題並不是「為什麼要吸毒？」而是「你為什麼不吸毒？」其實大部分的人嘗試吸毒之後並沒有成癮，這是難解的謎。一項發表於二〇〇八年的研究指出，在嘗試飲酒的人中，只有百分之三點二後來有酒癮。我們一直被警告，只要吸一次快克、安非他命或是海洛因，就會終身難以擺脫毒癮，但其實大部分人都不會如此。有吸毒經驗的人很多，成癮者卻很少，藥物使用者中只有一到兩成後來會發展成藥物依賴。然而，這麼說並不是要你去嘗試這些危險的成分，如果你是那些會馬上上癮的少數人，悲慘的後果將無法設想。這裡的重點在於瞭解大部分的人不會受到毒品的束縛，這將有助於我們幫助受到束縛的人解開枷鎖。

之前提到，有些人的遺傳傾向使他們不容易成癮：有些人對於毒品或酒精產生的反應不佳，覺得這些東西沒有帶來什麼效果，或是天生的基因就會限制用量。但是一個人在接觸了毒品之後是否能夠保持清醒、不再接觸，除了基因之外，環境也很重要。

成癮傾向可能在孩子尚未出生之前就已經編程好了，這是受到了母親所處環境的影響。

人們如果處於讓人煩亂的狀況下，由腎上腺分泌的壓力激素皮質醇（cortisol）會累積起來。當子宮中的胎兒接觸到高濃度的皮質醇，本身的壓力控制系統會受到干擾，這可能會成為出生以後成癮風險增加的因素。在大鼠的實驗證明了這個概念：在胎兒時期受到壓力的幼鼠，長大後更容易出現尋求藥物的行為，也更容易成癮。

不意外地，母親在懷孕期間吸毒，寶寶在出生後對藥物上癮的機會也比較高。母親在懷孕時期所接觸到的藥物，可能會經由表觀遺傳機制對尚未出生寶寶的DNA造成不良的影響。赫德在二〇一一年發表的研究結果指出，母鼠懷孕時如果吸收到大麻，生出的幼鼠因為受到了表觀遺傳編程，多巴胺受體會比較少。這些幼鼠對於多巴胺的反應受到消減，長大後比較容易出現冒險和尋求藥物的行為，使得牠們更容易成癮。在同樣的研究中，赫德的研究團隊也證明了人類也有相同的現象：在胎兒時期接觸到大麻會使得腦中的多巴胺受體比較少。這種生物本質似乎並不公平，但是母親在懷孕期間的行為的確會經由胎兒編程讓寶寶付出代價。

兒童期負面經驗（adverse childhood experience）所造成的童年創傷是另一個增加成癮現象的因素。一項在瑞典進行的研究從一九九五年起追蹤參與研究的人，直到二〇一一年。研究人員發現，在十五歲之前，僅僅一次兒童期負面經驗，包括父親或母親死亡，或是受到雙親攻擊，就足以讓成癮的機會加倍。兒童期負面經驗愈多，成年後愈容易濫用藥物或酒精。

窮人和失去公民權利的人更容易使用藥物，這已經不是什麼祕密了。那些人已經沒有什麼東西好失去的了，與此同時，處於嚴苛的環境使他們需要藉由藥物帶來的體驗，才能從煩憂的生活中暫時得到喘息。一九七七年，當時在加拿大西門菲沙大學（Simon Fraser University）的心理學家布魯斯・亞歷山大（Bruce Alexander）進行了一項著名的實驗，顯示有助於健康的環境能消解物質濫用與成癮的現象。亞歷山大和其他許多研究人員一樣，利用大鼠研究藥物濫用。大鼠對於古柯鹼、酒精以及其他引發多巴胺合成的成分，產生的反應和人類一樣。牠們會受到這些成分的吸引，後來可以完全成癮。實驗室的大鼠受過訓練，按下一個拉桿就可以得到古柯鹼。牠們的毒癮之深，甚至不願意停下來吃東西。光是這一點就足夠讓你知道這些有毒癮的動物對於藥物的渴望有多麼異常了。

讓亞歷山大困惑的是，當時在這些毒品研究中，所有的大鼠都是單獨關在小籠子中，而且沒有其他的事情可做。他想知道如果將大鼠養在比較能夠得到其他刺激的環境時會有什麼變化。因此他不惜費用，打造了「大鼠公園」，那裡就像是大鼠的天堂，有足夠的空間可以漫遊，還有許多物品可以探索。他還把雄大鼠和雌大鼠都放到公園中，甚至準備了地方讓他們能夠交配生子。

亞歷山大花了六個星期的時間讓一群大鼠對嗎啡上癮，然後把其中一些放到大鼠公園中，另一些單獨放到枯燥無聊的籠子裡。這兩種環境中都有含嗎啡的水以及一般的水。結果居住在大鼠公園中的大鼠，絕大多數都改喝普通的水。相較之下，單獨關在籠子裡的可憐大鼠只會喝摻有嗎啡的水。一般來說，人類的行為和這些實驗中大鼠的行為沒有多大差異。如果人們好運地住在本來就有能夠刺激多巴胺報償的環境中，就幾乎不會找尋不自然的刺激。

比較近期的相關研究由哥倫比亞大學（Columbia University）的神經科學家卡爾・哈特（Carl Hart）完成。他也認為在有比較好的選擇時，人們會拒絕毒品。二〇一三年他招募了對快克上癮的人，要他們住在醫院幾個星期。每天早上他們會得到一些快克，但在某天之後，他們可以選擇拿到更多快克或是五美元。哈特發現其中許多人都選擇拿錢。如果給的錢提高到二十元，每個人都選擇拿錢而不是想再嗨一次。哈特相信金錢之外其他的「競爭性強化物」（competing reinforcer），例如運動、音樂、藝術或俱樂部活動，能幫助容易受到毒品影響的人以更健康的方式找到刺激，遠離成癮之路。

對於食物成癮的研究也得到了類似的結果。二〇一七年的一項研究指出，與其浪費錢在流行的飲食減肥法，不如給那些體重過重的人錢，反而更容易達到期望的健康目標。金錢報酬似乎能夠有效地激勵人們改變自己的成癮行為。研究指出，給人一些錢讓他們不要再抽菸，能夠為社會節省下之後照顧他們的大筆費用。

大部分的人在青少年時期會開始接觸到成癮性物質，因此讓這個時候的生活中有其他事情能夠與成癮性物質競爭，成為生活的核心，就顯得非常重要。如果你在青少年時期沒有成癮，那麼成年後會成癮的機會也降低許多。類似的狀況是有許多人大約在三十歲出頭時，就解決了成癮問題，而且往往沒有借助於外力。那麼為什麼在青少年時期特別容易成癮呢？

許多人不瞭解的是，在青春期時，腦部發生了劇烈的發育變化，直到二十歲出頭才完成。我們在青少年時期會犯下許多不合現在社會規範的事情，但這段時期是為了新的生活做準備。那些提倡石器時代生活的書中往往沒有提到，其實我們在石器時代的祖先，生下第一個孩子的年紀要比現在我們生小孩的年紀輕多了。因此從演化的觀點來看，到了青春期，人類就可以開始傳下DNA，結果便是我們想要從事更刺激的活動，好找尋伴侶並且讓人留下印象（從這個方向推論，就能夠理解為了部落而和熊博鬥的年輕男性，為何更容易受到年輕女孩的青睞，前提是他沒有成為熊的午餐。）

家中有青少年的人就知道，他們的腦中關於自我控制與判斷的區域還沒有發育完全。「青少年腦」對於接受到的報酬反應很強烈，這成為了雙面刃：讓他們學習時更為輕鬆，但是也容易導致從事危險的行為。現在的青少年幾乎不可能遭遇到熊並且與之搏鬥，他們遭遇到的是嘗試毒品與酒精的機會，兩者背後的演化趨力是相同的。如果青少年居住的環境不如人類版本的「大鼠公園」，他們便更容易受到誘惑。

在《大腦與成癮》（*Unbroken Brain*）這本書中，瑪亞．沙拉維茲（Maia Szalavitz）認為成癮是青少年在這個腦部發育的關鍵時期，經由學習而得到的疾病。沙拉維茲的看法是，有些青少年把嘗試飲酒或是吸毒當成一種對應機制（coping mechanism），對於容易成癮的小孩子來說，這種行為本身會自我強化，成為學習到的行為。換句話說，腦部的神經網絡重新連結，把藥物和放鬆與正常感覺連接在一起了。雖然這是不良的應對壓力方式，但是青少年時期學習到的行為特別難以去除，使得狀況不容易改善。

雖然環境是成癮的重要成因，但是並不是唯一的因素。上述的研究似乎讓人覺得，如果我們可以為每個人都打造出有各種刺激的環境，那麼所有的毒品問題就可以消失得無影無蹤。打造更優質與人性化的環境可以幫助人們遠離毒品，這點毫無疑問，但是認為這種做法對所有人都有效，那就太天真了。凡事都有例外，有許多赤貧的人能夠避免毒品的禍害，也有許多藥物酒精濫用者過得生龍活虎。一如之前所說明的，人類具備的生物特徵會影響我們對於某種成分上癮的可能性。

現在我們來看一看讓人比較難以抗拒誘惑的性格特徵。

你為什麼會從事冒險活動？

有些人好像生來就想找死，沉迷於腎上腺素大量分泌所帶來的快感，這些人通常容易對酒精或是藥物成癮。他們喜歡從事危險的活動，例如跳傘、衝卷浪、把錢賭在美式足球的墊底球隊克里夫蘭布朗隊（Cleveland Browns），或是喝沒有經過消毒的牛奶。如果你覺得某一家人的成員往往都會魯莽衝動行事，這並非只是你的想像而已。對於雙胞胎的研究結果顯示，找尋刺激是有遺傳基礎的。對於相同的刺激，不同的人之間由於多巴胺系統差異，會體驗到不同程度的快感。無法感覺到正常快感的人，可能會想要從事更危險的活動，好填補空虛。我可能靜靜地讀一本關於海洋生物的書，就能覺得像魚兒一樣快樂，但是有些人非得要和鯊魚搏鬥才會覺得開心。

和冒險行為顯然有關的基因之一是DRD4，這個基因的產物是一種多巴胺受體，和我們得到報償與以及從報償中得到快感的動機相關。DRD4基因的變異和嘗試新事物以及冒險有關，當人類的祖先從非洲遷徙到其他地區時，可能就把這種變異篩選出來了。雖然我們的祖先當中有人就是停不下來，想要冒險並且換別的地方住，但是其他的祖先會說「這裡就很好了」而選擇留下來。科學家檢驗了世界各地原住民的DRD4基因，發現距離人類起源地非洲愈遠的原住民，DRD4基因出現冒險變異的機率就愈高。

具有冒險探索的精神雖然能夠帶來優勢，但是也有負面影響。診斷出有注意力不足過動症的人，DRD4基因上具有變異。有成癮性問題的人當中，每四個中便有一個有注意力不足過動症。DRD4基因變異和酒精成癮、鴉片依賴、不安全性行為以及賭博有關。不過要注意，並不是每一個具有DRD4基因變異的人都想要追求新的事物，而且這個基因變異主要是和其他的遺傳和環境因子互動才能發揮作用。那些因為遺傳而想要冒險犯難的人，是什麼決定了他們最後要去爬聖母峰或是沉迷於古柯鹼？環境因子能夠造成這樣的差別。加拿大卑詩大學（University of British Columbia）的運動學家辛西亞・湯瑪森（Cynthia Thomson）發現，勇於嘗試各種滑雪運動的人，許多都帶有一種DRD4基因變異。她說：「如果這些追求刺激的人沒有其他健康的方式發洩，可能會轉而從事其他更危險的活動，例如賭博或吸毒。」

你會倉促下決定或是有認識這樣的人嗎？有些人就是比較衝動，他們不會一一考慮各種選擇，也不會花時間評估可能的結果。就是這種行為讓影集《飆風不歸路》（*Sons of Anarchy*）中的男孩子如此耀眼又悲慘。牽涉到控制衝動缺失的共有十多個基因，其中大部分都和神經系統的各個層面有關，包括血清張力素、多巴胺和正腎上腺素等。重要的是，每一種和衝動有關的基因，也都和酒精成癮或是其他的成癮有關。這些發現支持了成癮性和DNA之間的關係要比道德品格更為密切。

不論是否天生就傾向做出衝動的行為，這些舉動都對我們的生活產生重大影響。一九六〇年代，美國史丹佛大學的心理學家華爾特・米歇爾（Walter Mischel）所進行的「棉花糖實驗」明確地指出了這一點。米歇爾告訴一群還沒有上小學的兒童，他們可以現在就拿到一個棉花糖吃掉，或是等十五分鐘之後拿到兩個棉花糖。三分之一的小朋友馬上拿了一個棉花糖吃掉，三分之一的小朋友等了三分鐘之後沒有辦法抗拒誘惑也吃了。剩下三分之一的小朋友等了十五分鐘，拿到了兩個棉花糖。這項結果說明了自我控制（或是缺乏自我控制）的行為在幼年就會出現。不過真正有趣的事情是在三十年後，米歇爾對於當年參加這個棉花糖實驗的小孩子進行了追蹤研究，結果平均來說，等不及要吃棉花糖的小朋友後來出現了一些足以使人擔憂的問題，但是那些能夠延遲滿足自己的沒有這些問題。馬上就吃下棉花糖的幼兒後來在學術評量測驗（SAT）得到的分數比較低，薪水比較少，除此之外也比較容易發胖，因為犯罪行為而入獄，或是對藥物成癮。

我要說明的是，米歇爾的棉花糖實驗受到了嚴重的批評，因為受試者人數太少，而且充滿了造成混亂的變因。比較新的研究指出，貧窮和其他不利的社會因素會讓兒童馬上選擇短期回報，而來自高教育水準或是富足家庭的兒童，就比較容易延遲享樂，等待更大的報酬。

我先警告，雖然你可能想要測試看看自己的孩子是否能夠抵抗棉花糖的誘惑，但是如果他們失敗了也不要苦惱。知識就是力量，你可以專心教導孩子延遲享樂和自我控制。（其他的研究指出，只要告訴其他人棉花糖實驗中失敗者的後果，就能夠讓他們提高自我控制的能力，所以別客氣。）你也可以教孩子一個其他孩子用來抵抗誘惑的策略：不要只念著報酬，而是分心想其他的事情。

美國密西根大學的神經科學家胡達．阿基爾（Huda Akil）在二〇一六年的研究結果中指出，和冒險行為相關的表觀遺傳也和成癮有關。她的研究團隊培育出了「高反應」大鼠和「低反應」大鼠。高反應大鼠比較衝動，會追尋新奇的事物。低反應大鼠則不願意冒險嘗試。就如你現在所料想的，高反應大鼠比低反應大鼠更容易對古柯鹼上癮。高反應大鼠和低反應大鼠之間的表觀遺傳差異，使得某一種多巴胺受體的產量減少。高反應大鼠比較缺乏這種多巴胺受體，快感受到削弱，因此更積極追求緊張刺激感。相較之下，低反應大鼠不需要多少刺激就能得到快感，所以不會努力尋求刺激。這方面的證據是高反應大鼠對古柯鹼成癮後，多巴胺受體的數量才和沒有成癮的低反應大鼠受體數量相同。種種結果顯示，表觀遺傳差異會造成冒險行為，而且毒品會改變DNA上的表觀遺傳標記。

加拿大漢密爾頓麥克馬斯特大學（McMaster University in Hamilton）的腸胃學家普雷米斯爾・貝瑞克（Premysl Bercik）找到了更驚人的證據，指出了人身上的微生物相也會讓人偏好冒險或是注重安全。最引人注目的發現是，原本膽小的小鼠品系在接受了來自於勇敢小鼠品系的腸道微生物之後，突然變成了勇敢犯難的探險家。我們腸道中的細菌類型是否真的能夠影響我們捨身冒險的意願嗎？（這樣一來，《綠野仙蹤》裡的奧茲巫師應該取普通獅子的糞便給膽小獅進行糞便移植，而不是頒給他動章。）

還有另一種微生物更為隱蔽而險惡，可能用多種方式操控我們的行為。高達三分之一的人類腦中有弓蟲（*Toxoplasma gondii*）這種單細胞寄生蟲潛伏。弓蟲只會在免疫系統不良的人身上造成症狀，但是會以休眠組織囊胞（latent tissue cyst）的形式，終身存在於受到感染的人體中。囊胞可能位於腦中，或是其他身體部位。目前對這種休眠階段的弓蟲症（toxoplasmosis），還沒有治療方式。

捷克布拉格查理斯大學（Charles University）的寄生蟲學家雅羅斯拉夫・弗萊格（Jaroslav Flegr）的研究指出，受到這種寄生蟲感染的人（通常是受到來自於貓的感染，或是吃了含有這種寄生蟲的食物或水），在性格上比較會出現衝動與冒險行為。二〇一五年的後設分析（分析其他研究結果的研究）結論和這個實驗結果一致：弓蟲感染和成癮有關。其他研究也指出，受到弓蟲感染的人出車禍的機率是非感染者的三倍，他們勇於冒險或許多少能夠解釋這項結果。你認識會在臥室中出現奇怪舉動的人嗎？這可能也是弓蟲造成的。（試想貓的寄生蟲把人變成性感小貓！）

目前科學家還在緊鑼密鼓地研究這種寄生蟲操控腦部的方式，對於不同的人可能以不同的方式作用。弓蟲侵入腦部後，會在神經元中形成寄生性囊胞，這可能破壞了腦部的結構或化學特性。弓蟲會分泌許多蛋白質到宿主的細胞中，其中大部分都還沒有確定其性質。除此之外，弓蟲的感染會改變宿主的免疫反應，可能進而影響行為。

漫長與奇異之旅

你可能從來都沒有想過，但是每個人都曾經或是正在對咖啡因上癮。當然和其他比較強烈的毒品來說，咖啡因相當溫和，但是作用的基本原理相同。一開始我們喜歡咖啡因帶來的精力充沛感，但沒多久，當我們不攝取咖啡就無法工作，懶洋洋又提不起勁。許多人在早上還沒有來一杯咖啡之前可能都無法變成正常的人類，過了不久，他們就會發現要喝第二杯或是第三杯，因為只喝一杯沒有用。如果想戒掉喝咖啡的習慣，可能會苦於疲乏、頭痛和易怒。泡一壺咖啡灌下去，讓這個習慣持續下去，日子可能比較輕鬆。如果要問什麼時候才能放下咖啡壺？許多人會回答，你可以撬開我因為死亡而冰冷僵硬的手來拿走它。

其他成癮的人也有相同的經歷，只不過造成成癮的成分更難以擺脫。或許我們可以利用這種共同之處，改變我們幫助成癮者的方法。成癮已經有如遭受懲罰，來自其他人的苛責也已經證明了毫無用處，只會毫無必要地毀滅了許多好人的一生。成癮者有罪，是因為帶有錯誤的基因，並且在錯誤的時間處於錯誤的場合。更瞭解成癮背後的生物學，能夠讓我們發展出更有效的戒癮方式。在瞭解了基因可能讓有些人具備更容易成癮的性格後，我們能夠篩選出高成癮風險的人。更清楚地認知造成成癮的環境驅力，可以讓我們更善於運用資源。

在受到誤導的抗毒戰爭裡，**成癮者**成為眾矢之的。我們認為有成癮傾向的人應該擁有足夠的意志力拒絕毒品，但是科學已經證明這種想法錯得離譜。大部分的人實際上都沒有對於酒精或藥物成癮，但是一小部分的人所具備的基因，讓他們在追求快感的嘗試中成癮的風險更高。在這個過程中，腦部也產生變化，因此實際上不可能在沒有專業協助之下中斷這個惡性循環。我們要對抗的不是毒品，也不是成癮者，而是成癮本身。

亞齊可．穆哈默德（Akikur Mohammad）在《解構成癮症》（*The Anatomy of Addiction*）這本書中指出了目前成癮療法的缺陷。著名的戒癮十二步驟基本上沒有成功，只能夠讓百分之五到八的人戒癮。許多這類的戒毒課程中沒有合格的戒癮治療師或專業醫療人員，許多課程也禁止使用能夠阻止對鴉片渴望的藥物，例如丁基原啡因（buprenorphine）加上納絡酮（naloxone），或是其他能夠緩解禁斷痛苦的藥物。有些課程甚至禁止讓成癮者使用原本需要用來治療心理疾病的藥物。（具有嚴重心理健康問題的人當中，有一半受到了藥物或酒精濫用的影響。）

穆哈默德認為，想要戰勝癮頭，得要以證據為基礎提出戰略，其中包含生物醫學、心理學和社會文化等方面。成癮者除了服用為了對抗毒癮而設計出來的藥物之外，也應該要接受控制自我行為的訓練，以及嫌惡治療法（aversion therapy），同時借助來自社區的支持。後果管理時給予遠離毒品的人報酬，就如同神經學家哈特所進行的實驗那般，是對抗成癮最有效的工具之一。近年來最好的範例是使用尼古丁這種有毒成分的人大幅減少，這要歸功於教育活動、健康保險的激勵方案，以及幫助戒菸的藥物的發展。

重點在於我們要瞭解成癮是可以治療的，這種慢性腦部疾病需要終身管理。指責、羞辱和處罰受害者並沒有用，然而目前社會使用這種過時又無效的方式，也好像是成癮一般，無法改變。

第五章 瞭解自己的情緒

「如果你每天都過得很快樂，那就不像個人了，而只是個遊戲節目的主持人。」

維若妮卡·索耶（Veronica Sawyer），電影《希德姐妹幫》（*Heathers*）

「莫克呼叫歐森……呼叫歐森！」

我聽到這句臺詞的時候才八歲，馬上就迷上了。我和其他人一樣愛上了羅賓·威廉斯（Robin Williams）的喜劇天賦。他在電視上首次擔任主演的角色是莫克（Mork），他是外星人，來地球上研究人類的行為（就像是這本書所介紹的）。從這部影集開始，他所展開的輝煌演藝生涯，在二〇一四年因為自殺而突然終止。這個悲劇震撼了全世界：一位光靠微笑就能夠讓滿室生輝、快樂洋溢的人，內心的陰鬱居然深到讓他親手滅掉自己的生命燭火？他過著沮喪陰暗的日子，充滿著藥癮和憂鬱，笑聲是他唯一的救贖。

羅賓・威廉斯是人類情緒複雜又脆弱的證例之一。許多科學家相信人類出生就帶有情緒基準，有如自動調溫器，只不過這個機器是由遺傳和早期環境所設定。當羅賓・威廉斯年紀增長，路易氏體失智症（Lewy body dementia）扭曲了這個基準。這個病最早是在一九一二年由佛雷茲・海里克・路易（Fritz Heinrich Lewy）發現的。路易氏體出現於腦中，由異常的蛋白質累積而成，會阻礙神經元之間的溝通，讓患者的思路和行為都不穩定。

路易氏體失智症的患者超過百萬人，我們既不知道路易氏體如何形成，也不知道要怎樣才能消除它們。隨著路易氏體失智症的病況加深，病人會出現憂鬱、失憶等症狀，產生妄想與幻覺。羅賓的妻子蘇珊說路易氏體失智症像是「在我丈夫腦中的恐怖分子」。

羅賓・威廉斯身上發生的悲劇顯示了人類的情緒根植於人類的生物本質，疾病只是點出我們控制情緒的能力遠不如我們所想的其中一個例子。可惡！

你的感覺從何而來？

情緒很難定義，但當喜愛、厭惡、憤怒、快樂、忌妒、同情等情緒出現時，我們都能夠清楚感覺到。我們的祖先認為，各個器官的情緒形成了我們所得到的感覺，例如喜愛來自於心臟，憤怒來自於脾臟分泌的噁心黑膽汁。但是很快地，我們便瞭解到心臟受傷的人依然感覺得到愛，失去脾臟的人依然會憤怒。

後來我們知道，當大腦受損或是其中的化學特性改變後，情緒狀態也會改變。不論情緒對你而言有多神奇，它的起源完全是來自生物特性，是由腦中的神經傳導物質刺激腦內特定區域所造成的（有些激素也具備神經傳導物質的特性）。如果把電極插入腦中特定區域，刺激神經傳導物質的活動，也可以讓你感覺到情緒。因此，人類情緒狀態大部分受到遺傳的控制，因為製造神經傳導物質的蛋白質密碼位於基因之中，另外包括神經傳導物質結合的受體，以及分解神經傳導物質的酵素，也是從基因而來。

和情緒有關的激素和神經傳導物質有很多，所以我們只拿幾個當例子，詳細說明這些生化訊號控制感覺的方式。之前已經提過多巴胺這種神經傳導物質，在身體察覺到和生存與生殖有關的事件時（例如捉到魚或是性交），這種化合物會被釋放出來。

人腦不是在現在這個舒適的世界中演化出來的，因此並不擅長區別小確幸和大成就。當你用實惠的價格買到新鞋，在遊戲中升級，或是開車回家時一路都沒有遇到紅燈，都會釋放多巴胺。多巴胺與我們對於報償的預期有關，讓我們想要從事能夠產生報償的活動。就如同在第四章中說明的，多巴胺傳訊系統的功能失調會讓人想要從事冒險活動，或是比較容易出現成癮行為。多巴胺的減少和缺乏動機、拖延耽擱，以及缺乏自信有關。長期多巴胺不足會使得人喪失了感到快樂的能力，在臨床上稱為憂鬱。相反地，多巴胺太多則和攻擊行為與精神疾病有關，包括思覺失調症和注意力不足過動症。

科學家對於多巴胺的研究，讓他們找到了腦中的報償系統，但是也有研究指出腦中也有「反報償」系統。正常的狀況下，反報償系統的功能通常是釋放出讓報償結束的神經傳導物質，好讓我們回歸平實（天下無不散的筵席）。不過有些人的反報償系統運作過頭了，因此造成了憂鬱與自殺。

之前提到的激素——血清張力素也稱為5–羥基色胺（5-hydroxytryptamine）。血清張力素具有神經傳導物質的功能，原料是色胺酸（tryptophan），因此有訛傳這就是吃太多火雞會讓人想睡覺的原因。絕大多數的人聽聞血清張力素，來自百憂解（商品名Prozac，學術名fluoxetine）之類的抗憂鬱藥物，它能夠提高腦中血清張力素的濃度而緩減嚴重的憂鬱。

雖然血清張力素最廣為人知的功能是在腦中調節情緒，不過絕大多數的血清張力素位於腸道中，功用是刺激蠕動（把食物從胃部一路推到馬桶中）。血清張力素通常和幸福美滿的感覺有關，也牽涉到身體中其他的功能。舉例來說，許多憂鬱的人往往也苦於腸胃道問題，很多腸胃道有問題的人也覺得憂鬱。最近的研究指出，身體的微生物相和血清張力素的製造有緊密的關係，這可以解釋為什麼腸道裡的微生物和心裡的感覺有關。血清張力素也是褪黑激素（melatonin）的原料，這種激素能夠調節睡眠，對於情緒也能造成深遠的影響。

壓力激素和我們的「戰或逃」反應有關，和本章內容特別相關的壓力激素是皮質醇。皮質醇由位於腎臟上方的腎上腺所製造，在覺得受到威脅時會分泌，例如你瞧見史蒂芬金筆下的小丑潘尼懷斯（Pennywise）時。

皮質醇能夠讓你提高警覺，做好採取行動的準備：心跳加大力道，好讓血液能夠更快把氧氣輸送給肌肉，同時讓血糖增加，以提供大量能量。在此同時，消化作用和免疫作用這類耗費大量能量的活動暫時停止，好把力氣用在所面臨的威脅上。讓免疫系統平緩下來，也有助於在狀況中受傷時降低發炎反應。如果小丑潘尼懷斯真的要來找你麻煩，這些反應大有幫助。不過來者如果是人畜無傷的麥當勞叔叔，你的身體需要恢復成平靜的狀態，這樣才能把早餐消化完畢，並且重新對抗病原體。

這就是糖皮質素受體（glucocorticoid receptor）發揮功效的時候了。這種受體位於腦部和免疫細胞上，能夠吸收皮質醇。如果沒有這項消除皮脂醇的措施，將會出現慢性壓力，造成攻擊和偏執行為。除此之外，免疫系統也處於壓抑狀態，因此一直處於壓力之下的人也更容易生病。

睪固酮（testosterone）與雌性素（estrogen）這類的性激素也是著名的情緒調節激素。隨著年齡增加，這些激素的濃度也由盛而衰，在大範圍與小細節上都會影響情緒。雌性素不足會引發憂鬱、疲勞和記憶失誤，過多會造成焦慮和易怒。睪固酮不足和憂鬱與疲勞有關，同時會造成注意力渙散與性慾降低。睪固酮過量則會讓男性更為自大傲慢，忽視自己思考中的缺陷，往往會讓人做出錯誤的決定，而且不情願去閱讀每日的情資簡報。睪固酮不只和男性有關，女性如果口服睪固酮會覺得自己無敵，同時忽略他人的意見。

睪固酮另一個名聲不佳的功能是會引起攻擊行為。姑且不說睪固酮是否真的引起攻擊行為，認為所有的攻擊行為都是由睪固酮所引起的，也很有問題。這種激素其實能夠讓人樂觀、自信與衝動，這些都有助於我們面對挑戰。而在進行慷慨與慈善的行動時，睪固酮濃度也會大幅提升。有鑑於這些觀察結果，一些科學家認為睪固酮所激發的行為有助於提升社會地位，至於是採取攻擊或是親切的行動，取決於當時的狀況。

基因和生物化合物造就了人類的情緒，如此機械觀的見解或許讓有些人覺得不安，但是無須恐懼，畢竟瞭解汽車運作的方式並不會減損開車的樂趣。同樣地，知道情緒在分子階層的運作方式並不會減損由這些分子營造出的體驗。雖然我們在這裡知道了情緒的生物原理，但是並不妨礙你看影集《這就是我們》（*This Is Us*）時感動落淚，看影集《辦公室》（*The Office*）時開懷大笑，或看《月光光心慌慌》（*Halloween*）時毛骨悚然，也不會讓你在以為是巧克力餅乾而拿來吃，咬下去後才發現是燕麥葡萄乾餅乾時比較不生氣。

讓感覺不再神祕，並不會使感覺不再影響身體與行為，卻能夠讓我們意識到人類有限的情緒控制能力，而不是受到情緒控制。畢竟人類的心智在打造這個世界的模型時，情緒不是唯一所取用的資訊，情緒所意味的訊息也並非完全正確（還記嗎？有的時候你以為看到的是小丑潘尼懷斯，但其實只是麥當勞叔叔）。在知道了情緒其實是生物化學訊號，也瞭解本身可能是正確或錯誤的反應，能夠讓我們更理性地看待這些衝動，而不是想都不想就遵照本能行動。雖然我們心中有各種情緒是重要的，但是我們不能讓任何一種情緒成為獨裁者。

情緒的反應快速而且激烈，但是如果某種情緒體驗持續存在，便會影響心情。例如有些人如同《史奴比》中的查理．布朗（Charlie Brown）那樣厄運連連，通常引起焦慮的基準就比較低，也就是在事情順利的時候依然會焦慮。當一個人的情緒基準點低到讓情緒隨時都會產生、無法擺脫，這就演變成情感疾病（mood disorder）。從前面所提及的種種在腦中傳遞的訊息，我們可以馬上瞭解到維持情緒的平衡是非常精細的活動，一有風吹草動就能破壞這種均衡狀態。

為什麼你的心情總是跌到谷底？

每個人總是會有心情低落的時候，但是臨床上的憂鬱症則是超過了正常起伏的範圍，患者會持續感到悲傷，出現失樂（anhedonia）症狀，並且對於能夠帶來快樂的活動也毫無興趣。憂鬱症這種疾病非常嚴重，患者甚至會被剝奪從食物和性所得到的快樂（或是快樂稍縱即逝，馬上又陷入憂鬱之中）。

世界衛生組織估計，全世界有三億人受到憂鬱所苦，每年有將近八十萬人因而自殺。如果我們能夠找到和憂鬱相關的基因（或是反過來，找到和快樂有關的基因），應該就能藉此發展出改善情緒的新藥物。研究能夠改變情緒指環顏色的因子，在遺傳學界引發了淘金熱，但是要找尋這個在彩虹那一端的金桶，比想像的來得困難。

幾十年來，科學家藉由結合了基因體序列的研究，已經逐漸瞭解到有許多疾病和行為太過複雜，無法用單一基因來解釋。其中有些例外，例如杭丁頓氏症或囊性纖維化（cystic fibrosis）的確就是某些基因上的變異所造成的。但是沒有一個基因造成了憂鬱症。

不過有許多證據指出憂鬱症和遺傳有關。我們知道憂鬱症可以遺傳，換句話說，我們可以在家族史中看到憂鬱症的傳遞。對於同卵雙胞胎和異卵雙胞胎的研究指出，憂鬱症中有百分之三十七的比重是來自於遺傳，這個發現確定了這個疾病有遺傳成因，但是也意味著有百分之六十三的成因來自於其他地方（例如環境）。我們也清楚憂鬱症是多基因性的，也就是受到許多基因影響。

找尋影響憂鬱症這類疾病的基因，就如大海撈針。尋找的策略很簡單：把許多憂鬱症患者的DNA序列和沒有憂鬱症者的DNA序列比較。這看起來很簡單，科學家發展出了全基因體關聯（genome-wide association study）這個神奇的技術，利用電腦比對數千人的DNA序列。問題在於，隨便兩個人的DNA序列之間都有大量和憂鬱症無關的差異，我們需要想個方法，從雜音（和憂鬱症無關的遺傳變異）之中找出訊號（和憂鬱症有關的遺傳變異）。

雖然全基因體相關性研究看來很有希望，但是最先的幾項研究所得到的結果微不足道。用這麼厲害的技術居然找不到和憂鬱相關的基因，著實令人憂鬱。不過在二〇一五年，牛津大學的遺傳學家強納森．弗林（Jonathan Flint）想到一個調整的方式，能從全基因體相關性研究的噪音中找出訊息。弗林認為憂鬱症是複雜的疾病，具有多個等級，有些人的憂鬱狀況比較輕微，發作的間隔很長。有些人狀況持續而且非常嚴重。他決定只比較憂鬱狀況嚴重而且反覆發生的人，此外，為了把不相關的遺傳噪音減到最小，他只研究中國漢族的女性。

弗林的研究團隊比對了約五千三百名有嚴重憂鬱症的中國女性以及相同人數沒有憂鬱症的中國女性，找到了兩個和憂鬱症有關聯的遺傳變異。其中一個變異位於LHPP這個基因上，該基因所製造的酵素功能還沒有確定。另一個變異位於SIRT1這個基因上，該基因所製造出來的酵素和粒線體這個重要的胞器有關。粒線體是細胞的發電廠，能夠製造蘊含能量的分子ATP（adenosine triphosphate，三磷酸腺苷）。SIRT1上的變異或許能夠說明憂鬱症患者通常了無生氣。這裡要特別指出，這兩個變異在歐洲人後裔中出現的頻率不高，因此其他種族的憂鬱症來自於別的基因。

從弗林的研究結果出發，二〇一七年，研究人員專門針對尼德蘭一座偏遠村落進行研究，因為這個村落中的居民所組成的基因庫大小有限。研究人員在其中找到了一個新變異，位於NKPD1這個基因上。後來科學家在這個村落之外的憂鬱症患者的這個基因上，也發現了變異。這個基因的缺陷可能會使得神經鞘脂質（sphingolipid）的產量發生變化。神經鞘脂質有數個功能，其中包括傳遞訊息。有趣的是，有兩種抗憂鬱藥物能夠抑制神經鞘脂質的合成。

另一個從雜音中分離出訊息的方式是大幅增加樣本數量，愈多憂鬱症患者接受調查，研究人員對於持續出現的差異便更有信心。個人基因體服務公司23andMe也開始參與研究憂鬱症這類複雜疾病。該公司比較了自家龐大的顧客DNA樣本，新發現了十五個可能和憂鬱症罹患風險相關的DNA片段。其中有些基因牽涉到憂鬱症似乎不無道理，因為當中一個已知和學習與記憶有關，另一個則和神經元的生長有關。

回顧歷史，有些基因因為可能和憂鬱症有關而備受關注。許多研究指出血清張力素在憂鬱症中所扮演的角色，百憂解和樂復得（Zoloft）等知名的抗憂鬱藥物也被認為和血清張力素系統有關。血清張力素系統中的血清素轉運蛋白基因（5HTT/SLC6A4）和受體基因（HTR2A）也牽涉到了憂鬱症狀。還有證據顯示，腦源神經營養因子（brain-derived neurotrophic factor）也和憂鬱症有密切的關係。腦源神經營養因子是腦部神經元發育時的重要成分，受到壓力的動物以及有情緒疾病的人類，腦源神經營養因子的含量都比較低。

在找尋造成憂鬱症基因的同時，科學家也致力確認了生活中造成壓力的事件同樣深深影響了憂鬱症的發展。對許多人來說，這個結論並不足為奇。其中最大的壓力事件包括了孤獨、失業，以及人際關係緊張。不過排名第一的是童年時受到虐待或是冷漠對待。英國國王學院的心理學家亞夫夏盧·卡斯皮（Avshalom Caspi）在二〇〇三年發表了一篇劃時代的研究，指出基因與環境之間的交互作用有多麼重要。卡斯皮和同事發現，血清張力素轉運體基因上有一個變異，帶有這個變異的人如果在生活中遇到負面的事件，比較容易發展出憂鬱症。這個結果的重要性在於，說明了找尋憂鬱症的基因為何那麼困難，因為不是每個具有和憂鬱症相關基因變異的人都真的會得到憂鬱症。現在，情緒研究領域的新工作是調查環境到底如何讓基因引發憂鬱症。

童年如何影響情緒？

在某類遺傳背景之下，兒童期負面經驗能夠讓人一生都更容易受到引發憂鬱的因子所影響。科學家發現了許多造成這類現象發生的過程，其中最常見的是兒童期負面經驗重新設定了和腦部結構相關的基因，使得腦部對於壓力更為敏感。西奈山醫院伊坎醫學院（Icahn School of Medicine at Mount Sinai）的神經科學家凱薩琳·潘納（Catherine Peña）在二〇一七年發表了一項研究指出，如果年幼小鼠剛出生之後就受到壓力，OTX2 這種轉錄因子會減少。轉錄因子的職責是讓某些基因網絡開啟或是關閉。在發育過程中，這些因子會在適當的時間完成任務，也會因應環境狀況發揮功能。

在潘納的研究中，生命早期階段受到的壓力使得OTX2減少，對於小鼠腦部造成的影響不但嚴重而且無法逆轉，使得小鼠容易罹患憂鬱症。引人注意之處在於隨著小鼠長大，體內的OTX2的量會逐漸恢復正常，但是腦部已經受到傷害了，這樣的成年小鼠只要受到壓力，就會陷入憂鬱之中。但如果牠們在成年時期沒有再度遭受逆境，就能夠維持正常。這項實驗讓我們知道嬰兒和兒童期的腦部發育至為關鍵，能夠讓人在成年之後善於應對壓力。

從很久以前，我們便知道兒童時期受到虐待，會使得成年時的身體更容易出現醫療狀況，例如第二型糖尿病和心臟疾病，同時也會增加心理問題，包括沮喪、藥物成癮和自殺。童年的災禍過去了之後，依然能夠對受害者造成損傷。有的受害者就算後來離開了受虐環境，並且在受到關愛的環境中成長，也無法擺脫這種影響。

童年創傷陰魂不散的現象，可以用表觀遺傳這個生物學原理加以解釋。二〇〇四年，馬吉爾大學的神經生物學家麥克．明尼（Michael Meaney）和遺傳學家思夫發表了一項開拓性的研究成果。他們發現到大鼠年幼時母鼠如果漠不關心，長大之後便會非常焦慮，同時NR3C1這個基因上甲基化的現象也比較嚴重。NR3C1製造出的糖皮質素受體能夠清除壓力激素皮質醇。由於這個基因甲基化的程度非常高，製造出來的糖皮質素受體就比較少，導致壓力激素無法清除，使壓力激素的長期汙染傷害了心智與身體。受到母鼠照顧的幼鼠，糖皮質素受體基因很少連接上甲基，便能正常地應對壓力。

人類的確也出現相同的狀況。科學家分析了童年遭受虐待且有自殺傾向的人，發現他們NR3C1基因上甲基化的現象增加了。檢驗了受虐兒童的血液樣本也發現到NR3C1基因甲基化的程度比較高。科學家比較在孤兒院長大和由親生父母扶養長大的人，發現了數千個基因甲基化的模式有所差別。孤兒的表觀遺傳改變集中在調節腦部和免疫系統的基因。

明尼的研究發表之後，其他人員也在童年遭受不幸事件的齧齒動物或人類中，發現到其他表觀遺傳改變，許多改變出現在與腦部功能或壓力處理相關的基因上。這些突破性的研究讓我們瞭解到為什麼許多受到虐待或是忽視的兒童無法「克服往事」，因為那只是置身事外者的天真想法。兒童期負面經驗造成的影響深遠，會直達受害者的DNA，而我們現才要開始瞭解這些經驗傷及遺傳密碼的方式。科學家正如火如荼地研究這些留在DNA上的傷痕是否能夠復原，以及有些經歷過兒童期負面經驗的人恢復得比較好的原因。

更讓人擔憂的是，有證據指出兒童期負面經驗造成的表觀遺傳改變是可以遺傳的，有可能讓不良的養育模式代代相傳下去。明尼的研究團隊發現，沒有受到母鼠關注的年幼大鼠，雌性素受體基因的DNA甲基化現象增加，使得長大成熟之後這種激素受體數量減少。這些大鼠如果是雌性，由於對雌性素反應的能力下降，便無法得到需要去關注幼兒的清晰訊號。

換句話說，受到忽視的大鼠，DNA所受到的程式化會造就出忽略自己孩子的母鼠，就如牠自己的母親一樣。

研究也顯示，兒童所處的社經環境會對他們的表觀基因體（epigenome）造成影響，這讓現在的我們有生物學證據促請加速改善貧困的社區和學校。杜克大學的神經科學家道格拉斯．威廉森（Douglas Williamson）在二〇一七年發表的研究成果發現，在低社經環境中成長的青少年，SLC6A4基因DNA甲基化的情況比較嚴重，使得血清張力素受體的數量比較少，因此這些青少年腦部的發育產生了變化，杏仁核非常活躍，這個腦區和恐懼反應、威脅反應有關。在貧困中長大所引發的表觀遺傳改變會讓杏仁核陷入持續過度活動的狀態，很可能解釋了這些青少年後來為何會出現憂鬱症狀。

除了由環境造成的壓力事件，一個人所處的文化可能也會影響到基因的演化以及功能的發揮。「雙重遺傳理論」（dual inheritance theory）是一個新興的領域，主要研究基因與文化如何彼此影響。之前提過，血清張力素的遺傳變異會對心情會造成各種影響，這些影響是否會出現，有時取決於具備變異者所處的文化中，是看重個人（例如在北美洲），或是看重群體（例如在東亞）。血清張力素基因受體的變異和憂鬱症的關聯程度，在東亞比較普遍，在美國又沒有那麼明顯，可是在美國陷入重度憂鬱症的人更多。

這種差異要如何解釋？可能是其他的基因作祟或是診斷上的差異。不過有些研究人員認為差異來自於文化。有人指出，血清張力素轉運蛋白的基因（5HTT）變異並不一定會讓人容易得到憂鬱症，而是讓人對於正面和負面的體驗更為敏感，特別是和社會相關的體驗。由於對於社會互動更為敏感，帶有這類變異的人生活在能得到更多社會支持的集體主義文化中，沒有面對到「凡事你自己解決」的態度，因此可能比較不容易得到憂鬱症。有些研究支持這個想法。如果具有血清張力素轉運蛋白基因變異的兒童在生活中有良師益友的指導，出現憂鬱症的機率便大幅下降。換句話說，這些兒童如果受到了惡劣的對待，又沒有處於正面的社會支持系統中，就會得到嚴重憂鬱。

基因顯然和憂鬱症有密切的關聯，但是環境也是，特別是童年時期所處的環境。提供兒童強大的社會支持已經證明有助於讓成年後出現重度憂鬱症的機會降到最低，對於遺傳上傾向得到憂鬱症的人也有效。

腸胃如何影響你的心情？

在二〇〇〇年之前，如果你告訴科學家卑微的腸道細菌能夠影響人類的心智，他們可能會笑到護目鏡都戴不住。但是出無菌小鼠的培育讓一切都改觀了。你應該還記得保持在無菌狀態而且不具有微生物相的小鼠一點都不正常。除了在第三章中所討論到的體重問題，有些無菌的小鼠品系就像是《歡樂單身派對》中的喬治・柯斯坦薩（George Costanza）那樣神經質，牠們的壓力激素濃度高到突破天際。

科學家測驗小鼠是否焦慮的方式，是把牠放在架高式十字迷宮中。這個迷宮長得像個十字，其中兩臂是開放的，另外兩臂有蓋子像是隧道。無菌的焦慮小鼠會想要跑到隧道裡面，不願意去露天的臂上探索，而正常的小鼠會去。當然，科學家想要知道如果把細菌放到這些神經兮兮的無菌小鼠會造成什麼改變。

把大腸桿菌移植到無菌小鼠體內，並不能讓牠們的行為恢復正常，但是移植嬰兒比菲德氏菌（*Bifidobacterium infantis*）可以。這個發現指出細菌可以改變行為，但是並不是隨便哪種細菌都可以，而是要特殊的種類。這些結果完全在意料之外，腸道細菌的功能不只是幫助消化食物，還可能延伸影響行為、性格和心情。

二〇一一年，愛爾蘭科克大學（University College Cork）的神經生物學家約翰・克萊恩（John Cryan）主持了一項刺激的實驗，讓人們對益生菌更感興趣。在這項研究中，吃了常見在商業販售的益生菌——鼠李糖乳桿菌（*Lactobacillus rhamnosus*）的小鼠，壓力激素的濃度比較低，焦慮程度下降，類似憂鬱的行為也減少。由於小鼠不會躺在長椅上和心理醫師討論自己的問題，研究人員通常會利用游泳測試（swim test）這樣會威脅到性命的方式測量憂鬱的程度。科學家把小鼠丟到水槽中，看牠是否有奮力游泳（正常小鼠），或是「算了吧」就放棄求生（憂鬱小鼠）。當然研究人員會救起小鼠，不會讓牠們淹死。

許多條線索指出人類腸道的細菌可能在某種程度上也控制了我們的心智和心情。這個想法在二〇〇〇年開始萌發，當時加拿大瓦克頓鎮（Walkerton）的居民因為飲用水受到洪水汙染，紛紛出現腹瀉症狀。在急性腸胃症狀過去了之後，鎮上許多人罹患了腸躁症候群。數年後，科學家發現，在瓦克頓鎮發生洪水時生病的人裡面，罹患憂鬱症的比例特別高。科學家認為是先前的腸道細菌感染使得他們腸道細菌失去了平衡，才造成憂鬱症。這些充塞在我們腸道中的微生物真的造成了憂鬱症或焦慮症這類嚴重的情緒疾病嗎？

其他研究人員後來發現，憂鬱症患者身上的微生物相，和沒有情緒疾患的人有所不同。但是主要的問題還沒有解決：是腸道細菌改變了情緒，還是情緒的改變影響了腸道細菌？二〇一六年，克萊恩和同事解決了這個因果關係問題。他們測試了憂鬱是否可以傳染，以及是否可以藉由轉移某些人的腸道細菌而傳染。結果讓人驚訝。無菌大鼠接受了人類憂鬱症患者的腸道細菌後，也有了憂鬱症狀，出現焦慮的行為，對於甜食也興趣缺缺。接受普通人類細菌的無菌大鼠則好好的。

那些微小的細菌為什麼能夠對腦部有這麼龐大的影響呢？研究指出，我們身上的微生物相能夠製造各種神經傳導物質和激素，直接影響我們的思考、感覺和行動。克萊恩團隊在二〇一一年發表的研究結果中找到了一條細菌傳話給腦部的通道。他們把迷走神經切斷，這是連接腦部和腸道的主要神經。切斷後，由植入細菌所引發的神經化學和行為效應都消失了。除了藉由迷走神經，腸道細菌也可以經由與免疫系統互動，間接影響腦部。免疫系統有許多打探消息的記者在腸道中活動，能夠把新聞消息傳給腦部。

你現在可能想知道益生菌是否能夠經由改變腸道細菌而減緩焦慮或憂鬱。雖然目前的初步資料還很粗糙，但有一項研究指出，吃了一個月優格的女性，腦中控制情緒和感覺的區域產生了變化。這些女性對於驚恐和生氣臉孔的反應比較平緩，意味優格或許能夠幫助你穿越《陰屍路》。

另一項在二〇一一年發表的研究指出，服用益生菌可以降低人體內壓力激素的濃度。最近的試驗結果也支持利用益生補充劑減少由悲傷情緒造成的負面想法。

但是在這些研究中，所有益生菌造成的效應並不相等，使得詮釋結果的工作變得極為複雜。有的使用了不同種的益生菌，有的用量不同（用量標準為「菌落形成單位」）。由於益生菌中的微生物會受到個人本身具備的微生物相、飲食內容和遺傳的影響，造成的效果也會不同。我們目前認為益生菌總的來說是安全的，但是有些研究指出益生菌和某些負面影響有關聯，例如脹氣或腦子不靈光。簡而言之，我們需要更多的研究才能夠證明益生菌的效果。

為什麼有的老男人脾氣暴躁？

許多年長男性會大喊：「滾開我的草地！」其中最有名的是由克林伊斯威特（Clint Eastwood）在電影《經典老爺車》（*Gran Torino*）飾演的華特・科瓦斯基（Walt Kowalski），他會拿著來福槍這樣大叫。他沒有別的事情可做嗎？為什麼他們總是這樣焦躁緊張、怒氣衝天，總是怒吼著這個世界變得如此可怕？

我現在已到中年，愈來愈能夠同情這種刻板印象中的暴躁年老男性。這些老人家通常已經退休，老朋友正逐漸凋亡，孩子也都各自離家了，讓他們覺得世界已經不再需要自己。科技在進步，但是他們主掌心智的大腦正在衰退。更重要的是，他們完全瞭解自己已經是風中殘燭，或是可能是最後一次放〈搖籃中的貓〉（Cat's in the Cradle）的四十五轉單曲唱片，他們會任性是理所當然的。但是為何不是每個老人家都變成《芝麻街》中愛發牢騷的奧斯卡（Oscar the Grouch）？

該是科學上場的時候了。研究人員稱這種現象為「躁男症候群」（irritable male syndrome），平均來說，約從七十歲後開始出現。在這個年紀，睪固酮的濃度大幅下降。之前提過，睪固酮減少和易怒、注意力不易集中、負面情緒有關，這讓眾所皆知的年長男性的暴躁脾氣，有了生物化學上的解釋。有些男性的睪固酮減少速度沒有那麼快，所以可以讓他們保持愉快的心情一二十年。而腎臟疾病或是糖尿病等健康問題會使得睪固酮減少的速度加快。

愛爾蘭科克大學微生物學家馬考思・克雷森（Marcus Claesson）一直在研究另一種隨年長而出現的變化：微生物相。克雷森比較了年長者和狂妄少年之間的腸道細菌，發現組成種類不同。引人注意之處是，那些被認為有助於減緩壓力的細菌種類，在年長者的腸道中比較少。年長者的微生物相有的因為年長者的飲食變化而發生改變，這也可能使得發炎的免疫訊號增加，並且讓老年人身體更為虛弱。

隨著年紀增長，我們的藥櫃愈來愈滿，幾乎變成了藥局，每種藥物都有可能改變情緒。其中某些藥物（主要是抗生素）也會改變腸道為生物。所以我們要有多一點同理心，陪老人家散散步，或是給脾氣暴躁的老頭子一點優格。

為什麼會有冬季憂鬱症？

有些歌描述夏日憂鬱，但是很少歌曲描述真的會發生的冬季憂鬱。美國有高達百分之六的人苦於季節性情感疾患（seasonal affective disorder, 縮寫為SAD，意思是「悲傷」）。季節性情感疾患出現於冬天，輕則有些微的焦慮，重則會覺得未來一片黯淡。在高緯度地區，冬天的白晝更短，季節性情感疾患也更嚴重。這是為什麼？

人類和其他動物一樣，身體裡也具備了生物時鐘，能夠調節新陳代謝，以便配合白晝的需求，以及在晚上睡得安穩。日光減少是告訴身體該去睡覺的明確訊號，當眼睛中的視網膜細胞沒有感受到光線，便會發訊息給腦部，刺激褪黑激素的製造，這種睡眠激素宛如生化搖籃曲。當陽光照射到能夠透出光線變化的眼皮上，這時腦部停止製造褪黑激素，這樣人才可以醒過來，或至少清醒到足以泡杯咖啡來喝。

如果晚上使用人工燈光，或是在睡覺前看著明亮的螢幕，腦部就會陷入混亂狀態，以為現在還是白天，而不會製造有助於睡眠的褪黑激素，所以當我們最後終於關燈去睡覺時，反而不容易入眠。患有季節性情感疾患的人所處的情況類似：他們身體製造褪黑激素的規律性沒有和日升日落的規律相符，如果白天的時候陽光不足，情況會更嚴重。

有數個遺傳變異和季節性情感疾患有關，其中有些變異出現在調節生物時鐘的基因上。另一個和季節性情感疾患有關的變異基因所製造的蛋白質，是一種血清張力素的受體，由於血清張力素是褪黑激素的原料，而引起注意。季節性情感疾患的人OPN4基因突變了，該基因會在眼睛中發揮功用，用以偵測光線，並且把光線訊號傳遞到腦部，好讓褪黑激素製造出來。

美國加州大學舊金山分校的神經學家傅嫈惠和泰西克（Louis Ptáček）在二〇一六年主持

了一項研究，發現到有另一個基因也說明了光線和睡眠對於情緒的深刻影響。他們在同時具有季節性情感疾患和家族性睡眠期提前症（familial advanced sleep phase）的人身上，發現到PERIOD3這個基因上出現了變異。家族性睡眠期提前症患者的生物時鐘運轉得比較快，也就是說他們很早（例如晚上七點）就會覺得想睡，然後在清晨四點鐘醒來。研究人員把這個PERIOD3基因的變異形式放到小鼠中，並發現如果小鼠生活在白天與黑夜時間長度的相同的狀況下，一切都正常。但是如果白天的時間比較短，就如同季節性情感疾患者在冬天時面臨到的狀況，那麼這些有突變的小鼠在面對輕微壓力處境時就很容易放棄，這種狀況和憂鬱時相同。

治療季節性情感疾患通常是在晨間接受明亮的光線照射，好阻止褪黑激素的製造，同時在晚間服用褪黑激素好誘發睡眠。重新設定季節性情感疾患患者的生物時鐘，以夠減緩因為睡眠品質低落而引發的負面情緒。從季節性情感疾患這個例子，我們學到的是不要低估夜間良好的睡眠對於生活品質的影響。

吃碳水化合物也會醉？

最近幾年來，出現了一些完全沒有喝一滴酒卻醉倒的報告。一位年長者在早餐吃了貝果麵包之後酩酊大醉。紐約州北部一位女性受控酒後駕車，但她發誓自己無罪，因為她根本沒有喝酒。一個三歲小女孩在喝了潘趣果汁（fruit punch）之後像是喝醉了。到底是怎麼回事？這些人在作戲嗎？他們有強迫性欺騙行為嗎？

那位被控酒後駕車的女性在法庭中受到眾人的懷疑。在法庭中的十二個小時，她每隔幾個小時便接受酒精呼吸測試，她在這段期間一滴酒都沒有喝，但是血液中的酒精濃度卻持續增加，到了第十二小時，濃度便增加到法律認定為酒駕濃度的四倍。法官決定駁回控訴，因為這位女性沒有喝酒，只是身體製造出了酒精。

這位女性身上發生的事情，是微生物影響情緒和行為的例子中最特異的。當某些腸道中的酵母菌過度生長時，會消化碳水化合物，製造出酒精，這種狀況稱為自動釀酒症候群（auto-brewery syndrome）或腸道發酵症候群（gut fermentation syndrome）。有這種症狀的人吃了一大盤義大利麵之後，便會覺得有如酒醉。酵母菌屬於真菌，會引發自動釀酒症候群的種類包括念珠菌屬（*Candida*）的真菌，以及在這個狀況下名字別具嘲諷意味的釀酒酵母（*Saccharomyces cerevisiae*）。沒錯，你的文青朋友便是用這種酵母菌製造精釀啤酒，所以小腸裡面有釀酒酵母的人真的有「啤酒肚」。

我們現在還不知道為什麼酵母菌會在那些人的腸道中立足生根。一個案例指出可能是長期使用抗生素的結果，這類藥物會影響細菌，卻不會影響真菌，久而久之就讓腸道中的環境變得適合真菌生長。沒有了細菌之後，真菌缺少了與之競爭營養的對手，可以大吃大喝。有些研究人員認為真菌過度生長並不是病因，而是那些人具有遺傳缺陷，使得肝臟連腸道中發酵產生的些微正常濃度的酒精都無法代謝掉。

雖然這些極端的案例引起最多人注意，讓你可以想像腸道中的酵母菌可能藉由製造出少量酒精，輕微的提高你的情緒，或是削弱你的判斷力。不過別計畫使用這個說法當作不當行為的藉口，自動釀酒症候群非常罕見，而且只要靠著改變飲食、服用抗真菌藥物（主要用來治療真菌感染）以及益生菌（讓腸道中再度充滿有助健康的細菌）就可以治癒。

為什麼有些人特別樂天？

雖然我們通常認為憂鬱症有生物基礎，但是許多人依然認為快樂與否完全和心態有關。他們自信滿滿地宣稱，只要有正確的態度，每個人都可以轉憂為喜。在歷史中，哲學家、神學家和唱過名曲〈Don't Worry, Be Happy〉的人聲音樂家鮑比・麥克菲林（Bobby McFerrin），都一直在追尋這種無憂無慮的涅槃狀態。就連科學家也想要投入時間，研究快樂。為了重新演繹電影《瘋狂假期》（*National Lampoon's Vacation*）中的克拉克・葛雷斯沃德（Clark W. Griswold）所說的話，科學或許能夠找到快樂的關鍵，讓我們都能夠用放屁的聲音演奏出

Zip-a-Dee-Doo-Dah這樣歡快的歌曲。

當然，科學家正在尋找和增添快樂感相關的基因，不過要從何找起呢？英國布里斯托大學的經濟學教授尤金尼歐．普羅托（Eugenio Proto）之前任職於瓦立克大學時，想到了一個適當的開頭。他分析丹麥和北歐國家人民的DNA，這些國家在全世界的快樂排行榜中一直都高居最前段（這或許也能夠解釋他們熱愛ABBA的原因）。他將三十個國家的人民納入分析，結果發現丹麥與尼德蘭的國民，出現一種和憂鬱症有關的血清張力素受體基因的比例是最低的。或許是丹麥人的DNA讓他們比絕大多數的人還要快樂，不過也可能是因為他們能夠免費讀大學，醫療照護也不用個人出錢。美國的排名一直在十多名（在二〇一八年從第十四降到第十八），遠低於其他富裕程度相近的國家，證明金錢不是萬能的。

其他研究團隊找到了可能讓人的基本心情就比較快樂的基因。二〇一六年，遺傳學家發現到，一個國家的快樂程度和脂肪酸醯胺水解酶（第四章提到）基因上的某個變異有很強的關聯。這個變異影響了神經傳導物質極樂醯胺的分解。在第四章中提到過，極樂醯胺是一種「快樂分子」，大麻中的四氫大麻酚會連接到極樂醯胺所連接的受體上。所以那些一直都很快樂的人，可能天生腦中的極樂醯胺就比較多，這不但讓他們比較快樂，同時也有減少疼痛的效果。不過一如其他遺傳變異要發揮效果時需要環境的配合，俄國和東歐諸國的人雖然也具有這種脂肪酸醯胺水解酶的變異，卻並不認為自己很快樂。

尼德蘭阿姆斯特丹自由大學的生物心理學家梅可・巴泰爾斯（Meike Bartels）領導了一個規模最大的遺傳學研究，受試者將近三十萬人，她發現快樂的人身上通常有三種新的遺傳變異，這些變異的基因活躍於神經系統、腎上腺和胰臟，但是還需要更多的研究才能知道這些變異和心情之間的關聯。

雖然這項研究還在起步階段，但是它指出了基因能夠影響我們基本的快樂程度，在理論上就如同基因能夠影響我們的膽固醇濃度。另一個指出我們的心情如同恆溫調節器一樣有個基準點的證據，來自於一九七〇年代後期的經典心理學研究。在這項研究中，心理學家探究了人們在生命中重大事件發生之後的快樂程度。

贏得樂透大獎的人和因為意外而身體癱瘓的人，你覺得誰會比較快樂或是比較悲傷？你也許會很驚訝，因為結果和你的直覺想法不同：幾個月後，樂透贏家並沒有比得獎之前快樂；身體癱瘓的人也沒有比意外之前悲傷。雖然每個人都比較想贏樂透，但是人類對於適應情況的能力異常頑強，不論是在好運或是厄運之中。換句話說，不論遭遇好運或是厄運，一開始可能會興奮或低落，但是我們的心態會恢復正常，然後回歸到基礎的情緒狀態，而這種狀態建立於基因、胎兒編程，以及幼年時期成長的環境。

為什麼快樂和人們所說的完全不同？

有些人似乎不論遇到什麼事情都不會灰心喪志，他們一直都很快樂，能夠高高興興地擊破阻礙，就像興致勃勃的小孩在玩打地鼠。雖然把悲傷的狀態加深成為憂鬱症是一種病態，但是隨時隨地都高興是不是也有哪裡出了問題？搖滾歌手約翰．麥倫坎普（John Mellencamp）似乎就這麼認為。他曾經說：「我不認為人類生到這個世上為的是過快樂的生活，而是為了讓自己的身體、情緒和心智接受挑戰。」之後我們會看到，麥倫坎普講得有道理。

過度得意自滿是電影《洛基第三集》的主題。人人喜愛的拳擊英雄洛基．巴布亞（Rocky Balboa）頂著重量級冠軍的頭銜，日子過得很優渥。他擊敗了阿波羅．克李德（Apollo Creed），和妻子雅德莉安（Adrian）過著富裕的生活，享受名車、家庭劇院和機器人。後來，因為他沒有把來自克拉伯．朗（Clubber Lang）的挑戰當回事，結果輸了比賽、失了頭銜。這個故事告訴我們，如果要贏並且持續成為贏家，必須要一直有虎視眈眈之心才行。糟糕的感覺才能夠讓人具有渴望與動力，達成目標。如果洛基並不在意這次失敗，回到豪宅中吃自己，經濟狀況將會每況愈下。不過他把失敗的痛苦化為動力，撐過各式各樣的訓練，最終重新贏得比賽。

美國科羅拉多大學波爾德分校的心理學家瓊．格魯伯（June Gruber）是最早懷疑快樂有不利之處的烏鴉嘴之一。她之前在耶魯大學時，寫了〈快樂有黑暗面嗎？〉（A Dark Side of Happiness?）這篇文章，其中大致描述了幾種不適合快樂的場合，在有些狀況下快樂甚至會帶來不利的後果。舉例來說，在和其他人說明自己的處境時，表達出來的情緒很重要。如果我們隨時都是一副高興的樣子，其他人就不知道我們什麼時候需要幫忙或是協助。類似的情況還有在葬禮的時候說笑話，傷人之後沒有表現出悔痛，或是在受到老闆責罵時露出傻笑，都會帶來麻煩。我們可能會認為一直快樂的人自大、冷漠、待人接物不真誠（或甚至麻木與天真）。就如同我們從《洛基》這部電影中所學到的，舒適自滿會讓人低估威脅，並且失去解決問題的動力。同時過於快樂的人往往比較難以構思出具有說服力的論點，同時容易受到欺騙。

雖然追求幸福快樂是我們不可退讓的權利，但是有許多文獻指出這種追求其實會傷及福祉。二〇一八年，加拿大多倫多大學士嘉堡分校（University of Toronto Scarborough）的山姆．馬格里奧（Sam Maglio）指出，汲汲營營追求快樂的人所感知道的時間，和對擁有的東西心懷感恩的人不同。追求快樂的人往往覺得生活步調快速、時間匆匆，這種感覺阻礙了幸福。這項研究指出，覺得一整天時間永遠都不夠的人，往往不願意從事休閒活動，但休閒活動能讓人覺得快樂，剛好是他們所追求的。除此之外，繁忙的人往往覺得自己沒有時間幫助他人或是擔任義工，而這兩種事情也可以讓人覺得快樂。

完全排除負面情緒可能會讓身體失去避開目標道路上障礙物的能力。換句話說，我們需要和負面情緒相關的生化成分，因為這些成分有助於我們突破障礙。如果這個想法是正確的，便等於科學支持了麥倫坎普的看法：人類並不應該過著快樂的日子，而是要過著充滿挑戰的生活。的確，演化所篩選出來的應對機制，讓我們能夠在沒有那麼舒適的環境中仍能生存。

這些觀念的實際例子，可以在威廉氏症候群（Williams syndrome）患者的身上看到，這是一種由近三十個基因缺失所造成的遺傳疾病。威廉氏症候群的兒童有許多認知與身體問題，但這個疾病有個意料之外的特點是患者會非常快樂，討人喜歡，異常地善於交際、信賴他人、客氣有禮，且往往到了過頭的地步。舉例來說，許多病童會立刻放開心胸喜歡上每個人。他們不會害怕陌生人，也似乎沒有懷疑他人的能力，這使得他們很容易受到猥褻和霸凌，並且成為兒童剝削者下手的對象。

除此之外，躁鬱症患者在躁期的特徵是有強烈的正面情緒，往往會引起很大的問題。持續的快樂讓人看不到顯著的危險，讓自己置身於不安全的狀況中。躁症行為包括花掉了一生的積蓄，或是超速開車去見陌生的通姦對象等。

當然，沒有人說我們不應該感到快樂，但是快樂就像是培根，太多會不利於健康。生命中必然會出現困境，否定隨著困境出現的不快情緒，會讓我們的生理功能受到剝奪而無法突破挑戰。

「很高興你就拍拍手」

對於沒有身心疾病的人，如果要想要變得快樂，專家會有什麼建議呢？你可以花一輩子閱讀所有關於快樂這個主題的書籍，不過在你瀏覽一些重要的書籍之前，最好先知道一些共同的道理。

心靈導師拉姆・達斯（Ram Dass）在一九七一年出版了一本著名的書《活在當下》（*Be Here Now*），原披頭四成員喬治・哈里森（George Harrison）從這本書中得到靈感，寫下了同名歌曲。達斯強力主張人們要活在當下，不要為了未來而焦慮。近年來，哈佛大學的心理學家丹尼爾・吉爾伯特（Daniel Gilbert）在他二〇〇六年出版的書《快樂為什麼不幸福》（*Stumbling on Happiness*）中詳細說明了這個概念。吉爾伯特解釋，不確定的未來在我們的腦中造成認知不一致的狀況，因為大腦是個控制狂（在第八章中會詳細討論）。除此之外，我們通常也擅長想像哪些事物會讓我們覺得快樂，因為現在讓我們快樂的事物並不保證在將來也會讓我們感動。簡單地說，我們經常因為思索未來而焦慮，因此難以快樂。

這些概念呼應了哲學家伯特蘭・羅素（Bertrand Russell）在一九三〇年出版的書《征服

幸福》（*The Conquest of Happiness*）。羅素建議人們要認識到，從宏觀的角度來看，絕大部分的事情都不重要，因此「不要受到憂慮所束縛」。宇宙根本不在乎你穿哪件衣服或是囤積了多少財物。羅素宣稱，當自己減少對自我的關注時，日子才會過得比較好。

倫理學家比得・辛格（Peter Singer）也有類似的觀點，他認為至高的快樂並非來自於以自我為中心的狹隘目標被滿足了，而是接受挑戰，讓世界變得更好。

演化一開始可能作用在自私基因上，但是人類演化出了非凡的利他能力。在親屬選擇（kin selection）的作用之下，人類天生便有合作的傾向，會發自內心支持遺傳上和自己相似的人，例如親人。隨著時間推進，我們發現幫助社群中的其他成員也對自己很有幫助。辛格認為現在我們需要把這份道德關懷的範圍拉大到全球，遍及所有人類。如果你不相信硬梆梆的學術說法，漫畫中也有類似的見解，例如古一（The Ancient One）對奇異博士（Dr. Strange）解釋道：「傲慢與恐懼讓你無法學到最簡單和最重要的道理……這不只是你自己的事情而已。」

科學研究的結果也和這些哲學理念相同，科學家一直發現到那些專注於他人而非自己的人，過得最快樂。腦部造影的研究指出，利他行為讓腦中跟食物和性有關的報償中心活躍起來。幫助他人能夠讓生活充滿目標與意義，馬上感到快樂和近乎狂喜的滿足感。幫助他人也能夠讓你有更寬廣的世界觀，並且更瞭解共同生活在這個世界上的人們。愛因斯坦也懂這個道理，並且說：「我們不要為了成功而奮鬥，而要為了價值奮鬥。」幫助他人不只是人道的行為，也是快樂的泉源。

領悟

著名的神經科學家奧利佛．薩克斯（Oliver Sacks）在一九六九年有了驚人的發現：左旋多巴（L-dopa）可以讓處於精神僵直狀態的思覺失調症患者重新活動起來。這種化合物是數種神經傳導物質的原料，包括多巴胺。光是一種化合物就可以讓有些多年無法說話或是行動的病人，馬上轉變成為「開啟」的活動狀態。不幸的是，這種復甦狀態只是暫時的，在有些患者身上，這種藥物漸漸失去效果，或是出現嚴重的副作用。這件事凸顯出一個我們得鼓起莫大勇氣才能面對的冷酷事實：人類的思想、情緒與感情，本質上是由生物化合物所引起。人類的情緒來自於神經生理活動，而非從什麼神祕的靈魂產生。任何能夠改變腦部的事物，不論造成的變化是多麼細微，都能夠改變我們的心情。

薩克斯在他的書《睡人》（*Awakenings*）中，描述了這個異常事件，後來這本書改編成電影，由羅賓．威廉斯主演那位聰明又謙虛的醫師。當時羅賓．威廉斯並不知道，有害的蛋白質正在他腦中慢慢累積，並且在二十四年後奪走了他的性命。

羅賓・威廉斯去世後的一些日子裡，各種媒體的評論員就如同其他名人自殺時那般，紛紛表示對於他的自私與膽小感到困惑。那些說法不但無知，對於悲傷的親人來說也非常殘酷，應該受到譴責。或許我們應該要接受事實：基因、表觀遺傳編程和微生物相等隱藏的力量，在我們意識不到的狀態下，深深影響了人們性格上外顯和內隱的兩面。情緒疾病是真實的健康問題，過度悲傷和過度快樂都不利於日常的生活。嚴厲要求人們馬上改變這種狀況，無異於對盲人吼著說要他們能看見東西。更能幫得上忙的方法是給予支持，並且鼓勵他們接受專業的協助。

科學著實讓我們醒悟：人類基本的情緒狀態早已決定好了，而且是在生命發展初期就由我們掌握之外的因素所決定了。長大後，我們對於自己的情緒變化也沒有多大的話語權。有些人認為這些發現帶來的是粗暴的醒悟，因為我們喜歡凡事都在掌控之中，我們希望具備改變情緒的力量。但除非我們能夠接受真實的狀況，否則將無法達成這些目標。我們愈瞭解關於情緒問題的生物基礎，就愈能得到改善情緒問題的新療法。

第六章 瞭解心中的惡魔

「我們內心的邪惡從未消失，我們只能學習與之共處。」

古一對莫度說的話，《奇異博士》

在我因為從事博士後研究而搬到美國中西部之前，一直住在東岸地區。從費城移居到印第安那波利斯（Indianapolis）後不久，有天晚上我開車經由州際公路回家時，有輛大卡車突然超車，險些造成嚴重的車禍。習慣在東岸開車的我，一連半哩路上猛按喇叭，並且把我的某一根指頭舉起多次給那輛大卡車駕駛看。

結果那個傢伙和我從同一個出口下州際公路，在我還沒有來得及反應的時候，我們兩輛車就因為紅燈停車了，我就在他的後面，旁邊與身後都排滿了其他車輛。我發現他車子保險桿上貼著美國步槍協會的標誌以及槍架，輪胎擋泥板上的卡通人物火爆山姆（Yosemite Sam）拿槍指著我，說：「離我遠一點！」這時駕駛座的門打開了，我瞳孔放大、心跳加速、渾身冒汗，憤怒之情馬上就變成了深深的恐懼。

一個高大強壯的男子從卡車上下來，拉緊了皮帶釦，那個釦子有德州那麼大。他大步朝我的車子走來，用骷髏頭指環敲敲我的車窗。我當然是假裝什麼事情都沒有發生，眼睛直直朝前看。他又敲了敲車窗，說：「嗨！」

我夾緊屁股好讓自己不嚇尿出來，隔著車窗看著他。他的手在臉上的八字鬍上揮動，要我把車窗搖下來。老兄，我辦不到，結果他對我大叫，叫出的內容卻是我完全沒有想到的。

「抱歉，我剛才不是故意要超車的，我只是沒有注意到你。」他的聲音顫抖，看來和我一樣害怕。我搖下車窗，說沒關係，並且為自己的過度反應以及像傻瓜一樣瘋狂按喇叭而道歉。他舉手到帽子邊致意，跑回卡車上，這時剛好轉綠燈。

我很幸運，那個傢伙個性穩重而且心思細密。我們都聽說過很多開車搶道最後造成衝突的不幸故事。是什麼事情讓有些人的邪惡面展露出來？為什麼有些人天生冷靜，而有些人天生比較具有攻擊性？邪惡之心真的是邪惡行為的起因嗎？在我們回答這些問題之前，最好先仔細瞭解一下恐懼的生物學。

你為什麼會感到害怕？

不論是身材多麼高大強壯的人，都會有恐懼的時刻（就算是鋼鐵般的超人也會害怕氪星石）。雖然恐懼是不舒服的感覺，卻是必要之惡，因為恐懼感是演化出來好保護自己的。如果神經系統察覺到威脅而能夠快速反應，打造這種神經系統的基因便能夠得到巨大的生存優勢。生存機器應對威脅的速度愈快，就愈能夠留下性命繁殖，並且把這種強烈的恐懼反應遺傳到下一代。

恐懼是自動的反應，完全不需要經由思考便能夠產生。所以當朋友為你準備驚喜生日派對時，你會嚇一跳，而不會在門邊仔細思量之後決定嚇一跳。

我們受到驚嚇時，體內會迅速產生生化改變。為了應對造成緊張的刺激（例如突如其來的噪音，或是在身後出現的不祥黑影），腦中便會響起紅色警報，並且發出要釋放壓力激素的訊息。腎上腺素（epinephrine）和正腎上腺素（norepinephrine）的釋放能增加呼吸與心跳速率，並且提高血壓，同時讓儲存的糖類分解以產生能量。這些激素同時也讓瞳孔放大好增強視力，並且暫停消化作用以把進行消化所用的能量轉於對應威脅。皮質醇也會釋放出來，好增加血糖濃度並且抑制免疫系統，這兩種改變都讓身體有額外的能量以處理威脅。種種強制的行動對於「戰或逃」反應都非常重要。

身體怎麼知道哪些事物需要害怕呢？有騷動時每個人都會嚇一跳，卻不是每個人在紐奧良鬼怪之旅（New Orleans Ghost Tour）中都會被嚇到。不需要教，本來就會感到恐懼的事物稱為「先天恐懼」，例如老鼠生來就怕貓，貓生來就怕狗（和小黃瓜，你看看網路上有那麼多影片）。意外的巨大聲響以及害怕掉落，是唯二已知的人類天生恐懼，其他的都是後天習得的，不過對於有些事物的恐懼特別容易習得，例如蜘蛛、蛇，以及美國前副總統迪克·錢尼（Dick Cheney）。因為學習而相信有超自然力量的人，也比不相信的人更害怕鬼魂。

不論是先天或是學習而來的恐懼，遺傳變異多少都可能說明為何有些人比較容易害怕，有些人比較冷靜。在第五章中介紹了脂肪酸醯胺水解酶上的一個變異，會讓人有更多的極樂醯胺，這種快樂分子能夠讓人比較不焦慮。這些人恐懼消除的速度也比較快，因此比一般人更快地不感到害怕。在第四章中介紹的抑制性神經傳導物質γ-胺基丁酸受體的突變也和恐懼有關。受損的γ-胺基丁酸受體會阻礙腦部接受到這種抑制性神經傳導物質所帶來的「平靜」。γ-胺基丁酸受體有缺陷的小鼠，比起正常小鼠更為膽小。同樣地，在恐慌症（panic disorder）的患者身上也能發現到γ-胺基丁酸的受體有突變，這種病症的特徵是患者會突然陷入強烈的焦慮中。

你祖父的鬼魂可能會嚇到你嗎？

你曾經感受到不明所以的恐懼嗎？在美國有十分之一的人具有恐懼症（phobia），讓人在沒有危險的狀況下感受到足以使人動彈不得的恐懼。舉例來說，有懼高症的人即使身在保護措施良好的建築高處，依然會感到恐懼。在電視影集《發展受阻》（*Arrested Development*）中，托拜亞斯．芬克（Tobias Funke）「從來都不裸體」，就算洗澡也會穿著短褲，他罹患的是「恐裸體症」（nudophobia），真的有這種疾病。其他的恐懼症包括「花生醬沾黏上顎恐懼症」（arachibutyrophobia），也就是害怕花生醬沾到口腔上側的疾病；還有「恐筷子症」（consecotaleophobia）、「長笛恐懼症」（aulophobia），以及對付我妻子的氪星石「恐蜈蚣症」（chilopodophobia）。

根據國家衛生研究院的資料，超過一千九百萬個美國人因為非理性的恐懼和焦慮而使得生活品質受損。這些奇怪的恐懼症從何而來？可能是由自身的經驗所造成。我年紀還很小的時候，因為一口氣塞了太多花生醬巧克力到嘴巴裡面，幾乎噎到。我不知道自己是否算得上有花生醬沾黏上顎恐懼症，不過之後吃含有花生醬的食品時都會小心翼翼。其他無法由個人經驗解釋的害怕與恐懼症，可能來自於家庭。尼爾．蓋曼（Neil Gaiman）在《墓園裡的男孩》（*The Graveyard Book*）中寫道：「恐懼會傳染，你會如染病那樣染上恐懼。」事實上，恐懼不但會傳染，還會代代相傳，由下面的研究可以證明。

許多食物含有胺苯乙酮（acetophenone），例如杏子、蘋果和香蕉，純的胺苯乙酮聞起來像是櫻桃。小鼠喜歡胺苯乙酮的味道，但是我們可以教小鼠害怕它。二〇一三年，艾茉利大學（Emory University）的凱利．雷斯勒（Kerry Ressler）與布萊恩．迪亞斯（Brian Dias）使用電擊的方式制約小鼠，讓他們害怕櫻桃的香味。他們把胺苯乙酮蒸氣釋放到關著小鼠的籠子中，同時經由地板給與小鼠的腳底輕微電擊。三天後，即使沒有電擊，只要一點胺苯乙酮的氣味就能夠讓小鼠害怕得縮起身子。換句話說，雷斯勒和迪亞斯讓小鼠對於櫻桃有不自然的恐懼。

這些科學家讓害怕櫻桃味道的雄小鼠和正常的雌小鼠交配，後者並沒有受到害怕櫻桃味道的制約。出乎意料，生下的後代天生就對櫻桃味道更為敏感，只要稍微聞到飄來的櫻桃香味，就會變得焦慮與恐懼。這非常奇怪，因為那些幼鼠從來沒有學到要把櫻桃味道和電擊聯繫在一起，牠們是生來如此，好像是幼鼠在母鼠的子宮中時，就聽到雄鼠喃喃的警告聲：「小傢伙，如果聞到櫻桃的味道就要逃開，不然那些穿著實驗袍的笨人類會電擊你。」

把學習而來的恐懼傳給下一代已經夠瘋狂了，但是更令人震驚的是，這些畏懼櫻桃小鼠的孫子輩依然對櫻桃的味道特別恐懼，而牠們的父母都未曾遭受過電擊。這種沒有改變基因序列，但是依然傳遞數代的特徵，稱為「隔代表觀遺傳繼承」（transgenerational epigenetic inheritance）。

為什麼這個現象如此讓人驚訝？因為孩子通常不會遺傳到他們父母所學之事。舉例來說，我學到吃完東西要把食物渣清理乾淨，但是我向你保證我的孩子沒有繼承到這種行為。因為某些原因，我在大學時修了微分，但是我的孩子依然要學基礎的算術。有哪個父母不希望自己的小孩天生就已經完成了大小便的訓練呢？所以說，小鼠習得的櫻桃恐懼行為是怎樣傳給後代的？

那些害怕櫻桃味道的幼鼠像是從環境中得到消息，如同朋友發簡訊給你，洩漏等下隨堂測驗的內容。這樣的資訊要能夠傳遞下去，必須有某種訊息即時傳給生殖細胞。換句話說，也就是精細胞和卵細胞必須有偵測環境的方式。這些生殖細胞也必須有預先編程自己DNA的方法，這樣後代一出生才能具備在親代所處的環境中生存的能力。照這樣來說，精細胞真的具有感知激素、神經傳導物質、生長因子的受體，當然也有感覺味道的受體。精細胞實際上是有「鼻子」的。這些精細胞上的受體會像是廣效性掃描器那樣察覺到環境中各種可能的危害，好讓基因在程序啟動之前做好準備嗎？如果是，又是怎麼辦到的？

雷斯勒和迪亞斯檢驗了恐懼制約是否改變了小鼠的腦部，結果令人驚訝：比起沒有受到制約的小鼠與這些小鼠的後代，害怕櫻桃的小鼠腦部製造出了更多的胺苯乙酮氣味受體（這種受體的名稱是OLFR151）。OLFR151數量增加，使得小鼠對於櫻桃的味道更為敏感。

雷斯勒和迪亞斯的假設是恐懼制約一定影響到了生殖細胞。實際上他們發現到害怕櫻桃小鼠的精細胞中，OLFR151基因的甲基化程度下降了。由於DNA上少了甲基標記，這種受體的產量會增加，使得幼鼠對於櫻桃的味道反應更為激烈。這些幼鼠長大後，他們精子中的OLFR151基因所在的DNA上依然缺少甲基，這可以解釋就算是沒有一開始的制約作用，小鼠對於櫻桃的恐懼依然可以傳兩代。

後來科學家在其他的物種中也發現了隔代繼承的例子，包括人類。在之前的篇章中討論到了胎兒編程的例子：胎兒的DNA會因應雙親所處的環境、飲食與濫用藥物而產生表觀遺傳改變。同樣的概念也可以應用在隔代表觀遺傳繼承上：DNA上由編程造成的改變至少可以維持一代以上。其中最著名的例子發生在人類身上。一九四四年，德國封鎖了運送到尼德蘭境內的食物，造成嚴重的飢荒，這便是「尼德蘭飢餓冬天」（Dutch Hunger Winter）事件。在事件倖存者的後代身上依然可以見到這個事件所造成的影響。當年飢餓的母親所生下來的小孩以及她們的孫子體重比較輕，而且更容易發胖並且罹患糖尿病。科學家相信這是因為那些母親懷孕時經歷了饑荒，使得孩子的DNA發生了胎兒編程，讓有些基因能夠表現出來，好從最少量的食物中取得最多熱量。如果在飢荒的時候出生，這的確是非常合理的策略。不過在食物豐裕的時候，這樣勤儉的代謝方式卻是有害的，因此她們的後代現在苦於體重增加所造成的種種健康問題。最近的例子來自於二〇〇一年九月十一日發生的恐怖攻擊事件，當年在事件中受到傷害的孕婦所生下的孩子出現了表觀遺傳標記。因為九一一事件而有創傷後壓力症（PTSD）的母親，生下的孩子比較容易焦慮。

胎兒編程和隔代表觀遺傳繼承都令人震驚，也令人謙卑。這些演化必然的結果意味著你的某些行為，不論好壞，可能肇因於你父母或是祖父母所經歷過的事情。我們可以好好利用這份知識，在知道了壓力和創傷對於DNA的影響可以傳到數代之後，我們更應該馬上讓兒童處於更好的環境中。

為什麼男人的邪惡來自火星、女人的邪惡來自金星？

在電影《冰原歷險記》（*Ice Age*）中，有兩頭雌地懶在談論劇中討喜的宅角色喜德，其中一頭感嘆說喜德長得不帥，但是要找到顧家的男人並不容易。她的朋友回答說：「可不是嗎！其他體貼的人都已經被吃了。」這只是在古老的演化過程中，對於不同性別個體的要求差異所造成的狀況之一而已。

演化心理學家認為，人類所有的行為，不論神聖或怪誕，都來自於下意識的驅動，為的是找到最佳的交配對象。人類會用盡一切手段吸引伴侶，讓DNA的傳承鏈不會中斷。有些手段蠢到好笑，例如化妝、鍛練二頭肌，和穿上托高型胸罩。我們誇耀自己的力量、美貌、擁有的資源，以及臉書追蹤者的數量，這些都是求偶競賽中演化而來，不可或缺的部分。

我們身上自私的基因想要得到對自己最有利的事物，它們誘使我們尋找最佳伴侶，好讓染色體配對。兩性在生殖的生物特性上有差異，是兩性之間共同性終結之處，也是差異性展開之處。演化心理學家認為，平均來說，男性喜歡年輕的處女，因為她們處於生殖期高峰，同時也不需要養育競爭者的後代。相較之下，女性偏好身形好、地位高的男性，因為他們比較能夠取得養育後代所需要的資源，這樣的男性通常比較年長。許多人依然遵循舊石器時代的標準在找尋伴侶，但是（幸好）在現代的社會，男性不需要有大力水手般粗壯的手臂也能達成生殖成功。

生物必須履行散播基因的責任，人類一些最為險惡與邪惡的行為由此而生。演化心理學家的理論是，兩性對於競爭者所發出的惡意是相同的，但是以截然不同的方式展現。

男性和女性對於性和兩性關係的看法南轅北轍，主要是因為兩性生殖細胞有不同的特徵。精子可以大量製造，而且製造的速度很快。它們就像是黑色星期五的血拼客，在劇烈的競爭中彼此推擠向前，只為了一個稀少的獎品：珍貴的卵子。在一筆成功的交易之後，製造精子的人在技術上可以馬上到另一家去搶購。不過對於製造卵子的人來說，至少有九個月不用做生意了。男性有能力在一天中就產生好幾個後代（顯然那是個好日子），但是女性再怎麼厲害一年也只能生產一次。不過女性的優勢在於確認孩子攜帶了自己的基因，反觀男性就沒有那麼有把握了。有鑑於這些差異，男性在生殖上「以量取勝」，而女性「重質不重量」。有些人認為這是男性通常要比女性更愛濫交的原因。

這種生殖策略差異的另一種結果，是讓男性通常在體形上比較具備攻擊性，而女性則比較沒有攻擊性。男性有本錢進行身體對抗，因為他可能已經讓女性受孕了，就算自己喪命，母親也會照顧後代。相較之下，女性如果冒險使得身體受傷或是死亡，小孩可能也無法生存。不過女性依然需要對抗那些競爭雄性領袖（alpha male）的對手，所以女性雖然不用冒著肢體對抗所造成的危險，但取而代之的是以非肢體對抗策略，製造謠言、操弄行為和蜚短流長等，這些都是她們可以使用的武器。把競爭者稱為「娼婦」是女性散播的謠言中最具有殺傷力的，絕大部分的男性會避開娼院，一如避開已經擠滿血拼客的商店，因為那些女性所生下的孩子可能有其他人的基因，而不是帶有自己的基因。女性能夠生下的孩子有限，在照顧他們的同時，還要仔細注意種種謠言，這使得女性承受了很大的壓力。（因此有人認為女性演化得能夠身兼數職，同時社會互動技巧更為高超。）

有些演化心理學家以這些概念為基礎，總結說男性天生就是戰士，女性天生就多慮，而且還把這個想法當成是普遍規則。但當然不是每個人都符合這種看法。醜聞合唱團（Scandal）的主唱派蒂史麥絲（Patty Smyth）就寫了一首熱門歌曲，宣稱自己是「戰士」（而不是唱：「我天生就多慮。」）

男女在生殖特性的差異，也有助於解釋為什麼男性要比女性更容易出現邪惡舉動，包括忌妒、跟蹤，以及從二〇一七年#MeToo（#我也是）運動開始後所揭露的性侵。說到對於生殖的關注之重，連敏感的和平主義者約翰藍儂（John Lennon）都因為憂慮伴侶的不忠誠而深感困擾，這種醋罈子的心理讓他寫出了〈忌妒的男人〉（Jealous Guy）這首歌。由於在親子鑑定節目《莫瑞秀》（*Maury Povich Show*）出現之前，男性永遠都無法確認自己的小孩是不是真的是自己的小孩，因此演化出疑心病。女性也會忌妒，但是理由不同。如果男性的出軌只是一時衝動而且不帶感情，女性更容易選擇原諒。不過如果女性懷疑其中有感情成分，就會大爆發。不帶情感的約炮並不會減損她的生殖適應（reproductive fitness），但是如果男性把資源分給其他女性，就會嚴重傷及自己與自己孩子的利益。

為了確定伴侶忠誠，以及自己扶養的孩子確實有自己的DNA，男性會不擇手段，做出最骯髒的事，像是強占、霸凌、威脅和身體虐待。由於卵子遠比精子稀少，男性會走入極端，提高自己的精子與卵子結合的機會。男性如果沒有具備吸引伴侶所需的地位與資源，在有些狀況下可能會要在這場演化比賽中作弊，訴諸於備受譴責的手段：攻擊和強暴。

對於現代人來說，這些說法或多或少帶有不合時宜的性別主義味道。演化心理學家提出的概括性說法，也有許多例外與反對的聲音。不論如何，為了生存和生殖，演化的確深深影響了人類的本性。在現代社會中，男性和女性在生殖上的生物特性差異依然有影響，讓有些人對於男性與女性特定行為產生了刻板印象。另一個可能是演化心理學家在發展人類演化史的理論時，不知不覺受到了這些刻板印象的影響而產生偏差。

邪惡埋藏在基因之中嗎？

約翰．麥倫坎普在一九八三年的歌曲〈權威之歌〉（Authority Song）中悲嘆他與大人物抗爭總是以失敗收場。讓我們快轉到現在，你會發現兒子和老子是那麼相似：他的兩個兒子因為在多個場合中抗爭並且拒絕受捕而惹上了官司。麥倫坎普應該把這首歌重新混音，並且改歌詞為：「我的兒子對抗權威，而權威總是獲勝。」

麥倫坎普家族代代的脾氣都火爆，這並不特殊（有的人會說這是因為他們都在同一個小鎮中長大）。不過科學研究顯示，好戰個性有可能是由基因造成的。許多比較同卵雙胞胎和異卵雙胞胎的結果指出，暴力傾向是可以遺傳的，而且遺傳的影響力高達百分之五十。統計學研究也指出，生父生母是罪犯的兒子，就算在充滿愛的收養家庭中成長，少年犯罪的比例也較高。

一九七八年，一位尼德蘭女性已經拿家裡不守規矩的兒子們沒有任何辦法，快要被他們的破壞行為搞瘋了，於是求助於尼德蘭奈美根大學醫院（University Hospital in Nijmegen）的遺傳學家漢．布魯納（Han Brunner）。她家裡那些粗暴兒子的智力比較低，也犯下了可惡的暴力行為。其中一個強暴了自己的姐妹，另一個想要開車輾過自己的老闆，還有兩個男孩喜歡在家裡玩火。經過了多年刻苦的研究，布魯納在一九九三年發現到這些有問題行為的男性有著相同的遺傳缺陷，他們的單胺氧化酶A（monoamine oxidase A）基因上有一個突變。其他人的後續研究，把這個基因上的變異和其他的暴力行為個案連繫起來，之後這個基因便稱為「戰士基因」。

在這項發現之後十五年，那個問題基因又再次寫入歷史。二〇〇六年，布萊德利．沃爾杜爾普（Bradley Waldroup）在等分居的妻子帶孩子來度週末的時候，喝著酒讀聖經。妻子的朋友載她來，結果他們發生爭吵，沃爾杜爾普抓狂了，在他和妻子所生的四個孩子面前，拿槍朝妻子的朋友開了八槍，然後叫孩子去和母親道別，接著拿著大砍刀追殺分居妻子。在扭打中，沃爾杜爾普砍斷了她的手指頭，不過她最後逃走了。

在審判的時候，沃爾杜爾普也逃過了一死。他是第一個因為基因之故而免於死刑的人。沃爾杜爾普的單胺氧化酶A有變異，一如布魯納所研究的尼德蘭家庭中犯下重傷害罪的男孩一樣。沃爾杜爾普的律師辯稱，由於他的遺傳傾向，再加上童年時期受到虐待，讓他無法控制自己的殺人行為，結果非常有效。

單胺氧化酶A為什麼和暴力行為有關?單胺氧化酶A的作用是分解血清張力素、正腎上腺素和多巴胺，遺傳變異使得這個酵素製造出來的數量比較少。根據推測，單胺氧化酶A比較少的人，那些神經傳導物質的濃度高到異常，使得他們比較衝動且懷有敵意。

利用小鼠進行的實驗結果支持這項推測。以遺傳方式讓小鼠不製造單胺氧化酶A，小鼠體內的血清張力素和正腎上腺素濃度會高過正常量，而且更具攻擊性。在其他的研究中，單胺氧化酶A的變異也和社交恐懼症（social phobia）及藥物濫用有關。有趣的是，腦部造影研究顯示具有單胺氧化酶A遺傳變異的人，腦中和恐懼反應相關的部位（杏仁核）過度活躍，而負責分析的部位（扣帶皮質〔cingulate cortex〕）受到壓抑。總加起來，可能代表了腦中理性分析的部位難以讓增強的恐懼反應平靜下來。

二〇一四年，單胺氧化酶A的變異又再度成為大型犯罪遺傳研究中的主角。這次的研究由瑞典卡洛林斯卡學院（Karolinska Institutet）的精神疾病學家傑利．提荷南（Jari Tiihonen）領導，梳理了將近九百名芬蘭罪犯的基因。結果絕大部分的暴力慣犯在單胺氧化酶A基因與CDH13基因上有突變，後者製造的是讓神經元彼此連接在一起的蛋白質，這種蛋白質可能和腦部的發育及運作有關。研究團隊發現，在單胺氧化酶A基因與CDH13基因上同時具有突變的人，產生暴力犯罪的機率是一般人的十三倍。現在我們發現這個戰士基因還有幫凶。

有些研究人員認為單胺氧化酶A能夠解釋為何男性比女性更為暴力。單胺氧化酶A基因位於X染色體上。女性有兩條X染色體，因此有兩份的單胺氧化酶A基因，如果其中一個是突變，還有另一份備用。但是男性只有一條X染色體，另一個性染色體是Y染色體，因此沒有第二份單胺氧化酶A基因。其他的研究指出，單胺氧化酶A在男女身上發揮的作用有別。美國南佛羅里達州大學的陳和年（Henian Chen）在二〇一三的研究指出，雖然單胺氧化酶A的變異和男性的惡行有關，卻也和女性的幸福感有關。

這方面的研究逐漸增加，科學家發現到還有其他基因和攻擊與暴力行為有關，不過並沒有遺傳學家為這些基因取上貼切的綽號。兒茶酚氧位甲基轉移酶（catechol-O-methyltransferase）的作用之一是分解多巴胺，這種神經傳導物質與報償反應及動機相關。如同單胺氧化酶A，兒茶酚氧位甲基轉移酶的變異也會使得腦中多巴胺濃度異常地高，使得理性思考難以進行。許多（但非所有）研究指出兒茶酚氧位甲基轉移酶減少的狀況和攻擊行為有關。雄性小鼠的兒茶酚氧位甲基轉移酶基因如果被剔除了，腦中多巴胺的濃度會增加，使小鼠變得更好鬥。這個結果說明了該基因能夠控制攻擊行為。

和血清張力素相關的基因也涉及了暴力行為。之前提過血清張力素的重要工作是穩定情緒，協助抑制衝動與非理性行為。科學家經由把小鼠的其中一種血清張力素受體5-HT1B去除，製造出了「犯罪小鼠」。正常小鼠如果和這種沒有5-HT1B的凶殘小鼠放在同一個籠子中，性命朝夕不保。怒氣沖沖的人，腦中血清張力素的濃度往往比較低，他們和其他人互動的時候難以控制情緒。

從表面上來看，發現這些讓人類有暴力傾向的基因是重大突破。除此之外，這些基因大多能夠改變腦中的化學活動與功能，使得他們與暴力的關聯有理有據。那麼，為什麼我們不篩選出有這些變異的人？並且在他們造成危害之前就從社會中剔除？科幻小說家菲利浦・狄克（Philip K. Dick）的作品《關鍵報告》（*The Minority Report*）就是描述這樣的狀況。

不過，實際的情況並沒有那麼單純。有些具有這類遺傳變異的人甚至連蒼蠅都不殺，有些暴力犯罪者並不具備這些遺傳變異。因此，許多遺傳學家認為我們不該對某個基因貼上會造成誤解的行為標籤（例如「戰士」之類的）。有個概念之前提過，但是值得再次說明：基因的產物是蛋白質，不是行為。我們根據這些遺傳關聯從事進一步的研究，但是要牢牢記住，一個基因只是完整圖片中的一小片拼圖。光看一片拼圖無法讓人瞭解整幅圖片的模樣，光是用一個基因也無法推斷人類的行為。

童年時代的邪惡在成年後依然有影響力嗎？

從之前提到過的許多複雜行為可以知道，光由基因無法預測一個人的命運，環境會影響基因程式的展開過程。《銀河飛龍》系列的電影《星戰啟示錄》（*Nemesis*）完美說明了這個概念。

這部電影的反派是主角畢凱艦長的複製人辛宗（Shinzon），他在一座嚴苛的勞工營中長大，孤獨黑暗與折磨摧殘是家常便飯。雖然辛宗的基因和畢凱完全相同，但是童年的負面經歷讓他成為野心勃勃的獨裁者，一心想要破壞。而畢凱在地球上的良好環境中成長，讓他成為具有雄心壯志的探險家和和平維護者。

如果是在不同的環境中成長，你就不會成為現在的自己，知道了這點會讓人謙卑。我們無法控制自己的基因，也無法控制童年時期的環境，而這兩者都對我們造成了深遠的影響，那麼我們對於自己的行為有多少的責任呢？

大約有三成的人單胺氧化酶A的基因上具有變異，但是其中絕大多數都沒有變成電影《沉默的羔羊》中的食人者漢尼拔・萊克特（Hannibal Lecter）。有些研究結果指出，具有單胺氧化酶A遺傳變異的人，如果有兒童期負面經驗（特別是受到虐待，例如沃爾杜爾普），就會特別容易有衝動性暴力行為。在前面提到的芬蘭囚犯研究中，科學家並沒有發現到同時帶有單胺氧化酶A遺傳變異和童年遭受虐待的人，會更具有暴力傾向，但是發現酒精或安非他命會大幅增強帶有突變者的的攻擊性。因此，有證據指出環境確實影響了單胺氧化酶A遺傳變異是否會增加攻擊性或暴力行為，但是我們還需要更多的研究才能知道真正影響的方式。

在前面的篇章提到過，剛起步的表觀遺傳學便指出了兒童期負面經驗不只造成了心理傷害，同時也會以化學的方式改變ＤＮＡ的結構以及基因表現的方式。雖然有些人依然認為，霸凌等兒童期負面經驗只是成長過程中正常而且微不足道的小事，但是這些事件依然在受害者的ＤＮＡ上加了標記。加拿大蒙特利爾大學（University of Montreal）的伊莎貝兒・歐偉雷－莫林（Isabelle Ouellet-Morin）指出，童年時期遭受霸凌的人，對於壓力比較不敏感，在長大之後比較拙於社交，並且更容易攻擊自己。二〇一三年，她的研究團隊指出，受到霸凌而對壓力麻木的兒童中，血清張力素基因的ＤＮＡ甲基化情況增加，使得這個基因關閉起來。在前面的章節提到，血清張力素能夠調節情緒，並且和憂鬱症有關。棍子和石頭能夠敲斷你的骨頭，霸凌能夠破壞你的ＤＮＡ。

一直有人懷疑，在胎兒或是幼年時期的營養不良狀況是否和成年時期的持續性行為問題有關。從第二次世界大戰期間尼德蘭飢餓冬天事件的資料來看，母親在第一孕期或是第二孕期中處於營養不良的狀況，生下的男性具有反社會型人格障礙症（antisocial personality disorder）的機會比較高。在懷孕期間營養不良，對胎兒傳遞出的訊息是出生後將處於一個充滿壓力、資源不足的環境，因此胎兒編程會讓代謝有關的基因更有效地提取能量，同時使應對壓力的基因處於高度警戒狀態。在充滿壓力的環境中，這樣的特徵可能有用，但是在環境改善之後會是有害的。

在美國，我們遭遇到的情況剛好相反：肥胖。我們雖然有很多食物，但是吃那些高糖、高脂肪和高鹽分的食物，無法得到足夠的必需胺基酸和礦物質，缺乏這些成分可能會造成行為障礙。舉例來說，許多違法的青少年缺乏鋅和鐵。在英國艾爾斯伯里（Aylesbury）的監獄中，獄方給與年輕囚犯維生素與礦物質的補充品，讓他們在獄中違規的次數減少了百分之三十七。

ω－3脂肪酸不足也和攻擊行為有關。它並非像魚那樣滑溜捉不定，ω－3脂肪酸對於腦部的運作至關重要。美國賓州大學的神經犯罪學家阿德里安．雷恩（Adrian Raine）發現，在八到十六歲兒童的飲食中增添ω－3脂肪酸，能夠讓他們的行為問題減少。其他研究人員發現向日本這樣凶殺率低的國家，民眾經常吃魚（魚含有大量ω－3脂肪酸）。在二〇〇七年的一項研究指出，孕婦每週多吃三百四十克的魚，生下的孩子社會發育比較良好，智商也更高。所以這是牢牢的事實：童年和青少年時期必須要攝取適當的營養，以確保腦部適當地發育。

年少時期接觸到有毒的成分，也會影響基因表現和腦部發展，進而可能造成許多行為問題。兒童時期接觸到鉛這些存在於環境中的毒素，使得美國暴力犯罪的問題加劇，大部分的人都沒有注意到這點。

人很容易鉛中毒，因為鉛可以經由呼吸、接觸和飲食等方式進入體內，只要小量就可以造成無法回復的損害。鉛在人體中可以進入蛋白質凹槽狀的部位中，取代原本該在那個位置的礦物質，例如鈣、鐵和鋅。這樣的變化會讓身體許多系統遭受災禍，包括腦部。鈣在腦中參與了電衝動的傳遞，因此鉛會造成心智問題，例如衝動、注意力失調、學習能力不足，這等於為成年時期的反社會與暴力行為事先打造了舞臺。重金屬一直被認為是古來許多人瘋狂行為的主要成因，有些例子你可以自行判斷：例如梵谷在一八八八年切下自己的耳朵，以及一九八四年的聖思多羅麥當勞（San Ysidro McDonald）大屠殺事件。這個事件中的槍手是焊工，他被驗出有鉛中毒，體內中鎘的濃度是也紀錄中最高的。

另一方面，科學家進行了嚴謹的研究，比較了有無使用鉛管運輸自來水的城市之間的犯罪數據，並沒有發現兒童接觸到鉛和暴力犯罪兩者之間有顯著的關聯。另一個研究的對象是居住在同一個城市中，但是接觸到的鉛量不同的兒童。研究人員比較了無鉛汽油上市前住在馬路附近的兒童，與居住地區遠離馬路或是無鉛汽油上市時期的兒童，發現到接觸比較多鉛的兒童，受到課後留校或是停學處分的比例比較高。

鉛對於腦部傳訊的影響已經研究甚詳，除此之外，科學家還發現到幼年時期接觸到鉛會改變DNA甲基化的模式，這些改變發生在與發育和神經疾病相關的基因上。重金屬的毒性效應也可能傳給後代，在二〇一五年的一項研究指出，祖母如果接觸到鉛，孫子的DNA甲基化模式出現改變。

大部分的人認為鉛中毒是一九七〇年代的老問題，當時穿著喇叭褲的小孩會接觸到許多含有鉛的油漆碎片。不過當年在建築、氣球和供水系統中大量使用含鉛產品造成的危害，一直延續到了今日。二〇一四年，在美國密西根州的弗林特（Flint）發生了一項慘案，讓每個人都想起了急性鉛中毒造成的效應。有關當局當時為了節省成本，把當地的自來水水源由休輪湖（Lake Huron）改為弗林特河。十萬居民在不知不覺中吃下了大量的鉛，造成嚴重的健康問題。由於鉛能夠在身體中存在許多年，而且可能對下一代也有影響，所以在接下來幾十年中，我們恐怕還可以看到更多這次災害引起的認知與行為問題。

芝加哥已經出現了類似的情況。在寫作本書的時候，該城市的暴力現象之頻繁前所未見。有些科學家認為現在芝加哥的暴力現象增加，原因之一可能是一九九五年鉛中毒所造成的，因為犯罪最頻繁社區中的兒童接受了檢驗，發現有超過八成體內的鉛濃度高到足以造成危害。對抗犯罪所需要使用的強硬手段，可能就是向環境造成破壞的人採取強硬手段。

酒精和其他的藥物也可以在人還沒有出生、自己呼吸第一口空氣之前，就對腦部造成毒害。在美國，大約有四分之一的孕婦依然抽菸。母親懷孕時如果每天抽十根菸，男孩子成為問題兒童的機率會提高四倍，女孩子染上讓藥癮的機率會提高五倍。就算孕婦接觸到的是二手菸，都會使得孩子長大後出現行為規範障礙（conduct disorder）的機會增加。

孕婦抽菸會讓體內的睪固酮濃度高過正常標準，這會使得胎兒將來出現不當行為的機會提高。孕婦體內的睪固酮濃度過高引發的另一個奇特效應，是孩子的無名指比食指長。即使並非絕對，但是許多研究發現比較長的無名指和支配、衝動與攻擊行為有關。抽菸可能經由胎兒基因編程造成這些負面的行為變化，因為菸可以改變子宮中的DNA甲基化。也有研究指出，尼古丁會干預往子宮的血流，使胎兒得到的氧氣比較少，導致腦部比較容易產生傷害。

孕婦如果喝酒，可能會引起胎兒酒精症候群（fetal alcohol syndrome）。每一千個新生兒中約有一個罹患胎兒酒精症候群。胎兒酒精症候群會造成許多身體與心智損傷，其中許多都影響到了社會互動的能力。有胎兒酒精症候群的青少年和成年人對於社交訊息缺乏反應，無法建立彼此關懷的友誼、待人接物不得體，也難以和其他人合作。

我們往往隨便就把這類人當成渾蛋，但是行為笨拙粗野並不是他們的錯。他們對於社會常理的認知有問題，胎兒酒精症候群患者中有一半曾經干犯法律，這也沒有什麼好驚訝的了。在懷孕時期就算是只喝了一點點酒，都會使得胎兒將來出現青少年犯罪的機會增加三倍。有的時候孕婦滴酒未沾，但是生下來的孩子依然有類似胎兒酒精症候群的狀況，會什麼會這樣？這要怪罪父親。飲酒過量會改變精子中的DNA甲基化模式，那些受到影響的基因對於胎兒發育非常重要。

總的來說，有些罪犯可能是受害者，他們在童年接觸到了會干擾腦部正常發育的因子。這些因子可能是心理上的，例如來自雙親的虐待，或是遭到同儕的霸凌。也有直接影響生理的，例如重金屬、尼古丁和酒精。不論是何種因子，顯然都直接干預了腦部的發育和訊息傳遞，或是經由表觀遺傳機制影響DNA的編程，埋下反社會行為、攻擊與暴力的種子。

腦部入侵者會讓你抓狂

生氣的時候你可能會覺得胸中有怒火，但實際上這種感覺來自於腦部。在一九六三年的一項戲劇性實驗，讓活生生的動物看起來僅像是以血肉組成的機器人。當年耶魯大學的心理學家荷西．馬紐爾．羅德利哥茲．戴爾嘎多（Jose Manuel Rodriguez Delgado）利用遙控裝置，讓一頭衝向他的公牛停下腳步。在這項實驗之前，戴爾嘎多把一個小儀器植入了那頭公牛的腦中，這個儀器受到遙控器控制，能夠發出電脈衝，那個電脈衝模擬了神經元彼此溝通所用的電脈衝。戴爾嘎多按下遙控器的按鈕，便刺激了公牛腦部的某個特殊部位，確確實實地抑制了公牛的攻擊本能。

人腦也無法免除這樣的腦部控制方式。藉由電脈衝刺激腦中的各個特定部位，可以讓人出現各種情緒狀態，包括突然大笑、流淚或是憤怒。阿拉巴馬大學伯明罕分校的科學家瑪莉．波吉亞諾（Mary Boggiano）改造戴爾嘎多的技術，抑制了暴食症這樣的衝動行為。當有人想要過量飲食的時候，電流會傳到腦中，讓這種衝動半途停止，就像是戴爾嘎多實驗中的公牛。

腦是非常精細的儀器，它雖然包裹在相當堅固的容器中，但是也會受到各種攻擊而變得一團糟。一九六六年，德州大學奧斯丁分校發生了惡名昭彰的時鐘塔槍擊案，造成十六人死亡，三十一人受傷，起因是一個將近胡桃那麼大的細胞團塊。

查爾斯・惠特曼（Charles Whitman）是典型的美國小孩與鷹級童子軍。他在二十五歲的時候出現了嚴重的頭痛。他腦中無法控制的混亂念頭迫使他向校醫求助。他心智混亂的另一個證據是他在犯下大屠殺之前留下的紙條。惠特曼相信自己瘋了，要求驗屍的醫師檢查他的腦部，並且把自己的錢捐給心智醫學研究。果然在驗屍後發現一個腫瘤壓迫了他的杏仁核，那是腦部負責調控恐懼與焦慮的重要區域。

還有其他腦部損傷會使得善良的人變壞，包括由中風、腦震盪或感染造成的損傷。受到虐待的兒童或是伴侶，通常因為一直有腦部損傷而導致做出攻擊行為。美式足球這類經常有身體接觸的運動常造成嚴重的腦震盪，已經證實和暴力行為發作有關。「因為暴擊而頭昏眼花」（punch-drunk）一詞來自於拳擊。拳擊手多年來頭部反覆受到撞擊，出現了認知缺陷。現在我們知道這種狀況屬於一種慢性創傷性腦病變（chronic traumatic encephalopathy），許多從事有劇烈的肢體接觸運動的運動員有慢性創傷性腦病變的數量比以前想像的還要多，著實令人擔心。

慢性創傷性腦病變與美式足球之間的關聯，最早由班奈特・歐馬魯（Bennet Omalu）醫生發現，他的故事改編為電影《震盪效應》（*Concussion*），由威爾史密斯擔綱演出。慢性創傷性腦病變和缺乏控制衝動的能力、舉止失常以及攻擊行為有關，而且能夠解釋為什麼許多患者會發生可悲的轉變，成為怪物一樣的人。其中最著名的案例是堪薩斯城酋長隊（Kansas City Chiefs）的後衛約萬·貝爾徹（Jovan Belcher）。二〇一二年，他殺了女友之後自殺。新英格蘭愛國者（New England Patriots）的阿隆·費南德茲（Aaron Hernandez）自殺後驗屍的結果發現他罹患的慢性創傷性腦病變是三十歲以下患者中最嚴重的。費南德茲在二〇一三年因為謀殺罪被判無期徒刑，二〇一七年於監獄中上吊自殺。慢性創傷性腦病變與暴力之間的關聯當然不只出現於美式足球。二〇〇七年，職業摔角手克里斯·班瓦（Chris Benoit）殺了自己的妻子和七歲大的兒子之後，在舉重器上吊自殺。我們真的應該好好研究一下，是不是要讓我們的孩子繼續從事需要用頭頂球的足球，以及需要擒抱的美式足球。

除了腫瘤和組織損傷，還有另一種狡詐的腦部入侵者：微生物。我們在對抗內在的邪惡時，很少會想到這種微小的惡魔。在會引起攻擊行為的病原體中，最著名的可能是狂犬病毒（rabies virus），這個病毒的名稱來自於「從事暴力行為」（to do violence）這個片語。狂犬病的病毒顆粒會經由唾液感染新的受害者。狂犬病毒會控制腦部，使得受到感染的動物成為極具攻擊性的野獸，會一直想要噬咬血肉。狂犬病操控了受感染者，經由讓他們咬其他動物來散播。

雖然狂犬病會如同女神卡卡（Lady Gaga）的歌在你的腦中鼓譟[1]，另一種單細胞寄生蟲弓蟲卻選擇維持低調。還記得嗎？弓蟲能感染所有溫血動物，並且會偷偷摸摸地進入腦部（包括受到感染的三十億個人腦），形成休眠組織囊胞，使宿主一輩子體內都有這種寄生蟲。這種狀況的確令人坐立難安，我們一直認為這種囊胞是良性的，只有宿主免疫系統衰弱的時候才會造成麻煩。但是這種想法在一九九〇年代破滅，當時牛津大學的瓊安·韋伯斯特（Joanne Webster）注意到，大鼠如果受到了弓蟲感染，會出現奇怪的舉止。大鼠天生害怕貓的氣味，但是受到感染的大鼠不會。實際的狀況是受到感染的大鼠會被掠食者的氣味吸引。韋伯斯特稱這種狀況為「至貓的吸引力」（fatal feline attraction）。

從演化的觀點來看，這種現象完全合情合理，因為弓蟲只有在貓體內才會進入有性生殖階段。它們只有進入到貓的身體內，才會進入浪漫的狀態，播放〈馬文蓋伊〉這首歌，並且點燃慾火。換句話說，這種寄生蟲會想辦法讓大鼠的腦部發生變化，好讓這種齧齒動物成為它們通往愛情旅館的計程車。受到感染的貓會把成千上萬具有感染能力的弓蟲卵囊排放到便桶、沙盒、花園和溪流中。這些卵囊會汙染食物與飲水供應鏈，這說明了為何有那麼多人腦

---

1 譯註：女神卡卡有一首歌就叫做〈狂犬病〉。

中有弓蟲。

如果弓蟲能夠操控齧齒動物的腦部，那麼也會影響人腦嗎？有些人推測，弓蟲讓齧齒動物能受到貓的吸引，或許也能夠解釋「養貓怪婦人」（crazy cat lady）現象。在第四章提到過的相關研究指出，受到這種寄生蟲感染的人有一些傾向，是在沒有受感染人身上所不會出現的。其中最為奇特的關聯，是弓蟲感染和神經異常的發生有關，特別是思覺失調症。身上有弓蟲的人比較容易焦慮，同時更願意冒險，不過科學家也發覺到其中有性別差異。受到感染的男性比較內向、多疑與叛逆。受到感染的女性會比較外向、輕信他人與守規矩。

弓蟲是另一個讓我們內心黑暗面浮現的因子嗎？在二〇一六年的一項研究中，芝加哥大學的行為神經科學家艾米爾．柯卡羅（Emil Coccaro）發現到受到弓蟲感染的人出現陣發性暴怒疾患（intermittent explosive disorder）的比例是未感染者的兩倍。這種疾病的患者很容易因為芝麻蒜皮的小事就失去理性而暴怒。

我們的心中藏著魔鬼嗎？

蘇珊娜．卡哈蘭（Susannah Cahalan）在二〇〇九年年滿二十四歲之前，一直過著普通的生活，然而某天她突然出現了奇怪的情形，莫名其妙地無法清楚說話，舌頭也很容易打結。接下來她在運動方面出了狀況，走路踉蹌，像是科學怪人的新娘。除了身體上的問題，她也變得偏執而且狂暴，出現幻覺和其他人格，她確信自己的父親謀殺了繼母。卡哈蘭的情況迅速惡化，很快就變得瘋狂，而且發出怪異的聲音，在一個月內進入了緊張性僵直狀態。

一個年輕又充滿活力的女性突然發生這樣的轉變，著實令人震撼與不解。她頭部沒有外傷，腦中沒有腫瘤，沒有受到感染，也沒有接觸到毒素。精神疾病的藥物也對她沒有效果。由於其他已知的病因都已經排除了，剩下的解釋或許只有邪靈附體了。

幸好她的家人聯絡的不是大法師而是神經科學家，索爾・納加（Souhel Najar）用一項簡單的測試便診斷出了病因。他要卡哈蘭畫一個時鐘，結果這個時鐘上面所有的數字都集中在一側，顯示出她的腦部出現了功能障礙。納加認為病因可能是發炎，並且把這種症狀描述為「腦部著火了」，這個說法也成為卡哈蘭描述自己發瘋經驗著作的書名。雖然「驅魔人國際協會」（International Association of Exorcists）對於這個結果可能深感遺憾，但是卡哈蘭不是被邪魔附身，而是一如其他的神經異常疾病，有合乎生物學的病因，如果卡哈蘭的病因沒有診斷出來，她的腦部可能會受到無法回復的傷害，或是陷入昏迷，然後死亡。

卡哈蘭的病是在她發病前兩年才確定出的新疾病，稱為「抗NMDA受體腦炎」（anti-NMDA receptor encephalitis）。二〇〇五年，神經科學家約瑟・達爾茂（Josep Dalmau）研究了一群有著和卡哈蘭相同可怕症狀的病人。為了釐清可能的病因，他抽取了這些病人的血液樣本與腦脊髓液，放在大鼠的組織切片上。他發現有東西塞在這些像是著魔的病人腦中，這些東西特別容易塞在神經元表面的N－甲基－D－天冬胺酸鹽（NMDA）受體上。

N－甲基－D－天冬胺酸鹽是人體製造出來的一種化合物，能夠在腦中發揮作用。NMDA受體能幫助神經細胞彼此之間的溝通，對於記憶和學習很重要。基於尚未完全理解的原因，有些不幸的人會製造出瞄準這種受體的抗體。人類的免疫系統所製造出的抗體通常是為了對抗外來的入侵者，但是有的時候身體會製造出針對身體組織的抗體（所以叫做「自體免疫疾病」），就像是身體裡面持續發生友軍誤擊事件，當然也會造成損傷。卡哈蘭所罹患的自體免疫疾病，是一種新型的腦部損傷，只是表面上像是惡靈附體而已。

腦細胞經由神經傳導物質與NMDA受體結合來傳遞訊息，但是一旦抗體連接到NMDA受體上，這項工作便無法完成。抗NMDA受體的抗體干擾了神經訊息傳遞，讓腦部陷入混沌狀態，導致卡哈蘭所出現的各種精神疾病症狀。在這個疾病發現之後，其他許多嚴重程度不等的精神疾病患者也診斷出得到了相同的病，他們的症狀包括偏執、出現幻覺、傷害自己和他人、強迫性念頭、不受控制的動作、流利地說出奇怪的聲音、癲癇發作及緊張性僵直。不是所有罹患這種疾病的人最後都有快樂的結局，但是卡哈蘭接受了抑制免疫系統的療法之後，就完全康復了。她所使用的藥物會壓抑免疫系統，讓彈藥庫空虛而中止射擊友軍。當卡哈蘭身體製造針對NMDA受體的抗體的機能受到抑制之後，神經傳訊便恢復正常。她這個例子讓我們知道，科學是能夠讓我們不受自身惡魔所影響的妙藥。

我們應該同情惡魔嗎？

科學就像是馴鹿魯道夫的紅鼻子，能夠在濃霧中照亮道路，驅散我們心中最黑暗的迷思。我們不再相信惡魔或附身之類缺乏意義也沒有幫助的解釋。人類的恐懼與邪惡由許多因素混在一起所造成，這些因素包括了遺傳傾向、胎兒編程、演化遺傳，以及隔代表觀遺傳繼承。呈現出內心黑暗面的那些人，並不是因為有著卑鄙的靈魂，而是受到了營養不良、重金屬毒害、頭部創傷、病原體感染或是自體免疫疾病的影響。我們得深切瞭解到，人類的邪惡行為並沒有什麼超自然的原因，而是完全根植於人類的生物特性。當我們開始揭露人們出現錯誤行為的生物原因時，我們才能找到阻止犯罪、導正犯人的有效方式。忽略這些事實才是真正的罪惡。

沃爾杜爾普殺了一位女性，野蠻地攻擊自己的妻子，並且讓自己的孩子遭受創傷。光是打出這些字就讓我的拳頭硬起來。我最初的本能反應是要如同電影《決殺令》那樣報復。但是如同在前面幾章所說的，我們的本能反應往往是錯誤的，我們必須要保持客觀，理性地重新審視。為犯罪行為中無辜的受害者感到悲傷是自然而且恰當的，但是沃爾杜爾普也值得我們同情嗎？有可能在同情他這樣的殺人凶手時又不剝奪我們對於受害者的悲傷感覺嗎？我們有足夠的眼淚為兩方都流下嗎？

這並不代表暴力犯罪者能夠因此得到類似大富翁遊戲中的「自由出獄」卡。不過如果你想要解決暴力問題，就一定需要關心犯下暴力的人。想想看沃爾杜爾普的狀況，他犯下的事情都不在自己的控制之下，他在童年時期受到了嚴重的虐待。我們知道童年虐待是未來行為問題的重要風險因子（原因之一是表觀遺傳變化讓應對壓力的調節方式失常了）。他也罹患了憂鬱症和暴怒障礙（rage disorder），基因、微生物相、寄生蟲感染等，不論單獨或是合在一起，都能夠造成這些疾病。他可能有遺傳性暴力傾向，童年時遭遇到的虐待又使得這種傾向加深。他可能也有酒精成癮的遺傳傾向，讓他在那一晚做出致命的行為。

沃爾杜爾普陷入了不幸的暴風圈中，只要進入這個暴風圈，幾乎所有的人都會被淹沒。如果我們為了省事就把犯罪行為歸咎於邪惡的靈魂，將不會有所助益。如果我們對沃爾杜爾普稍微有些同情，就能在阻止這類悲劇的道路上跨出第一步。

除非社會能夠發展出有效的方式，確保每個兒童都在安全與富饒的環境中成長，不然就等於是預先推動了未來的犯罪活動。不論是小偷、殺人者或恐怖分子，我們都需要捫心自問：我們是要等著他們長大之後加以懲罰，還是要在他們還是孩子的時候就給予協助呢？

第七章　瞭解你的伴侶

「我把心給她，她卻給我一隻筆。」

羅伊．陶樂（Lloyd Dobler），電影《情到深處》（*Say Anything*）

在一九八〇年，有些東西改變了，我的青少年身體也在變化。我在青春期之前就看過裸女（通常是在小學圖書館中的《國家地理雜誌》上看到的），但是那時只是好奇而已。後來我在有線電視上看到了電影《留校察看》（*Porky's*），彷彿進入了一個全新的世界。在此之前，我認為私處只有一個目的：把喝的汽水排出來。但是在我血管中奔騰的青春激素把它變成了內建的娛樂系統。就像是原力覺醒了那般，我突然覺得異性有強烈的吸引力，這不是我可以控制的感覺，也不是我能夠選擇的。

青少年的愛情世界讓我萬分困擾，因此我求助於我最喜歡的導師：音樂。在得知許多著名歌者都為了愛情而深感困擾後，讓我不禁得意了起來。霍華瓊斯（Howard Jones）問道：

〈愛是什麼？〉（What Is Love?），范海倫合唱團（Van Halen）的問題是：〈為什麼這不能是愛？〉（Why Can't This Be Love?），蒂娜・透娜（Tina Turner）問：〈這和愛情有什麼關係？〉（What's Love Got to Do With It?），生存者合唱團（Survivor）和白蛇合唱團（Whitesnake）都想要知道：〈這是愛嗎？〉（Is This Love?），聽著〈情場如戰場〉（Love Is a Battlefield）、〈少男殺手〉（Maneater）和〈妳讓愛蒙羞〉（You Give Love a Bad Name）等歌曲，讓我在接近女孩子的時候萬分焦慮。我不想參加戰爭，被活剝生吞，或是心頭被射中。

這些唱片告訴我愛情崇高又神奇，但是我的生物學老師則用科學讓我摸不著頭腦。上課時我們學到，愛情只是由自私基因操控的祕密行動，好欺騙我們以保護它們的續存，這和我在情人節卡片上看到的句子並不相符。我從小就相信愛情是芳心之事，但是後來學到其實愛情全都來自腦袋，是灰質（gray matter）的五十道陰影。那些沒有腦的生物，例如細菌、海鞘和許多政治家，並不具備愛情這樣瘋狂的東西。所以說，為什麼生殖這件事情要搞得那麼複雜呢？

為什麼要兩個人？

對於細菌和變形蟲來說，生殖很簡單，就只是單純地自我複製。它們並不需要在螢幕上查看所有可能交配對象的檔案，並且猜想這些資料中有多少真實性。它們不需要濃妝豔抹、塗滿香水，也不需要在定價過高的燭光晚餐中小口吃著料理，還得假裝對某人枯燥無聊的嗜好深感興趣。細菌只要解開自己的DNA，當雙股分開的時候，酵素來複製DNA，其中一份DNA便會傳給新生出來的子細胞。不需要親熱擁抱，也不會有髒亂的床單，更不需要坦承自己唯一料理得出來的早餐是用微波爐加熱含餡料吐司**Pop-Tarts**。

細菌複製的過程不但簡單，而且快速。一個細菌可以在三十分鐘內一分為二，然後二分為四、四分為八，如此持續下去。到了早上就可以複製出數百萬個，而且還不用問：「昨晚還好嗎？」所以大自然為什麼要麻煩地搞出「性」這種事？

從演化的角度來看，有性生殖的主要優點是能夠增加遺傳多樣性。無性生殖製造出來的是複製體，除了DNA複製的時候隨機產生的突變之外，子代細菌和親代細菌是完全相同的。對於自私基因來說，這是終極的複製策略。不過這裡有個重點：如果細菌受到威脅，例如遭遇了分泌青黴素的黴菌，那麼整個複製出來的群體就會被消滅。但是隔壁另一個複製群體或許能夠抵抗青黴素，因為它們剛好有一個基因能夠製造摧毀這種抗生素的酵素。如果要能夠得到這個基因，就得經由性了。細菌有一種性交的方式，稱為「接合」（**conjugation**）：一個細菌經由菌毛（**pilus**）這種管狀結構把自己的DNA傳給另一個細菌。菌毛會直起來插入另一個細菌中，這過程聽起來耳熟嗎？

有性生殖起源於交換基因，就像是交換名片那樣，對於自私的基因來說，這是一種妥協的策略，因為不是百分之百的基因都能傳遞到下一代，而是只有一半，另一半則來自於性伴侶。有性生殖使得個體的基因被稀釋了，但是和其他個體的DNA組合起來，產生的生存機器便有了變異。

變異有什麼重要的？說明變異重要性的主流理論之一是「紅心皇后假說」（Red Queen hypothesis），這是從經典童書《愛麗絲鏡中奇遇》（*Through the Looking Glass*）借來的詞。書中愛麗絲和紅心皇后賽跑，而科學家相信生物會和感染自己的寄生蟲賽跑。想像自己的身體是一臺生存機器，病原體是其他的生存機器，而我們困在與病原體的演化競賽中。如果我們能夠抵抗某一種病原體，這種病原體通常不久之後會產生新的適應，又對我們造成威脅。為了對抗感染，同一個物種中的個體有必要持續交換彼此的基因。

證明「紅心皇后假說」的方法，是把生物體和感染該生物體的寄生物關在一塊兒。美國印第安那大學的生物學家里維．莫倫（Levi Morran）把秀麗隱桿線蟲（*Caenorhabditis elegans*）和寄生物黏質沙雷氏菌（*Serratia marcescens*）放在一起，觀察兩者大打出手。線蟲可以行有性生殖和無性生殖，科學家能夠控制線蟲以有性或無性的方式產下後代。被迫行無性生殖的線蟲只能夠對抗沙雷氏菌二十代，能夠自由行有性生殖的線蟲則不會敗在細菌感染之下。下次你做愛的時候，請花點時間感激病原體讓有性生殖能夠出現。

為什麼我們都是外貌協會的成員？

有性生殖的利益讓自私的基因妥協，但是不光是妥協而已。自私的基因需要情報，以便找出最佳伴侶，好讓彼此的遺傳物質合併在一起，所以自私基因打磨自己的外貌，讓自己的DNA進入排行榜高位，這很像是汽車銷售員在彼此競爭，有些DNA打出來的廣告讓演化變得非常喧囂又可厭。

我們在評估伴侶時，最先得到的線索是外貌特徵。雖然對於要知道對方的基因品質而言，這些特徵還太粗略，但是能夠快速建立大致的印象。在整個動物界中，所有的物種都利用這些身體特徵來挑選可能的伴侶，而且你也會用外貌來判別對方是不是你的菜。篩選壓力會讓有些外貌特徵變得荒謬絕倫。最廣為人知的特徵就是美麗，例如雄孔雀那個耀眼但又沒有實際用途的尾羽。這種誇張的特徵曾讓達爾文困惑，因為它看起來既浪費能量又拖累行動，還容易被掠食者發現。

達爾文以性擇的概念解決了這個謎題，這是指生物會誇飾看來無用的特徵，好增加對於異性的吸引力。雌孔雀認為華麗尾羽排成扇狀的雄孔雀很有魅力。如果雄孔雀能夠長出這樣笨重的羽毛，還能夠逃過掠食者的爪牙，那麼應該非常強壯又靈巧，雌孔雀可能認為這些特徵對於自己的後代是有利的。另一個說法是，雄孔雀展現出耀眼的尾羽，意思是自己已經可以交配了。展現出的羽毛愈是亮麗，就愈有可能吸引到雌孔雀（這個雌孔雀的雄性後代也可能更容易吸引到伴侶）。所以如果雌孔雀要交配，有這樣羽毛的基因值得納入自己後代的基因庫中。

人類有些特徵也可能是性擇的對象，例如臉部和身體的對稱。我們對於電影《七寶奇謀》（*The Goonies*）中史洛斯（Sloth）這樣外貌的角色會馬上退避，因為我們下意識地把身體的不對稱和健康狀況異常連接在一起。這種偏好在我們一出生的時候就有了，幾個月大的嬰兒注視對稱而且有吸引力的臉孔比較久。雖然人類的選舉教我們不要以貌取人，但是外貌好看依然有很多好處。研究指出，身形愈是對稱的男性，比較早有性行為，性行為對象比較多，而且能夠讓女性伴侶高潮的頻率也比較高。還要補充說明的是，大小的確有影響，不過和你想的那個大小不同，是錢包大小，愈有錢的男性愈能夠吸引女性。

人們通常想要和身體健康、皮膚光滑無傷、牙齒健康潔白、眼睛炯炯有神、頭髮光亮又沒有蝨子的人一起混。具有相反特徵的人，如果不是基因不好，就是受到了感染。同樣地，大多數人找尋的伴侶是要精力旺盛、和藹溫厚、聰明機敏、樂天活潑的，這些特徵表示心智健康。隨著歲月的流逝，愈來愈多的皺紋和愈來愈少的頭髮，對年輕人而言，代表缺乏生殖能力。人類的本能會驅使我們想要保持年輕活潑的外貌，其力道之強，催生了產值千百億美元的化妝品業和整容業。

自古以來，男性和女性對於異性所要求的特質便有差異，演化心理學家對此還有其他的理論。這不是什麼祕密了，許多男性就是藉由「胸和臀」為標準來找尋傳遞DNA的對象。全世界各文化中的男性都具有優異的眼力，能夠正確地評斷出女性的腰臀比例，最受歡迎的腰臀比例是七比十，這個比例剛好也是生殖力最高時期的比例。研究指出，女性的體形如果偏離了這個數字，會比較難以受孕、更容易流產，甚至更容易有慢性疾病和身心症。

科學家推測，男性視巨乳為珍寶，是因為原始的下意識把巨乳和健康與生命力畫上等號，這是養育自己後代的重要特質。還有一個有趣的實驗結果支持這個看法。要飢餓與吃飽的男性受試者判斷許多乳房照片的吸引力高低，結果顯示飢餓男性覺得巨乳的吸引力高出許多，但是吃飽的男性就沒有這樣的偏見。男性往往偏好年輕女性，因為年輕女性更有可能是處女，還沒有把精力花在其他傢伙的後代上。女性也知道這一點，用頻率比較高的輕快語調說話，好讓自己顯得年輕。

相反地，女性通常對男性的地位和財富比較有興趣，因為那些是有助於自己和孩子的資源。每個小女孩都喜歡服裝筆挺的男士，即使長成女人也偏好剛陽的外表，更愛肩膀寬闊、下顎方正、眉脊線條明顯的男性。在青春期時睪固酮濃度高，便容易出現這類剛陽的特徵，讓女性能夠輕鬆快速地瞭解男性力氣與權力的大小。

由於我們的男性祖先也需要具備雄心、聰敏和社會互動技巧，才能夠在社會階層中爬升，因此女性也會主動找尋有這些智能特質的男性。不過這些特質需要比較多的時間才能夠發現，不如方正下顎和寬闊肩膀那般一眼就可以看出。同時女性生殖的機會比男性少，所以有人認為出於這個原因，女性要花比較多時間才能夠決定一個男性是否夠好。

這種演化出來的規則往往轉譯成為文化中對於異性的觀點，不論發揮的影響是好是壞，依然存在於現代社會中。古老的觀念就是認為女性要性感美麗，男性要事業有成。用一九八〇年代流行歌曲的說法就是，男性要惡劣棘手、女性要花枝招展。雖然社會的發展和這些歌曲所說的方向完全相反，但是還是有許多人照著做，青春期之後，年輕的男孩女孩便依照這樣的既定觀念挑選對象。通常十幾歲的男孩子喜歡胸部豐滿的啦啦隊長，女孩子則憧憬有夢幻眼神和漂亮車子的運動健將。不過我可以從個人經驗告訴你，絕大部分十多歲的女孩對於能夠蒐集到所有Topps公司星戰卡和擅長玩個人電腦遊戲《魔域》（*Zork*）的新世紀超音宅男不感興趣。

人們在選擇伴侶的時候如此注重外表，可能是自古演化所帶來的包袱。現在科學家正在探索人類的本性，我們有望愈來愈瞭解人們由下意識評估伴侶所產生的缺點。雖然這些簡單的評估方式可能適合我們古代的祖先，但是現在可以藉由智慧擺脫自私基因的驅力，在選擇伴侶的時候將內在美納入評估。我如果生活在舊石器時代，應該超級無法適應，但是我在這個時代、到了這把年紀，依然能夠找到愛情。就像《七寶奇謀》中史洛斯雖然外型古怪而且又不對稱，但是依然受到朋友喜愛，是圈子裡的英雄。

為什麼愛情會有味道？

沒有人想要聽到喜歡的對象給自己發可怕的好人卡：「我也喜歡你，不過是普通朋友的喜歡。」科學能夠告訴你不需要太介意。別人拒絕你，可能來自於自己無法掌控的生物原因。所以不需要改變自己的服裝和髮型，甚至去整形，問題可能是你聞起來的味道。

這種和動物性吸引力息息相關的味道是費洛蒙（pheromone），這類身體散發到環境中的化合物，能夠被其他的動物聞到。大部分的動物在鼻子中有一片特定的區域，稱為犁鼻器（vomeronasal organ），能夠把費洛蒙訊息直接傳遞到腦部。人類也會受到費洛蒙的影響，最早的證據出現於一九九八年，當年美國芝加哥大學的心理學家瑪莎．麥克林托克（Martha McClintock）指出住在一起的女性，會受到腋下散發出來的費洛蒙所影響，使得月經週期同步，然而我們的意識無法察覺到費洛蒙的作用，這讓人感覺有點毛毛的。雖然男女之間彼此尬聊的時候，可以漸漸瞭解對方，但是這些化學訊息能夠進入鼻子，讓腦部負責下意識的區域活化。和可能成為伴侶的人聊天，不論從哪種角度看都很合理，但是聊到後來你會有種奇特的感覺，認為這個人不是「那個人」。這並不是因為對方的說話內容或行為舉止，而是你腦中浮現出「我覺得不行」的感覺。也許這樣的交流會讓你覺得是種負擔，因為不論如何都無法引起你的興趣，但如果你知道這可能是費洛蒙作祟，那麼感覺多少會好一些。

人體散發出來的化合物，會下意識地影響我們對愛情對象的喜惡，科學家以多種方式測試這個傾向。瑞士伯恩大學（Bern University）的生物學家克勞斯・韋德金德（Claus Wedekind）在一九九五年進行了一項現在被視為經典的研究。他讓人聞其他人穿過的襯衫，發現女性可以聞出免疫基因和自己不同男性的襯衫。在這個實驗中，那些勇敢的女性要去聞男性穿過兩天的棉質襯衫腋下部位，並且評斷味道。結果顯示，女性偏好免疫系統基因和自己不同的男性襯衫味；如果免疫系統基因和自己相似，就不會覺得襯衫的味道有吸引力。

和免疫系統基因與自己不同的人配對，有什麼好處？回想一下紅心皇后理論以及人類要行有性生殖的原因。我們的免疫系統需要對付一大群病原體，這些病原體突變的速度很快，因此具備多樣的免疫基因有利於對付各式各樣的病原體。也有證據顯示，如果雙方的免疫基因太相似，比較容易導致流產。所以如果你被其他人拒絕，這比較像是器官排斥的現象。

女人香也很重要。如果女性處於發情期而且展現出要找尋新戀情的樣子，對於男性的吸引力就會增加。如果你看過動物園中的猴子，就可以很清楚發現哪隻雌猴在發情。不過人類女性處於最高生殖力的階段則沒有那麼容易觀察到。不過有些研究指出，女性體味的增減會隨著月經週期變化，男性能夠注意得到。二〇〇六年，捷克布拉格的查理斯大學（Charles

University）的人類學家楊恩・哈維里賽克（Jan Havlíček）請女性志願者在月經週期的不同階段於腋下放置棉墊，之後讓男性聞這些棉墊，評比出對於味道的喜好程度。結果呢？女性在受孕期間的棉墊味道被評為最具有吸引力。如果實際的情況確實如此，那麼生物的確會在配子準備好的時候讓自己的吸引力增加。

如果這些祕密散發出來的氣味還不夠嚇人，現在有新的證據指出，飲食也會影響身體發散出來的氣味。吃什麼就像什麼，你會吸引到和你飲食內容相同的人。你或許會認為這是理所當然的事情，畢竟嚴格的素食主義者並不喜歡和無肉不歡的人在一起。但是這裡的意思是指飲食可能會經由第三方影響費洛蒙，而這個第三方是微生物相。

二〇一〇年，以色列特拉維夫大學（Tel Aviv University）的微生物學家吉爾・夏隆（Gil Sharon）發現，果蠅（*Drosophila*）的腸道細菌對於伴侶選擇有很大的影響。吃糖蜜的果蠅偏好和吃糖蜜的果蠅一起飛往危險的地方，吃澱粉的果蠅則喜歡和吃澱粉的果蠅混在一起。如果這些果蠅吃了抗生素，腸道細菌消失，那麼各種配對都會發生：吃糖蜜的果蠅可能和吃澱粉的果蠅一起幹出瘋狂的事情，反過來的狀況也會發生。就像是童書《有個老太太吞下了一隻蒼蠅》（*There Was an Old Lady Who Swallowed a Fly*）那樣，夏隆的研究團隊發現飲食會影響腸胃道細菌，這些細菌又會影響果蠅散發的費洛蒙，接著影響伴侶選擇。對於人類，類似的研究指出女性偏好吃蔬果較多的男性。身為超級味覺者，這項研究說明了為什麼我的女人緣不佳。

最後，年幼時期體驗到的味道，對於將來的約會遊戲會發揮出奇特的影響力。這個現象最早在一九八六年由一項經典研究所揭露。研究人員讓剛出生的雄性大鼠從身上染上柑橘味道的母鼠身上吸奶。幼鼠斷奶之後，研究人員就不讓母鼠帶有柑橘氣味了。過了百日之後，科學家讓這些雄性大鼠與沒有染上味道以及染上柑橘味道的雌性大鼠互動，結果足以讓佛洛伊德洋洋得意：如果雄性大鼠在吸乳時期母鼠身上有柑橘味，那麼有柑橘味道的雌性大鼠就更容易讓這些雄性大鼠發情。

二〇一一年，其他研究團隊進行了另一個類似的實驗，讓年輕的雌性大鼠和有杏仁味道或是有檸檬味道的同伴玩耍，當這些雌性大鼠到了交配的年紀，科學家們發現牠們偏好有年輕同伴味道的雄性大鼠。

總的來說，這些研究指出年幼和年少時期的氣味體驗會影響到哪些伴侶能夠讓你心動。如果人類也是這樣，那麼想要偷走我女兒芳心的傢伙，身上如果有漢堡和乳酪的味道，成功的機會比較大。

科學指出了嗅覺在選擇伴侶中有多麼重要，我們卻不遺餘力地想要消除身體自然的味道。許多人刮除毛髮，這些毛髮本來是皮膚微生物棲息的場所。除了每天洗澡去除皮膚上的微生物之外，我們還把古龍水、香水和除臭劑灑滿全身。那些玩意兒遮掩了身體下意識用來評選伴侶的微生物訊號。遮掩這種重要的訊息，就像是不先經過面試就雇用員工。我每週都會把參加週末童軍營的孩子載回家，所以我並不提倡完全拒絕使用肥皂和除臭劑，讓身體的味道好聞一些。但是當你要判斷約會對象是否適合自己時，可能要對他們進行襯衫測試，或是在他們不注意的時候看一下他們的野餐盒。

異性相吸但是為何無法持久？

異性相吸嗎？絕大部分是如此，但是在熱情冷卻之後卻很快就覺得厭惡對方。電視影集《歡樂酒店》（*Cheers*）中的山姆（Sam）與戴安（Diane）如此，《星際大戰》中的韓與利亞公主如此，寶拉．阿巴杜（Paula Abdul）與動畫人物貓先生（MC Skat Kat）也是如此。美國康乃爾大學的行為生態學家彼得．巴斯頓（Peter Buston）與史蒂芬．艾姆蘭（Stephen Emlen）在二〇〇三年的一項研究指出，大部分的人在篩選可能的伴侶時，遵循「相似者相吸」（likes-attract）原則。如果放在自私基因模型中，可以看出「相似者相吸」原則是有道理的。如果自私基因會因為有性生殖，必須讓出半邊江山，那麼當然是要分給周遭和自己最相似的基因。如果伴侶之間能夠彼此互補，就像是同一首歌中的兩段旋律，那麼關係持續下去的機會比較高。

伴侶傾向在年紀、身高、體形和個性都比較類似。對於這個現象，人類學家發明了一個有趣的詞：選型交配（positive assortative mating），包括其他的動物也依循相同的原則。下次你的伴侶問你為什麼會墜入情網時，要深情的注視對方的眼睛，然後用你最性感的聲音在耳邊呢喃：「這是因為選型交配，寶貝。」

選型交配原則似乎和之前的氣味實驗相反，該實驗指出我們會無意識地找尋讓後代基因體多樣性提高的伴侶。愛情之路果然不容易啊！這些彼此抗衡的原則就像是天平兩端的砝碼，總是在兩相較量：你的理想伴侶應該要像你，但是不能太像。如果你選擇和自己太相似的伴侶，就難以達成有性生殖的目的，因為有性生殖就是為了讓遺傳多樣性增加。所以我們出自於強烈的本能，難以對血緣關係相近的親屬產生浪漫的感覺。在人類的各個文化中，避免亂倫是最為普遍的禁忌之一，在植物界和動物界中這種現象也非常普遍。這也可以說明兄弟與姊妹之間在青春期生育能力最高峰的時候，為何總是鄙視對方。

人類天生就抗拒亂倫源自重要的生物成因：在遺傳上過度相似的伴侶，生下的後代很容易出現有害的特徵，因為在基因中的害群之馬並沒有清光。就如同影集《布萊頓海灘回憶錄》（*Brighton Beach Memoirs*）中史丹利（Stanley）警告尤金（Eugene）說：「和表親結婚，你們生下的孩子會有九個頭。」除此之外，免疫基因缺乏多樣性會使得孩子對抗感染的能力下降。

二〇〇八年，現實世界中發生了一個驚人的雙胞胎亂倫例子，展現了選型交配的力量以及亂倫禁忌。想像一下這個狀況：你找到了完美的對象，那個對象和自己非常相似，但後來知道對方和自己是親手足。這很像是《星際大戰》中的天行者路克和利亞公主。實際的情況發生在英國，一對異卵雙胞胎出生後就彼此分開，在不同的家庭中成長。他們結婚之後才驚訝地發現彼此是親手足，婚姻馬上就作廢了。

為什麼年輕時和年老時感受到的愛情不同？

年輕時候的愛情像是搭乘迪士尼樂園的遊樂設施「驚魂古塔」（Tower of Terror），墜下的時候驚心動魄、令人振奮，你可能會覺得非常刺激，但也可能會被甩出去。你打造出來的生活模型受到了動搖，有人取代了你，站在生活舞臺的中央位置。你知道這種古怪、美妙又瘋狂的感覺總有一天會平息下來，但是你無法確定是否真的想讓這種感覺平息。在你陷入情網和脫離情網時，熱呼呼的腦中到底發生了什麼事？

找到伴侶是自私基因最優先的事項，所以它們打造了一個喜歡戀愛的大腦。當愛情降臨時（也就是你找到適合和自己基因混合的基因），你的神經傳導物質和激素分泌都會瘋狂地起伏。美國羅格斯大學的人類學家海倫・費雪（Helen Fisher）寫過一本專論愛情的書，二〇〇五年，她研究了那些為愛瘋狂者的腦部影像，在想到戀人時，腦中最為活躍的區域是和多巴胺有關的報償中心。在年輕人中，有些牽涉到戀愛的腦部區域，在使用古柯鹼的時候也會活躍起來，讓人覺得由羅伯．帕瑪（Robert Palmer）所唱的〈戀愛成癮〉（Addicted to Love）的確沒有偏離實際狀況。多巴胺報酬產生的誘惑力令人難以抗拒，促使我們展開熱烈的追求，迫使我們就算世界末日降臨了也要贏得芳心。人類歷史中那些浪漫的詩句、藝術、戲劇、電影和歌曲，都是因為有多巴胺才得以出現。就是因為有多巴胺，才會有瑞克．艾斯里（Rick Astley）的名曲〈絕不離開你〉（Never Gonna Give You Up）。

除了多巴胺，在愛情爆發的時候，人們也會體驗到大量正腎上腺素分泌的效果，這也能說明為何你在熱戀時候經常會有很糟糕的感覺。正腎上腺素和「戰或逃」反應有關，能夠讓你的臉頰潮紅，汗流浹背、心跳增加、輾轉難眠。在戀愛萌發之際有這種激素分泌出來似乎很奇怪，但是它有助於讓人保持警覺，全力以赴，讓新戀情不會搞砸。由於新戀情並不穩固，你和對方也會分泌大量的壓力激素皮質醇。

當多巴胺和正腎上腺素分泌量增加，調節情緒的血清張力素會減少，就可以說明為什麼戀人對彼此的迷戀令他們焦躁不安。一九九九年，義大利比薩大學（University of Pisa）的精神疾病學家多娜泰拉．莫拉西提（Donatella Marazziti）發現，剛剛陷入瘋狂熱戀的情侶腦中血清張力素大幅下降，低到和強迫症患者的濃度相當。血清張力素濃度降低使得戀人每天會打一千次電話給對方說「我愛你」。能夠幫助睡眠的褪黑激素，原料是血清張力素，所以血清張力素減少能夠讓陷入新戀情的人徹夜搖動對方。

簡單來說，新戀情讓我們成為處於壓力之中、難以成眠的強迫性成癮者。戀愛不只像是惡劣的藥物會改變身體的化學特性，也會改變腦部構造。戀愛像是魔咒一般讓人身不由己，因為腦部已經無法再清楚地思考了。腦部造影研究指出，在喜歡上某人的時候，有些和負面情緒相關的神經迴路會受到壓抑，例如恐懼或是社會批判等，這讓人客觀判斷他人性格的能力減弱。愛情令人盲目，因為愛情讓腦部的分析程序暫停，好讓你自己和內心的欲望合而為一。從旁觀者的角度來看，你可能已經和理性說掰掰，而從神經學的觀點來看你確實是如此。這就像是在晚上戴上太陽眼鏡。

愛情進展的速度非常快。你身體中的化學特性改變得很快，這為你對新戀人的付出以及彼此之間的互動打下了基礎，即使這些行為改變很奇怪。就某些方面，你並不希望這種讓人心滿意足又筋疲力盡的化合物組合有所改變。但是有些時候，你會誠實面對自己，想要知道這個狀況究竟能夠維持多久。短跑選手的衝刺距離有其極限，熱戀狀態也不會永久持續下去。演化打造出了能夠澆熄熱戀之火的機制，畢竟長期維持高皮質醇濃度和低血清張力素濃度，對身體並不好。更重要的是，身體需要回復到基本狀態，好把能量放在將要出生的孩子上，那才是腦部下意識引發這種種騷動的最終目標。當然有些人寧願幹蠢事留下爛攤子，也不願意生小孩，但是我們的腦認為生小孩才是目標，並且會依此調整身體的生物化學特性。

之前說明了新戀情和藥物成癮之間的相似性。人們會對於藥物產生耐受性，情侶之間也會對彼此產生耐受性。隨著時間過去，最初只要看到對方的臉（或是其他你自己想要看的部位），就會使得腦中多巴胺大量分泌，但是現在已經不會這麼敏感了。過量的正腎上腺素和皮脂醇開始消退，讓用於瘋狂求愛的能量快速消減，這時你的理性思考迴路也重新上線了，不會再送花給對方，因為要把錢省下來買尿布。

另一種激素的變化道出了戀愛隨著時間改變的原因。不論男性或是女性，睪固酮是讓人燃起性慾的主要激素。男性睪固酮濃度的巔峰是在二十歲出頭，女性通常在排卵的時候最高。但是隨著年紀增長，男女的睪固酮產量都隨之下降，激情也隨之衰減。隨著愈來愈熟識對方，多巴胺的分泌量也減少，所以有些人會想找新伴侶或是發生一夜情。但是在你上網搜尋約會者檔案資料並且說明自己喜歡鳳梨可樂達雞尾酒時，你和伴侶可以一起從事新鮮的活動，好讓多巴胺再次大量分泌。

藥物也會改變身體的生物化學狀態，壓抑了戀愛情緒。選擇性血清張力素重吸收抑制劑（SSRI）是一類抗憂鬱藥物，能夠提高腦中血清張力素的濃度，但是新戀情需要壓低血清張力素濃度。SSRI讓人不容易出現戀愛感覺，同時也會讓人產生錯覺，以為自己不再喜愛伴侶了。SSRI能夠壓抑情緒反應，讓人產生冷漠感，對於戀愛關係會產生不良的影響。

我們有必要排除錯誤的印象，認為炙熱的戀情應該要如同永恆的火焰般燃燒。一開始愛情像是暴風雨般撼動你，但是幸好暴風雨終將平息，最後我們將會在平靜的海洋上快樂航行。這並不是什麼異常之事，也不需要憂慮，在世界各地的文化中，慾望最後都屈服於愛情之下。不過，只有在彼此都能夠深耕而且得到滿足的關係中，愛情才會獲得最終勝利。

為什麼人類是一夫一妻制？

一九八七年，流行巨星喬治．麥克發表了新歌〈我想要與你性愛〉（I Want Your Sex），讓當時的保守人士抓狂。從現在的眼光來看，這首歌根本無傷大雅，但是對於當時的人而言，就如同魔鬼帶來的送葬曲，許多電臺都禁播這首歌。這個人真是大膽，居然把所有生物都必須要從事的行為唱出來？麥克堅持說這首歌描述的是把慾望融入愛情關係中，在音樂影像中，他還用口紅在一位女性的背部寫上「行一夫一妻制」（explore monogamy）。我當時才十幾歲，認為單一伴侶是充滿膽量的性觀念。

在動物界中，一夫一妻制是例外現象。就算在哺乳動物中，也只有百分之三的物種會結伴一起扶養後代。人類可以行一夫一妻制，終身只有一個伴侶，但是人類厭惡這種狀況已經不是什麼祕密了。大部分的人在一生當中都不只有一個性伴侶。根據在二〇〇二年到二〇一五年間進行的全美家庭成長調查（National Survey of Family Growth），男性一生中平均有六個性伴侶，女性有四個。美國的離婚率高到約四成，再婚者的離婚率更高，高到讓人懷疑為何要結婚。不過如果知道了一夫一妻制的好處，就會打消疑慮了。

大部分的動物，孩子一出生多多少少就能夠行走了，但是人類孩子出生後的幾年內，都完全無法獨立生活。（就我所知，有些人過了三十歲，還住在媽媽家的地下室中。）

人類的祖先行一夫一妻制，因為這有助於提高無助嬰兒的存活率。鳥類中有高達九成的物種會一起合作扶養後代。孵蛋工作日以繼夜，持續許多天，一隻鳥在找食物時另一隻鳥得孵蛋，之後彼此交換工作。如果雛鳥不容易照顧，那麼這些鳥類採取一夫一妻制的可能性就會提高。一夫一妻制另一個優點在於減少性病風險，有些性病會造成不孕、流產或是先天性缺陷。最後，和同一個個體生下多名後代，這些孩子的年紀有大有小，大的可以幫忙照顧家庭。

雖然說一夫一妻制有種種好處，但是許多伴侶仍沒有辦法長久在一起。或許結婚誓詞中「直到死亡才彼此分開」是過分的要求。二〇一〇年，賓漢頓大學（Binghamton University）的人類學家賈斯汀·賈西亞（Justin Garcia）發現到多巴胺受體DRD4基因上的一個突變可能和忠誠度有關。之前提到過DRD4變異會讓人比較衝動和出現冒險行為。在一夫一妻制的研究當中，具有DRD4基因變異的人，對於伴侶不忠的比例增加了一半。

長臂猿、天鵝和海狸等一夫一妻制的動物，雄性和雌性的體形相近，原因之一可能是雄性並不需要彼此競爭伴侶，因此演化不會篩選出體形大、力量強的雄性。在一夫多妻的動物中，雌性體形往往要比雄性小。人類男性通常比女性高大，依照這個評斷標準，人類（和人類的祖先）應該屬於一夫多妻制。

大衛·巴瑞許（David Barash）和茱蒂絲·立頓（Judith Lipton）在《一夫一妻制之謎》（*The Myth of Monogamy*）中提出論點：人類在社會行為上是一夫一妻制，但是在性行為上不是。這個意思是指人類經由戀愛關係形成的伴侶可以維持很長的時間（社會行為上是一夫一妻制），但是就像是地球上其他各種動物那樣，人類也會找尋臨時愛人（性行為上不是一夫一妻制）。雖然有些人願意為了純粹的一夫一妻制而奮戰，不過其他的人則想要在兩廂情願的狀況下有開放的關係（就像家裡雖然有乳牛，但是還是會在其他地方喝牛奶）。二〇一七年，美國密西根大學的心理學家塔莉·康利（Terri Conley）研究發現，採取一夫一妻制的人在伴侶關係的運作上，和彼此知情的開放關係沒有太大差別。這項研究也指出，後者和情人之間關係所提供的滿足、信賴、承諾與熱情，超過了一夜情對象所能提供的。這也和大眾的觀念相反。

費雪在研究離婚時，注意到世界各地夫妻往往是在婚後四年、彼此二十多歲，或是第一個孩子能夠獨立時離婚。有一些哺乳動物和鳥類一樣，孩子年幼時才會維持伴侶關係，這種現象稱為「系列性一夫一妻制」（serial monogamy）：伴侶關係只維持到孩子能夠獨立為止（或是由母親一人就能夠照顧孩子為止），然後就分手了。費雪認為人族祖先過著類似現在狩獵－採集部落過的生活，後者往往隔四年生下一個小孩。在小孩四歲時，大部分的女性都能夠完成照顧小孩的工作，直到他們成年為止。現代一夫一妻制婚姻下的夫妻如果關係中出現裂縫，大約是在他們四歲的時候開始，這個現象可能是演化遺留下來的產物。人類一生可以只有一個伴侶，但是在古代更普遍的是系列性一夫一妻制：一起結伴扶養孩子幾年，之後不是和同一個伴侶生下另一個孩子，便是找尋新的伴侶。系列性一夫一妻制現在還是很普遍，所以離婚律師永遠不缺工作。

人類對於系列性一夫一妻制的傾向，能夠解釋為何許多夫妻在數年快樂的婚姻生活之後開始彼此怨恨。當年討喜的個性現在讓人煩躁難耐，之前能夠讓人哈哈大笑的笑話現在只能換來白眼。之前讓你感動落淚的性生活現在無聊得讓人想哭。為何自私基因會是你婚姻觸礁的原因呢？是身體本來就設定好要發出下意識的訊息讓我們離開單一伴侶，好讓遺傳多樣性增加嗎？我們能夠抵抗這種天生的衝動嗎？在辦得到的情況下應該這樣做嗎？

有許多值得稱頌的理由，使得夫妻終身廝守，不過科學可以告訴我們為何許多人並不是如此。人與人之間的關係沒有一體適用的解決方案，我們最好不要再欺騙自己說每個人都應該和伴侶共度一生。成功婚姻的定義應該擴大，包含那些不論是否生活在同一個屋簷下，卻依然能夠彼此相愛與善待的人。

為什麼要在一起生活？

每個物種都有自己一套奇特的交配模式，好讓生殖成功的機會提到最高。雌性黑寡婦蜘蛛在交配之後往往會把可憐的伴侶狼吞虎嚥地吃掉，當成製造卵的額外養分，證明了愛的確會咬人。蠓（midge）這種蠅類昆蟲，雄性在交配之後生殖器會斷裂，塞在雌性生殖器開口，讓其他雄性無法再對這隻雌蠓授精，的確是非常出色的做法。蜘蛛與昆蟲出生之後就能夠自給自足，所以雄性在授精之後不需要負擔養育的工作。但是如果是需要照顧後代的動物，雄性就比較能夠派上用場了。在二〇〇五年的生態記錄電影《企鵝寶貝：南極的旅程》（*March of the Penguins*）中，雄性帝王企鵝連續孵蛋兩個月，讓伴侶所產下來的卵在冰天雪地中維持約攝氏三十七度的高溫，場面令人感動。在這個過程中牠幾乎什麼東西都沒得吃，直到雌企鵝回來之前，體重幾乎減少了一半。

如果人類的嬰兒能夠照料自己，那麼男性和女性就沒有多少理由要一直在一起。不過人類的胎兒在子宮中發育九個月之後都還未成熟，出生時能夠獨自存活下來的機率是零。因為睡眠不足而紅腫的眼睛，以及因為辛勞掉落的頭髮，都證明了照顧有種種需求的人類嬰兒是全天候的工作。小孩子在哭的時候，有個能夠依靠的雙親的確是幫了大忙。雙親共同生活並且成為工作團隊，科學家稱這種狀況為「配偶連結」（pair-bonding）。配偶連結時需要互助合作，這又引出了另一個有趣的演化謎團：自私的基因怎麼會讓生存機器願意為了對方而犧牲呢？

配偶連結的生物學相當難以研究，因為絕大部分的物種都沒有這種現象。幸好研究人員找到了兩種田鼠（vole）進行研究，發現到環氧化物（epoxy）能讓伴侶連結在一起。受到研究的分別是橙腹田鼠（*Microtus ochrogaster*）和草地田鼠（*Microtus pennsylvanicus*），前者有配偶連結，後者沒有。由於這兩種田鼠在遺傳上非常相似，用來當作研究配偶連結背後生物機制的模型再適合不過了。為什麼橙腹田鼠有配偶連結，草地田鼠沒有呢？

神經科學家湯瑪斯·因賽爾（Thomas Insel）從一九九〇年代初起，便進行了開拓性研究，找尋讓橙腹田鼠形成配偶連結的主要成分：催產素（oxytocin）和血管加壓素（vasopressin）。這些激素由腦下腺製造，除了腦部之外，在身體其他一些部位也能夠發揮作用。舉例來說，催產素能夠在生產的時候促進子宮收縮，刺激乳汁的製造以便哺乳。科學家也發現催產素能夠推動母親照顧新生兒的行為。

但是母親對於孩子的愛如此美麗，能夠化約成一種化合物嗎？好奇的科學家想要知道，對於幼兒呼喚幫助的吱吱鳴叫毫無反應的處女大鼠，如果腦中注射了一些催產素會怎樣。結果是這些大鼠不再像是處女，而像是母親。催產素讓處女大鼠會保護不是自己生的幼鼠，並且會為這些幼鼠理毛並且偎依在牠們身邊。另一個研究也有驚人的結果，如果把抑制催產素的藥劑施用在母親大鼠身上，牠們對於孩子的本能之愛便消失了。在人類，催產素的作用也是一樣，母親在第一孕期的催產素濃度提高，讓她更想要從事和自己孩子建立關係的工作。就算是父親，在鼻子裡噴一點催產素（會直接抵達腦部），也能夠讓他更關注自己的嬰兒。

催產素的效力還可以讓動物跨越物種的界線，使得「不成熟之愛」（puppy love）有新的意義。當你拍拍小狗的時候，你自己和狗的體內催產素濃度都會增加，你和對你重要的人之間彼此互拍也會有相同的情況。性交高潮的時候催產素會突然大量釋放，科學家相信這能維持伴侶之間的關係，因此有人把催產素稱為「愛情激素」或是「擁抱激素」。在性愛的時候釋放的催產素，有助於一夫一妻之間的配偶連結嗎？對於橙腹田鼠來說，看來的確如此。催產素像是邱比特，能夠讓雌橙腹田鼠對於還沒有交配過的雄橙腹田鼠建立配偶連結。如果阻礙橙腹田鼠分泌催產素，牠們便不具備配偶連結。橙腹田鼠在沒有催產素的情況下會隨意性交，就如同親緣關係相近的草地田鼠那般。

如果反過來會如何？如果我們給草地田鼠一些「擁抱激素」，牠們會墜入情網嗎？如果沒有進行一點點遺傳工程是不會的。由於一個遺傳差異，草地田鼠腦中這些激素的受體不足，而那些區域和報償與成癮有關。不過在二〇〇四年，艾茉利大學的神經學家拉瑞・楊恩

（Larry Young）利用病毒把血管加壓素受體的基因送到草地田鼠腦中的報償中心，成功讓這些草地田鼠的行為像是橙腹田鼠。少數採取一夫一妻制的物種能夠如此，是因為牠們在腦部有更多和連結有關的激素受體，這是在調節受體基因的DNA序列上出現少許變化造成的結果。

許多人認為人類很幸運，具備了這種絕妙的促進連結激素，才能體驗到愛以及由愛帶來滿足感。但是也有個缺點。配偶連結能夠增強伴侶之間的關係，以及與後代之間的聯繫，卻同時發自內在提高保護本能，對於家族之外的人更不信賴與厭惡，並且認為外人會對自己的家族或是所屬的群體造成威脅。就如同《冰與火之歌》中瑟曦王后對蘭尼斯特家族成員所說的：「不是我們家族的人，全都是敵人。」

注射血管加壓素到處男橙腹田鼠的腦中，會讓牠占有附近的雌鼠，並且像是個有責任心的伴侶，會為了保護牠所在的地方而凶猛地攻擊陌生田鼠。雜交的田鼠不會有這種攻擊性，雄性橙腹田鼠直到和雌田鼠交配並且具有配偶連結之前，都不會如此。配偶連結會讓牠趕跑其他雌鼠，讓人聯想到催產素的功能是讓丈夫對妻子忠誠。二〇一三年，德國波昂大學的精神疾病學家萊恩·赫爾曼（Rene Hurlemann）發現，施用了催產素的男性，在看到伴侶臉孔時腦中的報償中心活躍的程度，要高過看到其他美麗的女性。我們經常聽到女性能夠蠱惑自己的男人，那個蠱惑藥劑中可能就有催產素。

在配偶連結的狀態中所產生的催產素，會激發個體對於家族成員的正面感覺，這樣的感覺會拓展到同胞上，但是這種傾向有攻擊性，會讓人對於外人產生負面感覺。有一項研究的結果令人不安：讓男性在道德困境中做出選擇，例如要在一份人員名單中挑出能夠搭乘容量有限救生艇的人。施用了催產素的男性比較會去救自己國家的人，並且拒絕名字聽起來像外國人的人。如果沒有施用催產素，就不會有這樣的區別。看來催產素能夠把人性最好與最糟的一面都催生出來。

這項發現讓科學家很尷尬，因為催產素的綽號是愛情激素，它讓人誤解了這個激素的功能，類似的情況還有科學家給基因取綽號。在身體中，催產素和血管加壓素有多種功能，對於行為的好壞影響取決所處的狀況。如果民族優越感者在配偶連結研究完成之前，便先探究了催產素，那麼催產素的綽號很可能就會是「種族主義激素」了。

一夫一妻制和配偶連結都不是什麼單純的行為，有許多因素參與其中，讓人能夠馬上瞭解夫妻關係的緊密程度有高有低、維繫時間有長有短。催產素、血管加壓素或是這些激素的受體基因等的突變，能夠改變激素的性質、產量，或是在腦中散播的時間和區域。事實上，血管加壓素受體基因上的數個突變和定不下來的性格有關。

鐵定還有其他能夠調節愛情與依附的因子尚未發現，那些激素可能彼此有密切的交互作用。高睪固酮濃度會使得血管加壓素和催產素的濃度降低，睪固酮濃度高於平均值的男性更容易單身或是外遇。最後，有些研究報告指出，表觀遺傳因子會影響這些激素和相關受體的表現，因此環境也可能影響配偶連結的時間長度。

為什麼有些人會受到同性的吸引？

從表面上來看，同性戀因為和生殖的傾向相衝突，並不合乎生物學原理。同性戀者在人群中的數量不到百分之十，而歷史中人們認為受到同性身體的吸引是不正常的。但是這樣的推測根本大錯特錯，目前已經發現有超過四百個物種中有同性性行為。

同性性行為遍布在空中，黑背信天翁（Laysan albatross）、禿鷲和鴿子等多種鳥類都有同性性行為。麵粉甲蟲和果蠅等昆蟲會形成同性之間的配偶連結。在海洋中，你會發現鯨魚也有同性戀。在陸地，遠到非洲的莽原，近到鄉下的農場，都有同性戀的動物。每十頭公羊中約有一頭不願意和母羊交配，而是和其他公羊交配。科學家也在大象、長頸鹿、鬣狗和獅子中發現同性戀的案例，其他的靈長類動物中也是，例如親緣關係和人類非常接近的巴諾布猿（bonobo）。巴諾布猿的性愛關係非常自由，一度被稱為「嬉皮猿類」。不論雌雄，巴諾布猿都是雙性戀，通常用性行為打招呼和解決衝突（這種行為絕對會讓你公司的人資部門壓力大增）。說了這麼多，重點就是在動物界中，同性戀其實相當普遍，卻沒人有認為其他動物是刻意要如此選擇的。

有數個解釋同性戀對於家庭或是物種等有利的假說，並主要從親屬選擇的概念演繹出來，這個概念是說我們會為了把家族的基因傳遞下去而努力。由於我們和親人之間共有的基因數量遠超過陌生人，自私傾向會讓我們照顧親屬。同性戀的叔伯姑姨會幫忙支持家族，照顧親屬。傑出的社會生物學家威爾森（E. O. Wilson）則提倡另一個概念，他認為同性戀是為了控制族群大小的手段，使得物種數量和所處環境所能提供的資源維持平衡。另一個概念來自於最近遺傳學的新發現，認為同性戀屬於「權衡特徵」（rade-off trait）。舉例來說，有些基因能夠提高女性的生育率，但是如果在男性中這些基因也表現了，就可能讓男性傾向有同性戀。

科學家已經愈來愈瞭解可能會造成同性戀的因素。雙胞胎研究指出遺傳會影響，但是影響力只占了百分之二十。一九九三年，美國國家衛生研究院的遺傳學家狄恩．哈默（Dean Hamer）因為宣稱他發現了所謂的「男同性戀基因」（gay gene）而聲名大噪：同性戀和X染色體的Xq28區域有關。另一個科學團隊在二〇一五年發表了更大型的研究結果，確認了Xq28區域和第八號染色體的某段區域對於男性性取向有很大的影響。

在這些染色體區域中到底哪些基因真的造成了同性戀傾向，以及造成同性戀的方式，都還有待研究。比較同性戀者和異性戀者的全基因體相關性研究正在進行，其中有一個研究不只在第八號染色體上發現變異，也找到了另一個可能造成影響的基因SLITRK6，這個基因會在間腦（diencephalon）表現，同性戀者和異性戀者間腦的大小不同。將來的研究要確定SLITRK6上的差異是否真的使得腦部的結構改變而影響了同性戀傾向。

對於小鼠的研究也找到了其他可能會影響性偏好的基因。二〇一〇年，南韓科學技術院（Korea Advanced Institute of Science and Technology）的生物學家朴創圭（Chankyu Park）發現到岩藻糖變旋酶（fucose mutarotase）的基因和性偏好有關。科學家把這個基因縮寫成FucM，可能是用來挖苦那些反駁同性戀有遺傳成因的人。把雌小鼠的FucM基因剔除之後，她們會受到雌小鼠氣味的吸引，爬到雌小鼠身上，而不是雄小鼠。哈佛大學神經科學家凱薩琳・杜拉克（Catherine Dulac）的研究指出，干擾另一個基因會讓雌小鼠的行為像是雄性。TRPC2在腦細胞中表現，能夠幫助費洛蒙辨認。雌小鼠如果沒有了這個基因，會展現出雄小鼠典型的性瘋狂的行為：有剛陽味道的求偶儀式、臀部推送，以及撲上伴侶等。這種雌鼠也會喜歡大聲打嗝，並且在看美式足球賽時一爪伸到褲襠裡。

就目前所得到的證據顯示，性取向幾乎不可能由一個基因所控制，如此複雜的行為應該是由許多基因共同操控，同時也受到環境的影響（特別是在出生前胎兒在子宮中發育時體驗到的環境）。

表觀遺傳能夠好好說明為什麼找男同性戀基因一直如此困難。可能真的有這樣的基因，但是除非在子宮中接收到適當的訊息，這類基因才會啟動。表觀遺傳或許也能夠說明出生順序為何會影響男性的性取向。男孩子如果每多一位哥哥，成為同性戀者的機率就提高三分之一。有一個假說指出，母親懷男孩子的時候，使得身體出現了對於男孩蛋白質的免疫反應，懷男孩的次數愈多，免疫反應就愈激烈，藉由表觀遺傳機制影響了下一胎男嬰。數個研究團體發現到在出現同性戀行為的人與動物個體中，DNA甲基化的模式有所不同，更進一步支持了表觀遺傳對於性取向的作用。二〇一五年，美國馬里蘭大學的神經科學家瑪格麗特·麥卡錫（Margaret McCarthy）把抑制DNA甲基化的藥物注射到雌大鼠腦中，能夠讓牠們的腦部出現雄性大鼠的特徵。表觀遺傳藥物能夠讓結構上是雌性的女孩，在性相關的行為上像是雄性。

現在我們已經確認，個人的性別認同和身體結構上的性別是分開來的，腰帶下方的構造並不會影響腦是否要把它拿來做和生理性別相反的事。在胎兒時期有一段重要的時間，激素會讓腦發育成男性或女性，或是在兩者之間任何位置的形式。

胎兒在子宮中的期間，許多因素都能夠影響到胎兒接觸到的激素種類與濃度。男性有一種遺傳疾病，源自乏具有功能的睪固酮受體所造成，稱為雄性激素失敏症候群（androgen insensitivity syndrome），這種疾病的患者會長出女性的外生殖器，往往被當成女性扶養長大。性染色體形式為XY，但是會受到男性的吸引。這讓我們瞭解到胎兒的腦需要接觸到睪固酮才能夠「剛陽化」。如果這個過程沒有發生，那麼孩子就會對男性發展出慾望。女性也有類似的遺傳疾病，稱為先天性腎上腺增生症（congenital adrenal hyperplasia），是在子宮中接觸到異常多的雄性素（類似睪固酮）所造成的，這使得女嬰的腦剛陽化，成為女同性戀的機會增加。女性胎兒如果接觸到尼古丁或安非他命等藥物，也有類似的效果。除此之外，雌大鼠懷孕期間受到壓力，使得子宮中的睪固酮減少，產下的雄鼠會更容易出現同性戀行為。這類的激素濃度起伏變化，可能會作用在轉錄因子上，改變基因的表現，或是經由胎兒表觀遺傳編程的機制。

不論背後的機制是什麼，最後造成的結果顯然是在懷孕期間引起激素變化，影響到嬰兒出生時腦部的結構。換句話說，同性戀男子的腦部結構比較像是女性的腦部，同性戀女子的腦部運作方式比較接近男性的。美國沙克研究院（Salk Institute）的神經科學家賽門．李維（Simon LeVay）是研究這個領域的先驅，他做出的研究成果和上述的預測相符。在男性腦中的第三前下視丘的間質核（interstitial nuclei of the anterior hypothalamus 3, INAH3），要比女性的大上兩三倍。一九九一年，李維發現同性戀男性的這個部位大小和女性接近。其他人員用大鼠進行研究，確認了如果雄大鼠的INAH3受到了破壞，對於伴侶性別的偏好會改變。

有大量證據指出，同性對於同性戀者產生的吸引力，和異性戀者對於異性產生感受到的吸引力沒有兩樣。兩者都有生物基礎，而且在出生前就受到了遺傳和環境因素的影響，編程到腦中，完全不在胎兒的掌控之中。異性戀者從來都不記得是哪天散步了很久之後，才決定自己要由異性激起慾望。在性傾向的舞臺上，人們唯一能夠選擇的是，是否要本著敬意、尊嚴和平等對待那些和自己不一樣的人。人就是人。

我們為什有靈魂伴侶？

根據馬里斯特民調中心（Marist Poll）在二〇一一年的調查，有百分之七十五的美國人相信有靈魂伴侶。靈魂伴侶意思是說，只有這一個人會讓你感覺宛如沐浴在陽光之下。靈魂伴侶的概念象徵了浪漫情懷，在聽到「他們永遠快樂的生活在一起」這樣的話語時，便根植在我們內心深處。誰不願意傾心於一個完美無瑕的伴侶？在電影、電視影集和小說中的人物往往有靈魂伴侶，為什麼你沒有呢？

因為數學。全世界有超過七十五億人。在《如果這樣，會怎樣？》（*What If?*）這本書中，作者蘭德爾．門羅（Randall Munroe）蒐集了數據，計算出我們需要活一萬輩子才能夠遇到靈魂伴侶。換句話說，如果這個世界上真的有那個人，你找到對方的機率相當於在機場的廁所中找到一臺沒有壞的擦手紙機器。

如果我們放寬限制會怎樣？網路頻道《變得聰明也不錯》（*It's Okay to Be Smart*）的主持

人喬・韓森（Joe Hanson）利用計算銀河系中有多少行星上具有文明的公式（計算出來是有五萬兩千個），算出光是在美國紐約市你就有八百七十一個靈魂伴侶等著和你相遇。這個數字好多了，但是下次你到紐約會遇到其中一人的機會，還是幾乎為零。

不要沮喪，因為相信有靈魂伴侶對戀愛關係反而是有害的。寄望能夠找到靈魂伴侶的人花了太多時間反覆思考自己所選擇的對象，而不是好好地經營現有的關係。研究指出，相信有靈魂伴侶的情侶彼此之間發生衝突的次數，要比把共度的時光想成是成長機會的伴侶高出許多。堅持要找到靈魂伴侶的人，在愛情關係中更容易焦慮，和伴侶爭執之後也比較不容易原諒對方。相信有靈魂伴侶這回事，簡而言之就是期待伴侶完美無缺。如果對方並不完美，相信有靈魂伴侶的人會認為對方一定不是自己的真命天子／天女，而太快放棄這段關係。

靈魂伴侶的概念就如同迷信和相信超自然存在那樣，是心靈的垃圾食物，絕對不能夠餵給小孩吃。相信有靈魂伴侶，就是懶惰。如果你想要培養令人滿足的關係，就得像是持續灌溉的園丁。好消息是，你能夠和許多人發展出美好的關係，而不是只有一個人。

宛若天堂

吸引力受到了基因、演化史、文化、表觀遺傳、激素、微生物相等種種因子的影響，絕對不單純。不過愛情的話語不是刻在星星之上，而是在人類的生物本質之中。當我們對某人有感覺時，其實有大量的資訊在表面之下進入腦中，好讓我們判斷對方是否合適。但是我們也要記得，腦也是有看重外貌的傾向，原始的腦是由外貌選擇伴侶的。我們需要鍛鍊腦中的邏輯迴路，好決定是否要成為某人生活中的一部分，而別讓受了光鮮亮麗外表吸引的腦占了上風。

如果你想要有持續長久的愛情，科學正在研究把蜜月旅行變成永久假期的祕密。科學家掃描具有長期關係伴侶的腦部，發現和同理心與情緒控制的部位，活動比較強。我們都知道激情之愛會自然地轉變為溫情之愛。雖然你不需要因為熱情之火熄滅了而苦惱，但是也非不需要努力。研究人員調查了相伴數十年依然相愛的夫妻，發現到他們認為幽默、性愛與新鮮感是維繫關係的主要動力。要持續有新奇感，因為這樣的事物能夠刺激多巴胺產生。為了要維持夫妻關係中的多巴胺濃度，有人冒險發展婚外情，有些人一起參加高空彈跳，有些人去泛舟，我和妻子則勇敢地在星期六前往好市多叢林中探險。

愛情是由自私的遺傳所打造出來，卻是在無垠演化疆域中出現的巨大新勢力。伯特蘭．羅素一直都有真知灼見，他在一九三〇年代說道：「愛情能夠突破自我堅硬的外殼，因為愛情是一種生物合作的形式。在這種合作中，每個人的各種情緒，都是為了達成對方出於本能的目的而浮現的。」卸下自尊自我，不只能夠讓你和重要之人之間的關係能夠開花結果，也有助於所有人類的福祉。

哲學家彼得．辛格在他的著作《拓展的生命圈》（*The Expanding Circle*）中，有理有據地說明了人類本性中比較良善的特性，例如愛、利他行為、合作、犧牲等，最初來自於讓自己的基因能留傳下去的生物本能，後來開始拓展，讓我們道德關懷的影響範圍從親近的家人，拓展到了市民、國家和整個世界。

凡此種種，來自於遠古之前促成配偶連結的DNA突變，這不是非常棒嗎？

第八章 瞭解自己的心智

「如果人類的頭腦簡單到我們能夠瞭解，那我們的頭腦就太簡單而不能夠瞭解頭腦。」

愛默森．佩什（Emerson M. Pugh），
《人類價值的生物起源》（*The Biological Origin of Human Values*）

人腦很神奇，但是人類花了非常久的時間才瞭解到自己的腦有多神奇。人類祖先的腦袋無法確定頭裡面那團黏黏的膠質是由什麼材料構成的。古代埃及人認為腦會產生黏液，想想也滿合理的，因為腦就是軟軟黏黏的，而且接近鼻子和喉嚨。

關於腦部最早的描述，出自於艾德溫．史密斯紙草文稿（*Edwin Smith Papyrus*），據信是埃及人在公元前三千年寫成，其中描述了腦部讓人像是個埃及人。作者也認為腦部外傷和身體另一側的癱瘓有關，不過這個敏銳的觀察後來淹沒在時間之流中。

許多年後，希臘醫師希波克拉底（Hippocrates）也有先見之明，認為我們所體驗到的快樂與恐怖，完全來自於腦。他的同行蓋倫（Galen）是著名的競技場鬥士醫師，這讓他有許多特殊的機會研究各種傷口、內臟和腦部創傷。蓋倫治療競技鬥士的經驗，讓他認為腦部和動作有密切的關聯。

偉大的哲學家亞里斯多德（Aristotle）的看法不同，他認為心臟是身體中最重要的結構，因為在胚胎中心臟是最早出現的器官，位於身體的中央，並且會跳動。除此之外，心臟停止跳動意味生命之歌的終結。所以他堅決認為人類的思想位於這團值得尊敬的肌肉中，並且這團肌肉控制著人類的身體，那個無聊的腦僅具有冷卻過熱心臟的功能。亞里斯多德的說法占了一時的上風，許多年來沒有人多去注意腦。

但是到了文藝復興時期，許多發現改變了人類對於思想本身的想法。大約在一四八五年，達文西證明了亞里斯多德心臟為王的觀念是錯誤的，他切斷了青蛙的脊椎，馬上就讓心臟失去跳動的能力。沒有了腦，心臟什麼都不是。後來發現到神經從腦延伸出來，更顯示了腦部處於指揮官的地位，並且利用神經纖維發號施令。在十八世紀，路易吉・賈法尼（Luigi Galvani）發現，用電可以刺激死青蛙腿部的肌肉收縮。（你絕對不想成為實驗檯上的青蛙）。

一八〇三年，賈法尼的外甥喬凡尼・阿爾蒂尼（Giovanni Aldini）在公開場合中，展示了在剛受絞刑的罪犯屍體連接上電池的兩個電極。阿爾蒂尼拿電極觸碰屍體的嘴巴、耳朵，當然也包括了直腸，電流使得屍體的四肢抖動，下巴張開，眼睛突然睜大，這讓當時的人嚇到了。雖然這些實驗駭人聽聞，但是證明了腦部和神經系統利用電衝動讓身體動起來，打爆了之前一直認為由靈魂操控的想法。

現在我們知道腦就是自己。如果有個實驗能夠打造出新的身體，讓我們的壽命延長，你要移植哪個器官好保留住真正的自己呢？脾臟沒有什麼用，當然也不會是膀胱或是心臟（抱歉了亞里斯多德）。讓你之所以成為你的是腦。腦中含有你全部的記憶、感情和信念，你的人格和行為特色也由此產生。脖子以下任何部位受到的傷害可能會讓生活不便，但基本上不會改變你的人格，不過嚴重的腦部傷害就會。

腦會持續有最好的表現，但是我們也得知道腦是演化出來的生物性產物，遠遠稱不上完美。實際上腦有一些問題，其中有些足以讓自己害命。

腦中有什麼？

神經科學家保羅．麥克連（Paul MacLean）提出了三位一體的腦部模型，讓大家知道這最重要的器官是如何演化與發揮功能的。為了瞭解釋這個大受歡迎的模型，我們用冰淇淋聖代來比喻。

把聖代杯想成是組成腦幹的神經元，這些神經元負責非自主活動，例如呼吸和心跳速率，以及反射動作或是本能行為。腦幹也稱為「爬蟲類腦」（reptilian brain），所有脊椎動物都有這個部位。聖代中的冰淇淋是由專門整合感覺訊息並且做出反應的神經元組成，這個部位稱為「邊緣系統」（limbic system），那些神經元會釋放出與情緒、報償、動機、學習和記憶相關的化學訊息。最後在冰淇淋上面的打發鮮奶油是新皮質（neocortex），只有哺乳動物才有，負責抽象思考、語言、策畫，以及讀這本書的能力。人類的皮質很大，占了腦部的百分之七十五。皮質具備了分析能力，能夠思索由原始腦區指示的膝關節反射。威爾森曾形容腦幹負責讓人心跳，邊緣系統負責讓人心動，新皮質負責讓人心寒。

三位一體模型其實大幅簡化了腦部的實際運作方式。腦部的確可以分成三個部位，但是這三個部位彼此持續交流合作。舉例來說，因為腦部受傷而使得邊緣系統（情緒和記憶）與皮質（負責分析）之間連接中斷的病患，無法下決定或是評估判斷。他們在超級市場中仔細思考一整天也無法決定要買哪一種穀物片。我們並不像是《星艦迷航》中的史巴克，光靠邏輯就能夠採取行動。我們必須要納入感覺和經驗才能夠做出決定。

除此之外，腦中三個主要部位還可再細分成許多區域。例如邊緣系統中有杏仁核、下視丘、海馬回和扣帶皮質。新皮質的各區域可由所具備的獨特功能分成不同的「葉」（lobe）。不過在這裡我將會盡量用簡單的方式說明。

腦中的神經元經由電化學訊號溝通，像是火災時一群人排成長龍傳水救火。神經元彼此不會直接接觸，中間隔了非常小的空隙，稱為突觸（synapse）。神經元受到刺激而活化的時候，會把一袋袋稱為神經傳導物質的化合物釋放到突觸，在突觸另一端的接受神經元，在其細胞表面的受體能抓住這些神經傳導物質。人類有數百億個神經元，每個都可以和其他上萬個神經元連接，你得花三千兩百萬年才能夠把人腦中神經元之間的所有連結數完，不過這樣的腦力依然無法讓你完成週日報紙上的填字遊戲。

我們對於這個最神祕器官的瞭解，絕大多數來自於近幾十年的研究，不過得到的知識已經足以破解由來已久的迷思。首先腦就和電腦一樣，比較大並不代表比較好。實際上，與一萬五千年前的腦相比，現在的腦大約小了百分之三到四。比重量更重要的是個別神經元彼此連接的數量。在你學到新東西時，腦細胞的數量不會增加，但是腦細胞之間的連接會增加。

其次，我們並不是只使用了十分之一的腦，不過在你看真人實境節目《玩咖日記》（*Jersey Shore*）時的確如此。有些人有錯誤觀念，以為如果我們可以開發剩下沒有用到的腦部區域，就能夠讓心智能力大爆發，不過那只是二〇一四年電影《露西》（*Lucy*）的科幻情節。如果下次有人再提這個迷思，你可以反問對方如果把那九成的腦切了他還能不能好好過日子。

第三，你的腦子並不擅長同時進行多件工作，所以以後開車時不要玩手機，工作時也請關掉電子郵件的訊號聲（有研究指出鳥的確擅長同時進行多件工作。）另一項研究指出，女性比男性稍微擅長同時進行多件工作，不過更年期之後這項優勢便消失了，這可能是因為雌性素有助於腦部同時進行多件工作。

第四，聽音樂、玩遊戲等流行的「增強腦力」的活動，並不會讓你成為聰明的天才。練習可以讓你更擅長所從事的活動，但是並沒有任何證據指出可以讓你的智能增加。在一九九〇年代的「莫札特效應」狂潮中，父母播古典音樂給嬰兒聽，希望能夠培育出未來的愛因斯坦，但現在已經揭穿了那就是個騙局。科學研究指出，對於腦部健康最重要的是適當的飲食、運動，以及優質的睡眠。這種生活小技巧雖然無聊但是有用。

不過的確有一種活動能增進腦的活性：社交。驚不驚喜？意不意外？「社會腦假說」（social brain hypothesis）宣稱人類的腦能夠演化得如此複雜，是因為人類必須要和大群人類產生有意義的互動。人類的祖先不只要抵禦來自掠食者、饑餓、寒暑旱澇所造成的威脅，也要克服各種謠言邪說、流言八卦，才能夠提高自己的社會地位，找到最佳伴侶。就如同在以前，社交一直是有利於心智的活動，所以不要拖延，現在就告訴你所有的朋友你現在讀的這本書有多棒。

最後要破解的迷思是，腦是個了不起的器官，但是依然是打造中的機器，所以難免會有一些演化帶來的成長痛。

腦子為什麼真的有些問題？

腦宛如當紅影劇女星，需要很多關注很多愛，而且無法承認自己犯了錯，它甚至認為自己是不朽的。讓我們先從想要占有注意力這點開始。在身體所有的器官中，腦消耗的能量最多，需要身體兩成的能量，就算你只是在看流行雜誌《時人》（*People*）而已。不過我要澄清一點，在演化的路線上，腦的確是要節省能量，但也因此犧牲了一部分的心智能力。舉例來說，為了節省能量，腦往往懶惰，而且會抄捷徑。腦不會時時刻刻都處理新收到的感官訊息，而是傾向找尋模式和做出推測，並且非常相信自己的推論，以至於面對能駁斥推論的明顯證據時，反而會更為支持那些推論。

當腦面對不確定的事物時會騷動不安，像是漫畫《史奴比》中奈勒斯的毛毯沒有在身邊的模樣。不確定性是未完結故事的核心，所以你喜歡的影集都利用懸念讓你繼續看下一季。你的腦對於結局的欲望如此強烈，以至於會跳脫所知事實而自己發明出結局。人類總是這樣，在面對無法解釋的事件或是奇怪的巧合時，便認為這是宗教奇蹟或是超自然力量造成的。面對死亡帶來的不確定性時，自以為重要的腦會讓我們相信有靈魂存在，而且可以在肉體死亡之後繼續活下去。不過，我們最好專注於解決手邊的問題，不要分心想那些讓人麻痺的存在問題。

以為自己是當紅女星的腦，自大心態控制不住，往往認為自己的能力要比實際上來的高。人們常會高估完成某項任務的能力，難以察覺自己的技術不足，這稱為「鄧寧–克魯格效應」（Dunning-Kruger effect），以在一九九九年最早提出這個效應的兩位美國康乃爾大學的心理學家為名。光是他們研究論文的標題就能讓人冷靜下來：〈能力不足與缺乏自知之明：因為難以瞭解自己的能力不夠而導致自我評估時膨脹了〉（Unskilled and Unaware of It: How Difficulties in Recognizing One's Own Incompetence Lead to Inflated Self-Assessments）。文中指出，受試者在進行幽默感、文法和邏輯測驗中得分較低者，對於自己的表現評價過高。就像是參加選秀節目《美國偶像》（*American Idol*）的音痴青少年以為自己會成為下一個火星人布魯諾（Bruno Mars）。喝酒的時候，鄧寧–克魯格效應會放大，所以那些說「幫我拿著啤酒，我來大顯身手」的人，最後會出現在急診室。

大衛・鄧寧（David Dunning）和賈斯丁・克魯格（Justin Kruger）當年會研究人類這個毛病，是因為聽說了有個銀行搶匪以為在自己的臉上塗了檸檬汁，錄影監視器就無法清楚拍到自己的臉。檸檬汁可以用來當成隱形墨水，所以那個笨搶匪就以為塗檸檬汁在臉上就沒有人能看見他的臉。這舉動就好像是犯罪者把自拍照放到社群媒體上。鄧寧和克魯格認為那些不聰明的人笨到不知道自己笨。如果你是個白癡，當然會反對天才和專家的意見，因為你是白癡嘛！

鄧寧－克魯格效應能解釋很多事情，小到有人第一次拿起蘇格蘭風笛就認為自己可以吹奏，大到有些人連一本科學書都沒有讀過便認為氣候變遷是空口胡說。請幫幫自己（並且饒過我們）：一，不要吹蘇格蘭風笛，因為根本不該有人吹蘇格蘭風笛。二，好好控制那個女明星大腦。就如同孔子說的：「知之為知之，不知為不知，是知也。」

為什麼你會無端生事？

當我們受到環境的影響而不知不覺被迫要做出某些行為時，是因為被促發了要採取那個特定的行動。下意識和意識到的訊息會讓我們採取行動。嚐到、看到、聞到、摸到和聽到的刺激屬於意識到的訊息，我們會持續意識到這些訊息，但有的時候這些訊息像是背景音樂，我們未必會專注在這些訊息上。

沒有意識到的訊息屬於下意識訊息，例如快速在眼前閃動的圖片只有下意識能夠接收得到，但是意識不到。研究指出，這些下意識訊息可能會讓我們產生自己無法解釋的怪異感覺。

南加州大學著名的心理學家羅伯特．札炯克（Robert Zajonc）指出，如果在外國文字符號影像之前閃現了快樂的表情四毫秒，受試者對於這個符號會產生正面感覺，如果是生氣表情則會產生負面感覺。受試者記不得看到了哪些臉孔，也無法解釋對於外國符號的感覺從何而來。除此之外，人們對於符號的感覺是有黏著度的，如果重覆這個實驗，但是把符號前的快樂臉孔和生氣臉孔調換，受試者對於符號的感覺也不會改變。這些結果指出人類的心智生來就是拒絕改變，因為這可能會比較節省大腦消耗的能量。（讓我們面對現實吧，第一印象真的很重要。）這個實驗也指出在每天的生活中，我們對於事物的看法很固定，但是我們真的不知道為何會有這些看法。

另一個團隊對也進行了古怪的研究，看看人們是否會受到蘋果公司標誌的影響，畢竟這個公司屢屢有獨特的創意。受試者下意識地接觸到蘋果公司或是ＩＢＭ公司的標誌，然後研究人員要受試者想像一塊磚頭能有哪些用途。如果在此之前，受試者眼前閃現過的是蘋果公司標誌，想出的用途就要比閃現ＩＢＭ標誌時多出不少。看來一天一蘋果也能夠讓作家免於靈感枯竭。

除了視覺之外，人類也在不知不覺中受到聲音、味道、溫度、觸覺或是文字的影響。買葡萄酒的時候如果聽到某個國家的音樂，就會比較傾向去買那個國家生產的酒。如果在一個聞起來像是剛清潔好的房間中吃東西，我們會比較想去處理食物碎屑。遇見陌生人時，如果手中拿著的飲料是溫熱的，會覺得這個陌生人溫暖，拿冷飲的話會覺得陌生人冷漠。在吃到苦的食物時，會容易認為一個有問題的舉止應該受到道德批判。坐在硬的椅子上時，會要求比較多折扣（所以汽車經銷處都打造得非常舒適）。在玩金融類遊戲之前如果讀了財經雜誌，玩的時候就會表現得像是個悲慘的守財奴。

從社交媒體上得到的訊息也默默地改變我們的情緒和行為。二〇一二年，臉書執行了一個引起爭議的實驗：故意操控，讓使用者看到許多偏頗的新聞。如果臉書頁面上充滿了負面貼文，使用者自己就容易貼上負面的內容。如果臉書上出現的都是正面的貼文，你也會貼上正面的內容。

「下意識促發」（subliminal priming）在每個人身上引起的效應並不相同。下意識訊息是否會侵擾下意識，端視人格特質。舉例來說，喜歡追求刺激的人，更容易受到能量飲料的下意識訊息（能量飲料讓你「精力充沛」）所影響，不追求刺激的人則往往無感。

有的時候，我們會不知不覺模仿所看的書中或影片中的角色，在當今大家瘋狂追劇的年代，這種行為特別多。某一天晚上，我看了太多集《酒吧五傑》（*It's Always Sunny in Philadelphia*），導致隔天早上去開會，和我那些值得尊敬的同事說話時，幾乎都要用上「怎麼啦！婊子！」一般的語氣。這種模仿稱為「經驗採納」（experience-taking），對人的影響程度有高有低，因為我們往往會模仿當時自己認同的角色。我小的時候頭一次看《開放的美國學府》（*Fast Times at Ridgemont High*），認同的是劇中的學生，而現在我認同的是韓德先生（Mr. Hand）。還有另一個有趣的現象，如果我們在有鏡子的小房間中看影集，鏡子能讓我們想到自己的身分，就不容易受到經驗採納的影響。

身體狀態也深深影響了心理狀態。我們都知道在咖啡成癮者還沒有喝下當天足夠的咖啡分量時，最好避免和他們打交道，不然會面臨到像是《使女的故事》（*The Handmaid's Tale*）中的麗迪亞嬸嬸（Aunt Lydia）那種巨大的威壓感。如果膀胱快要爆炸的時候，也沒有耐心聽某人詳細描述他在一週長假中幹了哪些事。「餓怒」（hangery）這個字的意思就是用來描述餓到不行的時候非常容易生氣的狀態。

絕大部分的時候，因為肚子餓得咕嚕咕嚕叫所引發的焦躁會得到體諒，但如果你面臨的是審查假釋的囚犯，餓怒可能會造成嚴重的不良後果。一項在二〇一一年發表的調查結果指出，如果是在早上，囚犯有百分之六十五的機會獲得假釋，但是到了接近中午時分則假釋申請幾乎都會遭到駁回，午餐之後假釋成功的機率又恢復到百分之六十五。所以你應該要把法院聆訊、績效考核或是動手術的時間改到午餐後。

還有，你也不該穿黑色的衣服。《哈利波特》中的石內卜教授可能會對這點喃喃抱怨，不過絕大多數的人下意識地對於黑色有偏見，可能是來自於對黑暗的古老恐懼。美國弗羅里達大學的格雷果里．韋伯斯特（Gregory Webster）指出，球賽中穿黑色球衣的那一方受到的罰球比較多（推測是因為裁判認為穿黑衣服的選手比較有攻擊性）。當同樣的一支球隊穿淡色衣服在主場出賽，這種罰球的偏見就消失了。紅色一直都讓人聯想到火焰和憤怒，這對於現實世界人們的感覺也有影響。在拳擊賽中，比起穿藍色或是綠色的選手，穿紅色的選手比較容易判贏。連藥物的顏色都會影響人的感覺，病人認為紅色或是橙色的藥物有刺激性，藍色和綠色的藥物讓人平靜，就算是沒有藥劑成分的安慰劑也有同樣的顏色效應。銘黃色的抗憂鬱藥物療效更佳。在這本書的截稿日期如同飛馳的火車朝我撞來時，我曾認真思考重新粉刷辦公室，用亮紅色取代原來讓人平靜的綠色。

有些人相信自己受到了下意識訊息的攻擊，不過他們並沒有罹患偏執症。我們的感覺每天都受到各種廣告刺激的轟炸，而這些刺激的確會影響行為。每每想到我們每天的許多決定都受到這些沒有察覺到的刺激所影響，可能會讓人難堪與感覺被羞辱。不過重要的是目前還沒有證據指出，下意識訊息會讓你做出正常狀況下不會做的事情。如果你不口渴，可樂的下意識訊息不會對你產生影響；如果你不是精神病患，娛樂媒體中的暴力也不會對你有任何顯著的影響。

為何有些人那麼聰明？

有些人就是能輕鬆記得《權力遊戲》中成千上萬個角色，而有些人連電影《浩劫重生》（*Cast Away*）中的角色都無法記得。為什麼有些人的腦子就是那麼靈光，有些人的就黯淡無光呢？

許多針對雙胞胎的研究一致指出，基因對於智能的影響高達五成到八成之間，也就是說有五成到兩成之間受到了外在因素的影響，例如《魔法校車》（*The Magic School Bus*）或《瘋四與大頭蛋》（*Beavis and ButtHead*）。因此科學家著手尋找「聰明」基因。二〇一七年，尼德蘭阿姆斯特丹自由大學的遺傳學家丹奈兒．波斯楚瑪（Danielle Posthuma）分析了將近八萬人的基因，發現有幾十個遺傳變異和智能有關，其中有許多在腦中有活性。SHANK3這個基因很有趣，產生的蛋白質能夠促進神經元之間的連結。

一九九九年，美國普林斯頓大學的神經生物學家錢卓（Joseph Tsien）的早期工作指出，如果讓小鼠的NR2B基因數量增加，有可能讓小鼠更為聰明。因為這些小鼠比其他的正常小鼠聰明太多了，所以有了「天才鼠」（Doogie mice）的綽號，取自於電視影集《天才小醫生》（*Doogie Howser, M.D*）。天才鼠的學習和記憶能力都比較好，和正常小鼠相比，天才鼠穿過迷宮的速度飛快。

NR2B基因製造出來的蛋白質是N－甲基－D－天冬胺酸受體，出現在腦中。第六章提到，一些出現像是惡靈附體症狀的病人中，這種受體的功能不彰。有人認為腦中這種受體的數量增加，有助於神經元之間的溝通。其他人的早期研究指出，年輕小鼠在學習的時候，能夠快速活化NMDA受體，但是在年老小鼠中就活化得慢（所以老狗難以學會新把戲）。為了讓你不會聽了這個消息就打算讓自己的小孩多幾個這樣的基因，我得到告訴你其中的代價：天才鼠的恐懼反應比正常小鼠更為明顯，這可能是因為它們對於負面經驗記得太清楚了。

在智能方程式中，環境的作用始於懷孕。像鉛之類的環境汙染物，或是某些營養成分不足，會對於腦部發育造成嚴重的影響，剝奪與生活相關的認知技能。根據估計，美國人因為接觸到鉛、水銀，以及大部分殺蟲劑都含有的有機磷（organophosphate），使得智商總數減少了四千一百萬。孕婦服用藥物或是飲酒，就算分量少，也會讓未出生的孩子處於永久性心智缺陷的風險之下。二〇一七年，賓州大學精神病學家克李斯多福・皮爾斯（Christopher Pierce）發表了一項驚人的研究：雄性大鼠如果使用藥物，會導致自己的後代產生學習缺陷，可能是精子的DNA受到了影響。在實驗中，交配前的大鼠攝取古柯鹼，結果他的後代腦部出現了表觀遺傳改變。這些表觀遺傳改變導致了和記憶形成息息相關的基因的表現。以小鼠為模式生物的研究中，雌鼠受到的壓力會衝擊陰道中的微生物相，進而影響幼鼠的腦部發育。

根據南加州大學心理學家札炯克的研究，出生順序也對智能有所影響。在同一個家庭中，出生順序每往後排一位，智商分數便減少三分。科學家認為主要的原因是因為頭一個出生的孩子，得到最多來自於雙親的關愛，後面出生的就比較少了。有研究指出，餵食母乳的孩子，平均智商要比沒有餵食母乳的孩子高出八分。母乳可以讓孩子的腸道微生物相有所不同，可能會影響腦部的發育和功能。另一項研究指出，一年當中父母忙著造人的月份對於腦部發育也有影響：在冬天受孕的孩子，出現學習障礙的比例比較高。身體需要短暫接觸到陽光中的紫外線，才能夠製造維生素D，研究人員推測，孕婦在冬天可能因此無法得到足夠的維生素D給未出世的孩子。

文化差異和性別成見也會影響到學習與表現。雖然多項研究指出男性和女性之間的數學能力沒有差異，但是認為男性數學比較好的成見依然存在。這個成見完全沒有生物學的根據，卻讓女性處於不利的地位。在數學考試前，如果要求女性表明性別，出來的成績就會比沒有要求表示性別時來得低。這種成見對於男性也有不利的影響，讓男性自我膨脹，覺得自己數學好。研究也指出，男性因為高估了自己的數學能力，而有比較多去從事科學與工程方面的工作。

研究人員現，學習環境會大幅影響不同成就水平的中學生的學習動機與表現。成就高的學生如果相信這個詞彙測驗符合自已的年級，表現得會最好。不過成就低的學生如果相信同樣的詞彙測驗只是個有趣的解謎遊戲，表現得會比較好。有趣的是，成就高的學生如果認為進行詞彙測驗只是為了好玩，那麼表現就會比較差。在成就低學生中情況也類似，如果他們認為這是符合年級程度的測試，表現得會比較差。這些結果指出了一體通用的教育形式傷害了許多學生。針對學生的動機與目標設計教育課程，有助於達到更高的成就。

雖然有種種影響智能的因素不在我們的控制之中，但重點是不要放棄學習。相對地，我們要體認到自己的能力還有增加的空間，而且可以受到心理暗示的影響。美國史丹佛大學的心理學家卡羅・德威克（Carol Dweck）指出，如果告訴學生智能並非固定不變而是有進步的空間，他們在學校的表現會更好。德威克還指出，這種「成長型思維」有助於抵銷學生因為貧窮出身在課業中產生的負面效應。不論是靈光或是無光，努力讓腦子更靈活總是值得的。

你的腦中有隱藏的天賦嗎？

在一九八八年的電影《雨人》（*Rain Man*）中，達斯汀霍夫曼（Dustin Hoffman）飾演的角色，靈感來自於學者金恩・皮克（Kim Peek），他天生就沒有連接兩個大腦半球的神經束胼胝體（corpus callosum）。皮克沒有發展出精細的運動技巧，無法自己穿衣服和刷牙，智商也低。但是他擁有百科全書般的知識，在玩知識猜謎遊戲時可以碾壓你。皮克的綽號是「京電腦」（Kimputer）[1]，他具有了不得的照相記憶，能夠記得幾乎所有讀過的書的內容（據說

1 譯註：京是十的十六次方。

多達一萬兩千本），聽到的歌也都能夠記得住。他也是人腦GPS，能夠鉅細靡遺記得美國主要城市的街道地圖。

其他的學者各有超凡的天才。艾蓮．布德羅（Ellen Boudreaux）天生目盲而且有自閉症，任何音樂只要聽過一次就能夠彈奏出來。自閉學者史蒂芬．威爾夏（Stephen Wiltshire）只要瞥一眼街景，就能夠靠著記憶詳細地描繪出來，為他贏得「人腦照相機」的稱號。

你可能會羨慕這些超能力，但是那些能力往往是由極高的代價換來的。腦中的某個部位能力要大幅提升，似乎免不了要提取其他部位的資源。就像在電影《雨人》中所演的那樣，幾乎一半的「學者」具有類似自閉症的症狀，而且苦於社會互動。有些學者腦部受損得太嚴重，甚至無法行走或是照顧自己。還有其他的例子，丹尼爾．譚米特（Daniel Tammet）是高功能的自閉症學者，他患有癲癇，除了能背圓周率到小數點後兩萬兩千五百一十四位和會說十一種語言，此外言行一如常人。另一個人體計算機是德國的數學巫師呂迪格爾．加姆（Rudiger Gamm），不過他並不是具有腦部異常的學者，他的天賦來自於尚未找到的遺傳突變。

更引人注意的狀況，可能是本來過著正常日子的人在腦部創傷之後出現了類似學者的能力。這樣的例子全世界已知約只有三十名，這些人在腦震盪、中風或是遭受雷擊之後，突然具備了超凡的才能。這種現象引發了一個引人入勝的問題：是否有某種才能被困在你的腦中？如果才能釋放出來，你是否就能夠唱饒舌如肯伊威斯特（Kanye West），激情熱舞如麥克傑克森，計算數學如瑪麗安·米爾札哈尼（Maryam Mirzakhani），畫快樂的小樹有如鮑伯·魯斯（Bob Ross）？

還有類似的情況。藝術能力和阿茲海默症等某類失智症之間有奇特的連結。神經退化疾病會損及高等的心智功能，但是非凡的繪畫藝術能力有的時候會浮現出來。阿茲海默症患者新得到的藝術能力，和自閉症學者之間還有另一個類似的地方：兩者都因為社交和語言技巧喪失了，而能夠一心一意專注在才能之上。這些案例讓有些研究人員提出假設：腦部參與分析思考和語言的區域受到破壞之後，讓原本隱藏的創造技巧綻放光芒。

澳洲雪梨大學的神經科學家亞倫·史奈德（Allan Snyder）一直研究以非侵入的方式讓腦中一些部位的活動暫時停止下來。他的技術是把電極貼在頭上，施以微弱的電流。曾有阿茲海默症患者腦部分析的區域受損後，成為了藝術家。史奈德用電流暫時抑制受試者的那些區域，結果這些受試者解答需要跳出框架思考才能夠解答的謎題時，表現得更棒。（史奈德花了許多經費在神經學研究的儀器上，我真不願意告訴他，我只要喝一瓶廉價紅酒便可以達到相同的效果。）不論如何，因為這些發現，史奈德相信人人都有學者般的能力，但是腦部刻意壓抑了這些能力。

每個人是否都有一個小雨人困在大腦這個籠牢之中？如果真的有，要怎樣釋放這些神奇的力量呢？對於這些我們都所知甚少。由於這種瘋狂的能力太罕見，而且往往需要犧牲其他的生活能力，我並不願意用頭撞牆壁把它們召喚出來。

我們為什麼會忘東忘西？

在影集《唐頓莊園》（*Downton Abbey*）中，管家卡森（Carson）曾若有所思地說：「生活中的要事，就是得到記憶。到頭來生命就是記憶。」我們心智所得到的事物之中，記憶是最為珍貴的。記憶不只能夠召喚出情感，而且對於生存也很重要。我們還沒有完全瞭解記憶形成的方式，對於提取記憶的方式所知更少（偶爾事隔多年，隱藏在大腦深處的記憶會突然浮現）。不過我們已經知道，記憶雖然飄渺不定，但的確是物質大腦的產物。

目前我們認為記憶分為兩個階段：短期記憶（工作記憶）和長期記憶（儲存記憶）。短期記憶是暫時性的，如果大腦判定這個記憶夠重要，就會變成長期記憶儲存起來，這個過程往往發生在睡眠中。「重複」是形成長期記憶的方式之一，在腦中可以發現因為長期記憶而出現的結構變化。倫敦的計程車司機得記得這座城市中迷宮般的複雜道路，他們海馬回的一部分的大小高出平均值。職業小提琴家大腦皮質中和手部靈巧活動相關的區域比較大（我的兒子和他的電玩隊友可能也是這樣）。科學家認為，在學習過程中活躍的神經元會釋放化學成分，增加神經元之間連結的數量，使得這些神經元周圍的部位增大。這就像是持續進行重量訓練會讓肌肉增大。

在提取記憶時，腦並不像是在手機裡播放影片。大腦每次提取記憶時會重組記憶，這個重組的過程解釋了為什麼記憶並不完美，因為每次重建記憶時，會添入不同的細節。提取記憶有點像是小朋友玩的「傳話遊戲」：小朋友坐成圓圈，然後低聲口耳相傳一個簡單的故事，最後一個小朋友聽到的故事內容，通常偏離了原先的故事。這個故事的核心可能沒有改變，但是細節有所不同，而且可能還改滿大的。記憶很容易落入相同的圈套中，所以在高中同學會時老友見面，常會爭論當年一起在圖書館留校察看那一天的種種細節。

記憶的提取會受到時間與干涉的影響。時間會影響我們心智的素描板。如果記憶沒有經常回想，往往會變得模糊，最後消散。干涉是指類似的事件在記憶編碼時蓋在某個記憶之上，使得兩個記憶彼此之間混淆了（許多情侶便是因為這樣而分手）。

絕大多數的人從經驗中可以知道，伴隨強烈情緒的記憶往往比較容易會想起來，反覆聽到的事情也容易想起。所以一九八〇年代的歌我幾乎都記得怎麼唱，在去市場的時候卻會忘記妻子要我買一盒木莓。當我真的需要記得某些事情的時候，我會盡力把這件事和一九八〇年代的歌融合在一起，例如我會改編王子〈木莓色貝雷帽〉（Raspberry Beret）的歌詞為：「她今天要木莓，你可以從蔬果店找到的木莓。」這樣問題就解決了。

腦部損傷引起的記憶問題可以證明記憶完全是神經活動造成的現象。最常提起的例子是一位暱稱為HM的病人，他在一九五〇年代因為嚴重的癲癇而接受腦部手術，切除了一部分的顳葉（temporal lobe）。這種激烈的治療方式的確讓癲癇受到控制，但壞消息是他從此無法形成新的記憶。他就像是電影《記憶拼圖》（*Memento*）中的主角李奧納多，每天早上起來都覺得今天是他動手術前的那一天。他可以記得手術前十年的事前，但是不會形成新的記憶。他在中午向妻子打招呼，到了十二點十五分又會打招呼，因為他完全不記得已經見到她了。HM在二〇〇八年去世時，依然認為當時的美國總統是杜魯門（Harry Truman）。其他會影響記憶的腦部損傷包括了中風、藥物濫用，或是阿茲海默症與路易氏體失智症。

在沒有腦部創傷的情況下，如果你忘記伴侶其實換了新髮型時，要用什麼藉口呢？雖然我不知道對方會不會相信，但是你可以歸咎於某個和記憶息息相關的基因。CREB是一種轉錄因子，能夠調節基因網絡，遺傳變異可以使得CREB的功能增強或是減弱，讓長期記憶改善或受損。ZIF268是另一個重要的轉錄因子，是短期記憶轉換為長期記憶時必備的。其他的研究發現，腦源神經營養因子的基因變異和能否記清過往事件有關。

也有證據指出表觀遺傳會影響學習與記憶，以及本能行為。就像是新的智慧型手機裡面已經有一些事先裝好的應用程式，所有動物出生的時候，腦中也已經編程好了一些本能行為，例如嬰兒的哭泣、鳥類的鳴叫，以及蜜蜂的舞蹈。二〇一七年，澳洲昆士蘭大學的神經生物學家史蒂芬妮・比爾甘斯（Stephanie Biergans）利用蜜蜂把複雜的舞蹈當成定位系統，好記得食物位置的特性，她把抑制DNA甲基化的藥物放到蜜蜂腦中，阻止了蜜蜂的記憶能力。你可能還記得，DNA甲基化和胎兒編程有關，如果雙親接觸到櫻桃氣味的時候遭受電擊，生下的幼鼠會因為DNA甲基化的緣故也害怕櫻桃氣味（見第六章）。總的來說，這類研究讓科學家認為本能和其他學習而得的行為，會經由表觀遺傳機制在神經元中編碼。

除了修飾DNA，在組織蛋白上的化學修飾也和記憶功能關係密切，DNA會纏在這種蛋白質上。組織蛋白如果連接上乙醯，會促進基因表現，CREB、腦源神經營養因子和ZIF268等基因在記憶形成時如果要活化，就需要組織蛋白乙醯化。如果因疾病或年紀增長使得組織蛋白乙醯化減少，會造成記憶衰退。組織蛋白去乙醯酶會除去組織蛋白上的乙醯，抑制該酵素的藥物能夠讓組織蛋白再連接上乙醯，有助於小鼠的記憶力。

甚至連微生物相都影響了記憶能力。缺乏微生物的無菌小鼠和具有腸道細菌的正常小鼠相比，記憶力受損了。除此之外，加拿大多倫多大學的微生物學家菲利浦・希爾曼（Philip Sherman）指出，細菌感染了小鼠腸道，使得正常微生物相受到干擾，會影響腦部的學習與記憶能力，並且持續到感染結束之後。微生物相影響記憶的方式之一是促進海馬回中腦源神經營養因子的表現，受到感染時腦源神經營養因子會減少。但如果希爾曼在小鼠受到感染時餵食抗生素，腦源神經營養因子便不會減少，由感染造成的學習和記憶缺陷也不會出現。

如果你能夠記得這一節的內容，就應該要能夠體諒人會因為許多預料之外的原因而忘東忘西，有時候這並不是他們的錯。還好現在智慧型手機中有個人助理，可以當成多出來的腦力，只要我們記得設定就好了。

為何「自己」是一種幻象？

人類的腦是非凡的器官，讓我們有其他絕大部分動物都不具備的新能力：自由意志。當我們晚上在想是要外出跳舞或是留在家中時，真的覺得是自己自由地做出決定。但是否有可能，你的下意識基於你察覺不到的因素就先做出決定，然後再呼攏你，讓你覺得是自己做出決定了呢？

我們會想到這樣奇怪的事情，來自於班哲明・利貝特（Benjamin Libet）在一九八〇年代開始的實驗。利貝特測量人在決定舉起手指時的腦部活動。利貝特告訴受試者做出決定時要馬上說出來。結果令人震撼，因為在受試者意識到決定之前腦部就已經活動了。後來這個實驗用更精細的儀器重複進行，愈來愈精確。現在科學家能夠利用腦部成像技術在受試者真的做決定前十秒鐘就知道所做出的決定是什麼。這些實驗的結果指出，腦中有許多事情是「暗中進行」的，直到木已成舟前，我們都蒙在鼓裡。我們所做出的決定在我們意識到之前就已經完成了，那些腦中的聲音只是重複腦已經決定的事情，好讓我們以為是自己決定的。換句話說，電影的劇本已經先寫好了，我們對於自我的感覺，只是在IMAX戲院中看大銀幕，覺得自己參與其中而已。就這方面來說，人類的決策過程和心跳與呼吸等非自主性的活動一樣。

之前提過，腦的基本功能是模擬我們所處的現實，把「外在世界」在腦中建立起來，這樣腦才能夠產生反應。我們所稱為的「自我」，有可能是這種模擬功能的另一個特徵。在我們要做什麼事情之前，腦子就知道要做了。如果這是真的，人類的自我感覺和自由意志都只是幻象而已。

在你用力搖頭，然後躺到床上想著沒有任何事情可以相信的時候，有一派人認為雖然我們沒有自由意志，但是有「自由否決意志」（free won't）。雖然我們沒有辦法控制下意識要做出什麼決定，有些研究人員卻認為我們的大腦意識具有否決權。換句話說，人類的下意識大腦像是提出法案的國會，意識大腦則是總統。國會要通過什麼法案不是我們能夠自由決定的，但是我們可以決定哪些法案要丟到資源回收桶。

不論是自由意志或是自由否決意志，事實就是：生命並不需要腦，但是腦讓生活過得更有價值。

第九章 瞭解自己的信仰

「在沒有資料之前，不要設想理論。不然你一定會扭曲事實去符合理論，而不是修改理論以符合事實。」

柯南．道爾（Arthur Conan Doyle），《福爾摩斯冒險史》（*The Adventures of Sherlock Holmes*）

基因製造蛋白質，腦部則製造概念。但是有些人的腦為了爭取生存和生殖機會批評這樣的概念。概念就像是基因，有用的會表現出來，沒有效用的則會趨於寂靜。如果腦愈支持某種特別的概念，這種概念就愈可能成為一種信念，散播到文化中。

眾多的腦必須要聯合在一起運作，才能夠把概念轉換成信念，或是把過時的信念消除掉。但是當你要一群自以為是的腦共同合作，就會發生奇怪的事情。我們會認為，評估一個概念是好還是壞，應該是單純的邏輯活動，例如用量化的方式判斷一個概念的成功與否。但是如果是關乎到自己的信念，絕大多數的人便難以維持客觀與理性。心理學實驗指出，你的腦和其他人的腦糾纏在一起，造就了人類的行為和信念，其中有些事情很有趣，有些則讓人沮喪。

讓我們從這個例子開始吧：為什麼有那麼多人難以大聲抗議與反對壞點子？

為什麼大部分的人都不反抗？

面對鏡子故意露出微笑，假裝自己是個厲害的反抗者，堅持要像個漢子般堅持反抗體制，這個模樣還挺好笑的。告訴其他人誰是老大，誰掌握了世界……在又看了一集《勁爆女子監獄》（*Orange Is the New Black*）之後，這樣做是很有趣啦！但是老實說吧，一般人所做最有反抗體制意味的事情，就是拿著十一項商品溜到「十項商品以下」的結帳處排隊。我們雖然沒有穿著囚服，卻在看不見的牢籠中服無期徒刑，行動受到他人限制，處處被占便宜。人類之所以不想要打破穩定的場面，是有古老演化成因的，這從我們非人類的祖先時期就開始了。

靈長類動物的腦演化了數千萬年，已經適應了以排序為基礎的階級結構。黑猩猩具有複雜的社會網絡，在不同階級的個體會形成聯盟，人類也是如此。在黑猩猩的社會中，雄性領袖的主要特徵是身體強壯、靈活狡猾，能夠拉攏到忠誠的朋友。對抗雄性領袖可能是致命的錯誤。這種根深柢固的恐懼或多或少能夠說明人類對於反抗感到猶豫：如果你讓船發生騷動，最後可能會讓自己被逼得跳海。所以就生存與生殖來說，袖手旁觀的個體才可以生下另一個袖手旁觀的個體。

人類對於權威人物的順從本能也是強烈得出奇，權威人物可能是雙親、教師、神父、警察、布魯斯史普林斯汀（Bruce Springsteen）或是酋長。從演化的角度來看，聽從這些人的話很合理，畢竟他們的知識有助於自己的生存與繁殖，不過對於權威的敬意也藏著令人不安的陷阱。

美國耶魯大學的史丹利・米爾格蘭（Stanley Milgram）在一九六三年進行了一項經典實驗，測試人類的服從性。彼德・蓋布瑞爾（Peter Gabriel）的歌〈我們照著吩咐做（米爾格蘭的三十七個試驗者）〉（We Do What We're Told (Milgram's 37)）就是從這個實驗得到的靈感。米爾格蘭是從紐倫堡大學想到這個實驗的，那些被告宣稱自己之所以做出令人髮指的行為，「只是遵守命令」而已。平常沒有暴力傾向的人，會因為權力人士的吩咐就去傷害陌生人嗎？米爾格蘭設計了一個實驗，讓全部都是男性的受試者相信自己是在幫助學生改進學習技巧。當學生的回答是錯誤的時候，實驗中扮演權威人士的人（也就是從事實驗的人）告訴受試者要給學生輕微的電擊。受試者並不知道實驗者和學生都只是在演戲。當學生假裝回答錯誤時，實驗者就指示電擊的程度要增加，學生會因為更為疼痛而肌肉抽動，發出叫聲。當然這也是在演戲。如果受試者產生懷疑，覺得不該再施予學生痛苦，實驗者會提醒說完成實驗非常重要。結果令人震撼，有三分之二的受試者持續折磨學生，即使知道所使用的電流強度到大到足以引發劇烈的疼痛，甚至可能造成死亡。

當受試者對學習者發出足以威脅生命的電擊時，心裡在想什麼？可能什麼都沒想。其他研究人員後來發現，受試者在遵從命令時，腦部的活動消失了。在受到壓迫的時候，腦部處於缺乏主體感的狀況，也就是覺得對於自己的行為所負的責任比較少。

二〇一二年的電影《快餐店陰質事件》（*Compliance*）根據真實事件改編而來，描述了在一九九二年到二〇〇四年之間，許多打到七十間快餐店惡作劇電話中的其中一個。打電話的人宣稱自己是警官，勸誘店長居留店員，因為那個店員有竊盜嫌疑。其中有幾次，打電話的人成功地說服店長把無辜的店員綑綁起來，進行嚴密的搜索，以為自己真的在幫助執法單位找尋失竊的物品。

人類是社會性動物，我們經常讓自己的行為符合某些群體的要求。要遵守群體的規矩，需要「去個人化」（deindividuation），這會讓群體中的成員迷失了自己，以及應有的正常行為。一九七一年，菲利浦・辛巴度（Philip Zimbardo）進行了著名的史丹佛監獄實驗，顯示了人類有多麼容易就陷入群體認同。在實驗中，史丹佛大學的學生在模擬監獄中，隨機分派為囚犯和獄卒，不到一個星期這個實驗就被迫中止，因為扮演獄卒的學生狠狠虐待了扮演囚犯的學生，後者叛亂但是沒有成功，有些學生甚至出現憂鬱症狀和身心症。

監獄實驗有幾個缺陷，例如受試者太少，同時也缺乏嚴格的重複實驗。除此之外，人們對於這個實驗結果的詮釋也有所不同。瑪麗亞・柯尼科瓦（Maria Konnikova）寫道：「史丹佛實驗的教訓並不在於任何人都會墮落成為嗜虐的暴君。而是在某些機構和狀況中的確需要那些行為，而且這些行為也有可能改變那些人。」換句話說，如果我們傾向展現出別人所預期的行為，那麼經由改變這些預期，我們就可能讓行為朝著積極面改進。

這些實驗讓我們知道，人類的腦很容易就遵守群體的預期，並且服從權威人士。我們當然不應該因為這樣就陷入無政府的混亂狀態，而是要體認到有人會居心不良，利用人類遵守群體與服從權威的本性。這些實驗並不是要為惡作劇者和戰犯脫罪，而是知道了腦的脆弱之處後，能夠讓我們得到控制腦的力量。我們必須警戒並且保持獨立思考。

有天我們的腦部可能終於瞭解到，人類的社會結構是金字塔形，只有少數人因犧牲了多數人而獲利。

群體是怎樣走上兩極化的道路？

當你的腦和其他的腦接觸時，有些人腦中的想法和你如出一轍，有的則是南轅北轍。腦總想受到吹捧，因此喜歡和那些想法與自己相同的腦處在一起。這種腦的偏見特質可能說明人類的政治系統為何讓人深感挫折。在國會殿堂中，群體迷思（groupthink）這種達爾文式的同儕壓力，幾乎每天都侵害著理性與折衷方案。當兩個或多個群體有不同意見時，各群體中的成員為了爭奪在所屬群體階級中更高的地位，會提出群體意見中最苛刻極端的版本。群體中意見比較溫和的成員，要不是附和那些極端主義者，便是為這愈來愈激進的團體所排斥。為了保持群體中的和諧與忠誠，理性往往只能去坐冷板凳。結果就是人類形成了極度兩極化的團體，各自有狂熱的見解，基本上不可能達成協議。

群體迷思對兩方都會造成損失，現在美國的兩黨都鄙視對方，認為僵局都是對方一手造成的。好不容易能夠通過的法案，往往是出自於暴民心態（mob mentality）的極端政策，而不是許多個體在理性溝通之後達成的結果。政黨之間的歧見之深，使我們現在會說某黨在某個法案中「獲勝」或「失敗」，似乎把這些會影響數億人的政治活動視為某種遊戲。我們必須小心群體迷思，留意遵從極端意見所引發的危險，才能改變這種狀況。那些忘記所有人都在同一艘船上的人，應該打包回家。

英國蘭卡斯特大學的心理學家馬克・李文（Mark Levine）告訴我們如何利用這種知識。在瞭解這個實驗之前，我們先得知道曼聯（Manchester United）和利物浦足球俱樂部（Liverpool Football Club）這兩個球隊是死敵。李文請曼聯球迷填寫一份關於曼聯和死忠曼聯球迷的問卷，並且告知填寫問卷的人要到另一棟建築中報告結果。在受試者走到那棟建築的路上，一個假扮成慢跑者的演員在他們面前假裝跌倒並且痛得大叫。如果慢跑者穿著有曼聯標誌的運動衫，那麼幾乎所有的曼聯球迷都會過去幫忙。如果慢跑找穿著素色運動衫，上面沒有任何標籤，就只有三分之一的曼聯球迷會停下腳步去幫忙。讓人沮喪的是，如果慢跑者穿著利物浦足球俱樂部的運動衫，會去幫忙跌倒者的曼聯球迷就更少了。這個結果揭露了人性中不光彩的那一面，雖然你的腦現在可能堅決認為不論他穿哪種運動衫，自己都會去幫助他。你的確可能會如此，但是要記得你的女明星腦很容易就會欺騙自己，並且經常讓你成為比本性更善良的人。如果那位慢跑者是敵對政黨的成員、拒絕和你做生意的某家公司職員、你信仰的宗教所認定的邪惡對象，或只是小賈斯汀的歌迷，結果會怎樣？不用擔心，因為這個故事有個好結局。李文對另一批曼聯球迷進行這項實驗，不過問卷內容不是關於某個球隊的想法，而是球迷志同道合的情誼。這時慢跑者不論是穿曼聯或是利物浦足球俱樂部的運動衫，都會受到協助。只是穿素色運動衫的慢跑者得到的幫助就少了。

我覺得這個結果是很有幫助的，它指出了我們仍然能夠好好對待小圈圈以外的人。如果我們能夠持續提醒自己：人人都是更大群體中的成員，就能夠擺脫兩極化政治的獠牙。如果我們能夠講道理，便可以把所處的聯盟擴大到這個黯淡藍星上的所有人類。

為什麼政治爭論讓人焦慮？

大部分人會由政治信念來定義自己，是保守的右派或是激進的左派。我們喜歡認為自己是因為本著客觀與嚴格的思考後，才有現在的政治觀。對於當前熱門的議題，我們打從心底覺得自己的立場是正確的，完全無法瞭解反對者為什麼無法瞭解我們的想法（我們的想法當然是正確無誤的）。科學能夠說明這種困境怎麼發生的嗎？人類的生物本性有保守主義和自由主義之別嗎？

我們之前提過許多狀況中，某些遺傳變異會讓人容易具備某類人格特徵，政治傾向也不例外。研究指出，同卵雙胞胎之間的政治信念吻合程度，大於異卵雙胞胎，所以遺傳因子的確會影響我們的選票、汽車保險桿上的標語，以及偏好的網路新聞媒體。還有，從小就分開的同卵雙胞胎長大之後重新會面，在政治議題的看法也會相同。加州大學聖地牙哥分校的政治學家詹姆斯．佛勒（James Fowler）甚至稱找尋政治傾向相關基因的研究領域為「基因政治學」（genopolitics）。

在多個實驗中，有一個基因和人們投票的關聯特別明顯。你可能已經猜到了，那就是本書之前出現過幾次的DRD4基因。你或許還記得DRD4基因所製造的蛋白質是一種多巴胺受體，這個基因的變異能夠讓人做出鋌而走險的行為，例如冒險、實驗，並且追求新奇的事物。就如同你推測的那樣，激進的自由派人士往往更容易帶有讓人冒險的DRD4遺傳變異，保守派就少得多。基因會影響腦的結構，而接下來的內容將會提到，神經學家注意到，保守派人士和自由派人士的腦之間存在著有趣的差別。看來我們在頭一次見到競選海報之前，就已經在政治傾向上偏斜某一邊了。但是最近的一些選舉結果顯示基因不是唯一的影響因子。有些共和黨員跳過了國民基本教育，有些民主黨員不想要離開議院。

想要知道政治傾向是否為天生的，最好的方法之一是測驗年幼孩童的人格，然後數十年之後看看他們支持共和黨員還是民主黨員。我們運氣很好，這項實驗已經完成了。加州大學柏克萊分校的傑克與堅妮·布洛克（Jack and Jeanne Block）對幼稚園的兒童進行人格測驗，並在二十年後找到這些人，提出政治意味濃厚的問卷。他們發現幼兒時期的某些特徵和將來的政治傾向有密切的連結：「現在比較傾向自由派的男性，在二十年前讀幼稚園的時候，老師的印象是機智靈巧、自動自發，以自己的成就為傲，充滿自信而且注重自我。比較傾向保守派的年輕男性在小的時候，幼教老師的印象是：明顯的越軌行為，覺得自己可恥而有罪惡感，很容易就覺得受到冒犯，面對不確定的狀況時會焦慮，不信賴其他人、深思熟慮、在壓力下思考僵化。

至於女性，研究發現：「比較傾向自由派的女性……二十年前由幼稚園評估時，具備了一些特質：自信、健談、好奇，能夠放開表達自己的負面感覺，也能夠坦然接受奚落，聰明靈活、好競爭、自我要求高。比較傾向保守派的年輕女性二十年前還是幼稚園的小女孩時，評估者覺得她們：優柔寡斷、猶豫不定，容易受到迫害、羞怯愛哭、不擅表達自己、害羞、整齊清潔、常抱怨、遭遇模擬兩可的狀況時會焦慮與恐懼。

兩個政黨成員有些行為也有顯著的差異。你認為哪一黨的人比較喜歡穿硬領襯衫？哪一黨喜歡穿樂團襯衫？研究指出保守派的學生比較容易有燙衣板、旗幟和運動海報，房間整齊清潔。自由派的學生有許多書、世界地圖，聽的音樂五花八門，宿舍沒有那麼整齊。人格特質側寫指出，通常自由派的人心胸開放，富有創造力與好奇心，會追求新鮮的事物。保守派的人比較注重秩序、循規蹈矩、有條有理。總的來說，在有新證據時自由派偏好改變，而保守派偏向維持穩定、依循傳統。因此毫不意外，自由派的人往往保持懷疑，保守派的人容易有宗教信仰。

美國內布拉斯加大學的政治科學家約翰．希賓（John Hibbing）認為，保守派和自由派對於令人不悅的影像，或是造成干擾的聲音，產生的反應不同。保守派的人對於不悅的刺激，生理反應比較強烈。面對有威脅感的聲音和圖片反應比較激烈的受試者，偏好支持增加國防預算、死刑、愛國主義和戰爭。比較不容易受到干擾的受試者偏向支持對外援助、自由移民政策、和平主義和槍枝管制。

那些在電視上的保守派名嘴談話內容也和這些研究結果相符，幾乎都在大放恐嚇性的末世言論，他們的聽眾也因為對恐懼的反應過度而變得偏執。自由派的談話節目往往比較無聊，因為自由主義者通常更冷靜，內心平靜無波，但這個特徵的缺點是會低估真實的威脅。對於不確定的狀況，自由派通常能夠忍受，並且瞭解到各種議題的複雜性。保守派通常很快就有「輕易做出」的決定，因為他們的世界觀比較簡單而且黑白分明。這兩種方向並沒有哪一種比較好，有些狀況需要快速地決定，其他的則需要深思熟慮。在理想的狀況下，我們應該本著謙虛、誠實與正直，在兩種方式之間保持平衡。但是誰來監管這個充滿敵意的比賽呢？

自由派和保守派人士之間世界觀的差異，確確實實影響了公共衛生與政策。二〇一七年有一項研究審視了民主黨人和共和黨人對於全美肥胖流行起因的看法。共和黨人往往認為是因為肥胖者生活型態不良以及缺乏意志力；民主黨人則認為這個議題更為複雜，並且知道基因是造成肥胖的原因之一。到頭來，共和黨人比較不喜歡政府去幫助肥胖的人，民主黨人比較偏好對甜食與含糖飲料徵稅，好遏止垃圾食物的銷售。其他的研究也確認了，在面對問題時，保守人士比較喜歡用更為廣泛的禁止措施以避免負面結果，自由人士則比較偏好針對目標加以解決，希望能夠有正面結果。

二〇一〇年，演員柯林佛斯（Colin Firth）才剛因在電影《王者之聲：宣戰時刻》（*The King's Speech*）中飾演英國國王喬治五世而獲得奧斯卡獎提名，就對科學家拋出難題，要科學家搞清楚那些在熱門政治議題上和自己唱反調的人，「在生物本質上出了什麼差錯」。倫敦大學學院的神經科學家格萊特・里斯（Geraint Rees）接受了這項挑戰，他檢查了自由派人士和保守派人士的腦部結構，並且在發表研究論文時把柯林佛斯列為共同作者。

里斯發現這兩類人的腦部結構模式各有不同，研究人員由腦部掃描結果來判斷受試者是保守派還是自由派，正確機率高達百分之七十二。保守派人士的杏仁核往往比較大（這個部位在恐懼和焦慮時會活躍起來），自由派人士的前扣帶皮質（anterior cingulate cortex）比較大，該區域負責了人類與生俱來的批判分析思考。研究中立派或是騎牆派人士的腦部結構與活動應該會很有趣。有些人可能會認為他們的杏仁核和前扣帶皮質比例相當、同樣活躍，這或許能使他們的恐懼和理性保持平衡。值得注意的是，習慣拖拖拉拉的人，杏仁核也比較大，這可以解釋他們為什麼老是拖延：害怕行動造成了不良結果。在政治中，可以說明為什麼保守派人士和自由派人士對於會打破平衡或是顛覆傳統的新點子，態度截然不同。

現在你知道那些梗圖為什麼無法打動政治立場不同的臉友了。因為你不是只想要他們能夠改變心意，而是要求他們改變大腦。上面種種研究結果指出，我們面對潛在威脅、壓力以及衝突時，人類腦部的結構深深影響了我們的反應，也影響了我們的政治傾向。

從演化的角度來看，人類這個物種中有各式各樣政治傾向的人是很合理的。保守派善於察覺潛在威脅，自由派長於評估威脅，在彼此合作的社會中，這些互補的能力有助於謹慎地促進文明進展。現在的問題是，我們無法反抗挑起兩方爭鬥的極端者，也就不再尊重對方的長處。比起打破身分、傾聽另一方的憂慮並且好好思索，把對方斥為「陰謀論渾蛋」或是「自由派人渣」容易多了。我們必須要戒除由部落時代團體迷思引發的短暫多巴胺報償成癮，運用邏輯和理性達成折衷方案，好得到長期回報。一九九一年搖滾樂團「生活」（Live）警告生活在黑白分明世界裡的危險，現在我們應該要學習看到「灰色地帶的美麗」。

改變他們的想法雖然困難，但並非不可能

說到改變想法，改變年輕人的想法比較容易些，人類的腦部到了二十五歲左右才會完全成熟，過了這個年紀就像是熔岩已經凝固，會堅決抗拒改變對於某些議題的看法。為什麼到這年紀後，人類的認知要塞會如此難以攻破？有的時候就連堆積如山的證據和瓦肯人般扎實的邏輯，都無法動搖顯然錯誤的信念。

人們是如何看待那些自己堅守的信念？腦部影像研究提供了新的見解，只不過這個見解

令人沮喪。在對自由派人士的實驗中，研究人員讓受試者看幾條有政治意義的陳述（例如「墮胎必須合法化」），以及幾條沒有政治意義的陳述（例如「每天服用多種維生素有益健康」），受試者要回答是否同意，然後說明反對這些陳述的理由。

結果很有趣。面對沒有政治意義的陳述時，受試者可以毫無困難的重新評估自己的觀點，但是對於政治陳述卻寸土不讓。受試者的政治信念受到挑戰時，杏仁核的活動增強，彷彿是受到了威脅。在遭遇到其他的威脅，或政治信念受到挑戰時，情緒反應會如同騎兵來襲，侵入決策系統。除此之外，這時腦中和自我表徵（self-representation）相關的區域也會活躍，意謂腦部難以把這些信念和自我印象分離。換句話說，挑戰人們的政治立場或是政黨領袖，相當於挑戰人們的自我認同。人類的女明星腦沒有自我認同就活不下去。我們不願意面對自我認同的危機，於是選擇否定證據或是白眼以報，就像是稱職的公關祕書所擅長幹的事。

當我們聽到其他人同意自己的想法時，會得到由多巴胺引發的報償感覺，所以不意外，我們會去尋找支持自己信念的論點，就像是ET跟著花生醬巧克力糖。幸運的是（或是不幸），在網路上很容易就能夠發現和自己有相同信念的人，不論那些人有多古怪。人類的女明星腦看到支持自己信念的證據時，會舉杯致意，遇到反對自己信念的證據時會把杯中的飲料潑上去。這種不恰當的行為稱為確認偏差（confirmation bias）。

二〇一六年，倫敦大學學院的神經科學家塔莉・沙羅特（Tali Sharot）指出確認偏差很容易出現。沙羅特把受試者分成兩群，區分的標準是相不相信人類活動會使得氣候變遷的速度加快。接著她告訴兩群中的某些人說，科學家重新評估了資料，發現氣候變遷的速度比之前認為的還要快；而對兩群中其他的人說分析的結果顯示氣候變遷的速度沒有以前所想得那麼糟，看看哪些人會相信哪些說法。相信氣候變遷的人，嘲弄氣候變遷沒有那麼嚴重的新分析結果，但是會接受狀況更嚴重的新分析結果。否定氣候變遷的那一方也是一樣，否定者拒絕接受氣候狀況惡化的新結果，但是接受了情況沒有那麼糟的結果。換句話說，人類的腦只接受能夠強化已有信念的證據，這實在令人不安。絕大部分的人和這個實驗中的受試者一樣，過日子的方式並沒有遵循湯瑪士·赫胥黎（Thomas Huxley）的箴言：「我要做的事情是讓自己的想法符合現實，而不是要現實符合我的想法。」

偏差確實是糟糕的習慣，而且乍看之下和人類具有大腦的目的並不相符。但是確認偏差一直存在，因為腦中負責情緒的部位是最早演化出來的，存在的時間要比後來的理性思考部位來得久，這可能是情緒往往戰勝邏輯的原因。艾茉莉大學的心理學家德魯·威斯頓（Drew Westen）把確認偏差放到顯微鏡下仔細觀察（更精確的說是放到腦部掃描儀器中觀察），發現到受試者在面對自己所支持的政黨領導人自相矛盾時，腦部負責分析的部位完全死寂，而這時候腦中活躍的是負責情緒反應的部位。威斯頓也觀察到，受試者聽到自己偏好的政治人物的好話時，腦中的報償中心就好像是開滿花田。他的結論是：「基本上，死忠黨員會持續轉動認知萬花筒，直到想要的結果出現為止。」能讓女明星腦變臉的資料會被當成假新聞，自由派人士和保守派人士皆是如此，至少他們現在有共通之處了。確認偏差讓你的傑出論點被當成耳邊風，也讓你對於對方的論點充耳不聞。

這種僵局看來無法打破，不過中學老師在辯論社使用的方式可能會是解決方案：學生除了要為己方的立場辯護，也要為對方的立場辯護。只要我們能夠體認到兩方的說法的確有其道理，便可能展開有意義的對話，慢慢找出折衷方案。基於用證據往往無法說服心中已經有定見的人，沙羅特建議可以訴諸於情緒、好奇，以及對方解決問題的能力。舉個惡名昭彰的例子：反對接種疫苗的人依然相信疫苗會造成自閉症這項錯誤研究，並且強力排拒數百篇指出兩者無關的研究。但是如果提醒這些反對者染上痲疹、腮腺炎和德國痲疹可能發生的結果，他們改變想法的機率會提高三倍。要改變對方心意，比較有效的方式可能是集中討論兩方共同的目標，而不是意見不同之處。

為什麼人類會有宗教信仰？

有一件和宗教一樣神祕的事實：地球上幾乎所有人都有宗教信仰。宗教就像語言、貿易、工具和星巴克一樣，屬於全球每個文化中都存在的事物。不論你相信的是留著白色大鬍子的男性唯一真神，銀河聯盟（Galactic Confederacy）的外星人首領茲努（Xenu）、原力，還是噴火蝸牛的門徒，有信仰者通常相信的都是看不到的對象。雖然絕大多數的人生下來是無神論者，但是幾乎都能夠接受宗教的教誨，這很不尋常，就像是人類天生就有接納宗教的空間。

人類不會多問就能夠接受宗教的原因之一，是具備了服從權威人士的本能，例如天生就會服從父母。許多人小的時候會相信耶誕老公公這樣不可置信的故事，說明了我們會盲目接受父母所說的話。由於人類的腦在面對不確定事物時會極度不安，例如死亡之後會怎樣，因此宗教的概念可能更為持久。只要能夠一直得到禮物，這個世界上沒有耶誕老公公也可以，但是當女明星大腦想到自己主宰的時代即將終結，就足以把自己逼瘋。在沒有我的狀況下其他人還能正常過日子？這點完全無法接受！我可是那麼重要的人物耶！我會永垂不朽！認為肉體死亡之後靈魂依然永恆的想法非常具有吸引力，讓人不願顧及本身的存其實有如雷達螢幕上的光點般短暫。就如同哲學家卡繆（Albert Camus）所說的：「人類這種生物會花一輩子的心力，讓自己相信本身的存在其實並不荒謬。」宗教是女明星大腦的心靈雞湯。

在整個歷史中，有許多人因為頭被打到、吃了奇怪的蘑菇、做了個奇特的夢，或是癲癇發作，而相信自己的身體中除了單純的意識之外還有其他東西存在。這樣的體驗助長了對於靈性世界的信念，但是並沒有任何有形的證據能夠證明這樣的領域存在於人類想像以外的地方。最近對於腦部的研究，證明了我們對於靈性的感覺的確完全來自腦中。只要用電極刺激腦部，或是服用讓腦「體驗旅程」的迷幻藥等人為方式，就能夠讓人有靈魂出竅或是其他靈性體驗。常有人拿瀕死體驗作為死後有來生的證據，但是這也是不可信的，因為死亡後腦的確還能短暫運作一段時間。對大鼠腦部的研究發現，死亡時腦部的神經連結會出現激烈的活動，規模遠超過正常的意識狀態。在人類死亡之前也記錄到類似的腦部大規模電活動。這表示哺乳動物在腦部死亡的時候會體驗到強烈的意識活動，這或許能夠解釋那些人所得到的鮮明靈性體驗，或是覺得自己從「彼方」回來了。

二〇一四年有個聰明的實驗測試了靈魂出竅的經驗。實驗將物體放在醫院復甦房間的架子上。這些物體看起來很顯眼，但是只有靠近房頂天花板的位置才能夠看到。如果病人醒了並且宣稱靈魂離開了身體，研究人員會詢問病人有沒有看到什麼奇特的東西。這些病人所描述的事物都是在醫院房間中常看到的，像是醫師、護理師、醫療儀器等。但是沒有人說看到了什麼不尋常的物體。（那個對於周遭描述最為精確的病人，他所在的房間中並沒有事先放入不尋常的東西，可惜！）

人類的腦中很容易就會產生影像，這些影像會被誤認為異界或靈界的事物，所以我們可以瞭解為什麼有那麼多人接受宗教。

此外，能夠被接受的宗教也如此之多！世界上的宗教超過四千種，每一種都真正的確信自己是真實不欺的。而很明顯的，絕大部分的人所信仰的宗教來自父母的影響。對大部分的人而言，我們的宗教信念像是母語，並不是自己選擇的。你可以宣稱你有權利改變信仰，但是當你瀏覽全球各種宗教時，有些宗教可能會放逐你，或甚至殺害你。雖然你覺得自己有權利信仰各種宗教，但是童年時期接觸的宗教就如同根植在腦中的禁忌，非常難以消除，消除的時候也會很痛苦。

宗教除了能夠減緩對於自身存在的危機感，也能節省大腦所消耗的能量，就演化來說是有利的。就如同作家愛德華・艾比（Edward Abbey）在《荒野的呼聲》（*A Voice Crying in the Wilderness*）一書中說：「我們把難以輕易瞭解的事情，歸諸於神的作為，以減少大腦的損傷與哀愁。」對於短期無望解決的問題，例如人類從哪裡來？生活的意義？死後會如何？宗教就像是膠帶，能夠快速地解決問題。宗教能夠縫補這些惱人的知識缺口，讓我們的腦能夠集中在日常生活中關於生存和生殖的切身問題。

不過當人類發明了農業和節省勞力的技術，就有時間思索比晚餐內容和交配對象更重大的生命問題。有些人開始探究那個膠帶，看看能不能找出更好的答案。到了啟蒙時代，宗教不情願地投降了，人類歷史上稱為「黑暗時代」的嚴酷陰暗時期終於結束。

人類發現的種種驚人事實，取代了那捲膠帶。芸芸眾生並不是上帝所創造的，而是由天擇所雕琢出來。神不會讓白天突然轉暗，那只是日食而已。神明也不會讓大地動搖，地震是因為地底下的斷層裂開而釋放出地震波所造成。麻瘋病也不是神的詛咒，而是由麻風分枝桿菌（*Mycobacterium leprae*）所引起。

雖然科學已經有了不起的發現，但是有些人仍然深愛那捲膠帶，好像膠帶還牢牢黏在毛茸茸的皮膚上。撕下膠帶時所造成的痛苦稱為認知失調（cognitive dissonance），這個心理學名詞所指的是和你的世界觀衝突的知識所帶來的壓迫。你的女明星大腦喜歡自己所認識的世界，如果一個新發現能夠駁倒心中最為珍視的概念，就會引發認知失調。還記得黑武士說自己是天行者路克的父親時，路克那難以置信的反應嗎？這位年輕的天行者所展現出的就是最典型的認知失調。當新的事實如同砸爛建築的巨大鐵球摧毀我們的信念時，也會有造成同樣的震撼。

不要小看認知失調的力量，人類歷史中最糟糕與難堪的篇章，有些就是認知失調所造成的。看看關於伽利略的生平就可以知道認知失調造成的結果有多悲慘。伽利略在十七世紀用自己製造的望遠鏡觀測天體，確定了地球不是宇宙中心的異端邪說才是真實。這樣的發現因為違背了教會的教誨，和來自聖經的認知失調了。教會沒有接受這個明確的事實，反而選擇遮住自己的眼睛和耳朵。伽利略被判有罪，受到監禁，並且在看了當時中世紀的刑具之後，撤回自己的發現。三百五十年後教會才對伽利略道歉，讓這個人類歷史上最長也最可恥的認知失調與否認案例告一段落。

因為個人對於信仰牢牢抓住不放，讓認知失調依然在暗中潛伏。為了避免成為後代的恥辱或是笑柄，我們要遠離那些信仰，包括堅守的宗教。重要的是我們要體認到，那些遠古時期設想出來的超自然理論是用來安撫人類無法平靜下來的腦子。我們要避開這些陷阱，在生活中處處存疑，並且保持思想的彈性。要訓練腦子克服缺點，接受不確定性，並且必須持續學習。如果我們的生活建立在目前可以得到的證據之上，就無人能夠怪罪。相反地，過著忽略證據的生活並不合邏輯，受到責備也是自找的。

老兄，我的靈魂在哪裡？

人類具有靈魂，而且這個靈魂存在得比肉體還要長久，是個古老的概念。在基督教出現前數百年，柏拉圖便寫說靈魂是非實質的存在，它讓思想、感覺、記憶和想像等不可見的東西得以出現。認為人類由物質（身體）和非物質（心智）所組成的概念稱為二元論。到了十七世紀，哲學家笛卡兒也贊同二元論，使得這個概念受到廣大的迴響。二元論指出身體是可以和心智分開的，看不見的靈魂可以永存。

真希望笛卡兒能夠活到現在，看看具有裂腦症候群（split-brain syndrome）的人，這些人為了抑制癲癇發作而把左腦和右腦之間的連接給切斷了。一九六〇年代，羅傑・斯佩里

（Roger Sperry）研究裂腦症候群患者，證明笛卡兒錯了。如果拿個物體顯示給普通人一側的腦，兩個腦半球都會看到這個物體，但是因為裂腦症候群患者兩個腦半球之間的連接被切斷了，所以只有一個腦半球看得到，另一個無法看見。斯佩里的研究指出腦是可以分開的，就如同身體的其他部位。更讓人驚訝的是，兩個腦半球分開後都可以獨立運作，就像一個人具有兩個有意識的心智。如果我具有不可分開的靈魂，那就不應該出現這種情況。裂腦症候群患者在一個腦中可以有兩個心智，這可以由左手與右手能做不同的事情來證明。有報告指出這些人在穿衣服的時候，一隻手選了某件套裝，但是另一隻手選了別件。著名的神經科學家拉瑪錢德朗（V. S. Ramachandran）描述一位病人右腦相信有上帝，但是左腦不相信，這對在天堂之門前讓核准信徒能否進入的天使來說，可真是個難題。

腦部造影技術讓思考、記憶和情緒等過去看不到的過程，在腦中一一顯現出來。即時觀看正在解字謎、對話或是性愛的人腦部的活動，非常有趣（如果MRI儀器搖動起來，不要打擾他們）。當受試者從事各種不同的活動，腦部各個區域就會像是電動遊樂場的機臺那般亮起來。腦部在高潮時的活動看起來非常像是吸食了海洛因，這個發現可以讓沒有使用海洛因的人知道吸毒時嗨起來會是什麼感覺，以及毒癮難以戒除的原因。

神經科學家只要用電擊刺激腦中的特定部位，如同檢驗靈魂出竅體驗那般，便能夠引發強烈的情緒、感覺，以及記憶。用電流就能引起這些反應，讓我們知道腦負責了全部在過去認為是靈魂所負責的事。我們難以理解的思維與感情，事實上來自於塵世的物質，而非來自於什麼神奇的東西。法國生理學家皮耶．卡巴尼（Pierre Cabanis）說：「腦部分泌出思想，就如同肝臟分泌出膽汁。」

即使這些研究結果是證明心智二元論錯誤的扎實證據，但其他指出心智和身體是一體的證據卻仍時常出現。腦部損傷有的時候會改變個性，腦震盪、神經退化、中風、癌症或是感染都可能造成腦部損傷。慢性創傷性腦病變、腦部腫瘤、阿茲海默症或狂犬病患者，往往會出現異於往常的行為。如果靈魂無法改變也不是由物質組成，那麼腦部的創傷應該不會讓人改變。如果記憶和經驗都包含在靈魂之中，阿茲海默症患者腦中出現的類澱粉斑（amyloid plaque）應該不會剝奪患者的記憶和經驗。如果靈魂和腦是分開的，腦葉切除術（lobotomy）、麻醉藥和局部麻醉劑（Novocain）應該都無法發揮功效。不過最有力的證據可能是人會因為神經失調或疾病所造成的腦部改變而失去信仰，或是得到信仰。

就算一輩子腦部都沒有損傷，在我們思索永恆靈魂這個概念時，還是會出現其他實際的問題。人們會隨著年紀增長而改變，而且有時還變滿多的，所以靈魂到底是哪個版本的你？是年輕的你還是年老的你？在天堂上唱〈監獄搖滾〉（Jailhouse Rock）是年輕的貓王（Elvis Presley）還是年老的貓王？那些有嚴重心智障礙的人呢？他們的心智障礙會帶到來世嗎？如果不會，是不是完全改變了他們呢？你來生的妻子（後妻？）會是當年嘲諷你所說笑話的那個人，或是給你個白眼教你去清理垃圾的那個人？如果伴侶之後你再婚了，是誰有幸能夠永遠和你在一起呢？

你的精神不可能就這樣困住，因為人會持續改變。一個人也具備了多種身分：孩子、妻子、母親、妹妹、好友、老闆、阿姨、童軍老媽、足球老媽、葡萄酒俱樂部中的開瓶高手、網球選手、某人最害怕的噩夢，或是一九八〇年代某華麗搖滾樂團的鐵粉。頂著那麼多個稱號，會讓你懷疑是否真的有一個穩定不變的自我。你心中的超級大痞子人格不會一直維持下去，因為在面對不同的人和不同的狀況時，人類會採取不同的行動，所以究竟哪個才是真正的你？

如果人的精神可以和身體分開，影響身體的化合物應該不會影響你的精神，那些磨菇、迷幻藥和母親做的烘肉捲應該也不會引發改變你一生的幻覺。然而，止痛藥乙醯胺酚（acetaminophen）會讓人減少同理心，治療帕金森氏症的藥物能夠讓人成為強迫性賭徒。降血脂藥物史達汀（statin）會引起劇烈的情緒變化。缺乏營養、脫水、疲勞等也會深深影響你的思維與行動。如果靈魂不是物質，應該不會受到改變身體的實體成分所影響。但是那些成分的確會影響你的行為和人格。

本書中一直提到，思想、情緒和記憶等定義一個人的特質，都來自於腦。雖然你可能還沒有完全瞭解這些活動所具備的功能，但是我們知道這些功能不需要靈魂就能夠執行。法蘭西斯・克里克（Francis Crick）在一九五〇年代共同發現了DNA的結構，他在一九九四年出版的書《驚異的假說》（*Astonishing Hypothesis*）中清楚說明了這個概念：「你，你的快樂與憂傷，你的記憶和雄心，你對於自我身分和自由意志的感覺，實際上都不過是大量神經元和相關的分子集合在一起所產生的行為。」另一位著名的科學家史蒂芬・霍金（Stephen Hawking）也積極參與了關於靈魂與來生的討論：「我認為腦子就像是電腦，零件壞了就會停止運作。電腦壞了並不會上天堂或是有來生，那些只是人類因為害怕黑暗所編造出來的童話故事。」我們都想知道死了之後會有什麼感覺，事實上我們都已經知道了：那就是和出生前的感覺一樣。我們不會有感覺，因為已經不存在了。

這就像是在頭上澆了一盆冷水。知道人類沒有靈魂，一開始可能會令你震驚和沮喪，但是活在真實之中，好過被蒙在黑暗裡，而且從靈魂的死灰中也能夠燃起好消息。之前人們一直誤認為越軌的行為來自於邪惡的靈魂，令人仰慕的行為來自於善良的靈魂，這種念頭使得我們的研究方向無法對準行為背後的生物基礎。暴力、成癮或是憂鬱等不受歡迎的行為，並非來自非物質的靈魂，而是腦中實際的問題。這是個好消息，因為這樣我們就有可能解決問題，如果來自靈魂，那便束手無策了。

對於堅信靈魂存在的人而言，他們所感覺到的惶恐和焦慮也都是真實的。我會知道是因為我以前也經歷過。人類的腦會擔心這個世界可能並不具備意義，而且是由機率所統治。人類偏好相信一些沒有根據的概念，例如神聖的計畫、因果輪迴、天堂與地獄，而不願意接受我們所遭遇的事情其實並沒有什麼理由。

腦有一種錯誤的認知，認為這個世界是公平的，這被稱為「公正世界謬誤」（just-world fallacy）：隨機發生的殘酷之事降臨到某人身上時，腦會認為受害者是做了什麼事情才會遭受這樣的命運。如果您認為無家可歸的人應該去找工作，酒精成癮的人應該要拒絕乾杯，穿著衣料少的女性是自找強姦，或是貧窮的國家只要團結奮鬥就好，那麼你就犯了公正世界謬誤。你忽略了是那些受害者無法控制的隨機事件造成了他們所面臨的處境，或是所面臨的超出了他們的能力範圍之外。這時譴責受害者不只會讓情況惡化，也會讓我們不願採取能夠避免此時此刻苦難的保護措施，讓相同的事情不會再次發生。

同樣地，我們的腦也會因為公正世界謬誤，覺得自己的成功來自本身的努力，忽略了好運在生活中可能助了一臂之力。公正世界謬誤說明了為什麼有些人對於收入不均無動於衷。我們的腦很容易就認為有錢人是因為有所作為才賺了大錢，任何人只要全力以赴，就能夠過得和有錢人一樣。將公正世界心態打破，才能夠讓掃除疾病和收入不均的重責大任，交還應該負擔的對象上：人類。

瞭解到生命是場一次放映完畢的電影，而不是系列影集，能夠讓人更努力好好生活，就像史蒂夫・賈伯斯所說的：「死亡很有可能是生命中最好的發明。」同時也能夠讓人從不同的角度看待生活。我可以從經驗告訴你，如果你放棄相信有靈魂，並且奮力掙脫所有超自然念頭的束縛，並不會讓你陷入混亂之中。相反地，擺脫宗教拘束的世俗社會，會是地球上最健康與快樂的社會。二〇〇五年，古生物學家葛瑞格利・保羅（Gregory Paul）發表了驚人的分析結果：和美國這樣有宗教傾向的國家相比，世俗民主政體的社會功能往往比較健全。

朱利安・穆索里諾（Julien Musolino）在《靈魂謬誤》（*The Soul Fallacy*）中說明，靈魂這種看法會造成汙染，讓我們的能力沒有放在設計合乎理性與人道的法律，以及處理犯罪行為、成癮、流產和安樂死的問題。在論及人類的本質上，靈魂是個錯誤的假設，是需要淘汰的概念之一，好讓位給科學，才能夠讓我們更為瞭解人類的行為。靈魂概念的退場並不會剝奪我們生活的意義，反倒是會讓我們找到生活的意義。史蒂芬・平克（Steven Pinker）說：「意識是珍貴又脆弱的天賦，理解到這一點便能夠讓生活充滿意義。」

就像是電影《魔鬼剋星》（*Ghostbusters*）那樣，科學家要消除人類身體機器中具有鬼魂的可能性。人類把自己看成是超脫宇宙秩序之外的存在，完全是錯誤的，而且也非常不健康。科學已經指明了人類和宇宙的萬物相連在一起。人類由基因打造，這些基因的表現方式取決於我們現在所處的環境以及祖先曾有過的經歷。無數的微生物居住在人體，和人體之間有密切的關聯，文化迷因則棲息在腦中，凡此都影響了身體這個求生機器。在受精之後，我們的基因和腦部就受到了許多影響。我們無法選擇自己的基因，或是表觀遺傳編程的方式，也無法選擇自己身上的微生物。我們也無法選擇腦。我們無法選擇雙親或是童年時期的環境，包括所學習到的信仰。如果有那麼多會影響我們的事物在自己的控制之外，還無法讓人謙遜並且對他人慈悲，那麼我不知道還有什麼可以。

我們應該相信什麼？

如果拋下了信仰，我們會過得比較好，因為信仰就像是造成束縛的枷鎖。就如同公元六百年中國僧人僧璨在《信心銘》中所寫的：「欲得現前，莫存順逆。違順相爭，是為心病。」換句話說，我們不該有什麼信仰，而是藉由可得到的證據推導出結論。人類的腦已經和信仰結婚了，所以離婚當然會很痛苦。能夠得到結論是偶然之事，但是好處在於如果有新的資料出現後，可以取代推導出的結論。如此一來，女明星還能夠保持面子。

為了超自然想法而爭執實在是再浪費時間與能量不過。在現實世界中已經有太多的現實問題需要解決。宗教築起了看不見的圍牆，分隔了人類，製造出了人為的差異。人類不該彼此對抗，而是要共同對抗不仁的天地。我們能夠留給後代的最佳禮物，可能就是停止在他們豐潤的心智中灌輸靈魂與妖怪的概念。讓我們孩子有更乾淨的心智，以及更乾淨的地球。

第十章　瞭解人類的未來

「我們愈是瞭解自己的本性，生活便能過得更為富足。」

史蒂芬．強森（Steven Johnson），〈社會生物學與你〉（Sociobiology and You），《國家報》（*The Nation*）

十九世紀後半葉，美國新英格蘭地區陷入恐慌，因為在羅德島的艾克斯特（Exeter）發生了一些悲慘的事件。瑪西．布朗（Mercy Brown）被傳是吸血鬼。這位臉色蒼白的神祕女性在去世前，晚上會到處漫遊，許多人看到他的嘴邊或是衣服上有血跡。人們認為如果有哪個傢伙大膽靠近，不久之後也會成為在晚間嗜血的怪物。

她死後，人們對於吸血鬼的恐懼持續擴大，傳遍全城。謠言指出布朗晚上會從墳中出來，以人血為食，受害者包括她的弟弟。瘋狂的市民把她剛下葬的屍體挖出來，發現心臟部位有凝結的血塊。他們相信這就是吸血鬼的證據，於是把這個心臟切除下來，燒成灰餵給那位病中的弟弟。但是這個「療法」並沒有成功，不久之後便去世了。

同時，德國科學家柯霍（Robert Koch）正在研究一種奇特的病症——「肺癆」（consumption），現在稱這種傳染病為結核病，症狀是肺部持續受損、皮膚蒼白、失眠、咳中帶血。他的同儕中有些人誤認為這就是吸血鬼症狀，但是柯霍不理會這些無稽之談，而偏好實際的解釋。一八八二年，他辛苦工作，發現到這種疾病的真正原因是受到了結核分枝桿菌（*Mycobacterium tuberculosis*）的感染。

之前提過，在傳統觀念中，人們的行為來自身體中那捉摸不定的靈魂，但如今科學已經推翻了這個觀念。新的見解認為人類的行為來自於符合機械觀的生物程序。然而，有些人已經習於把人類想成更超凡的存在，因此他們對於人類不過是化合物和生物過程的新見解，有著複雜的情緒。在解釋人類行為的方向上，一些人和柯霍志同道合，確信行為是生物過程的產物。另一些人則依然困守著艾克斯特的村民心態，無法瞭解牽涉到超自然力量的解釋對心智而言是如流沙般的陷阱。

這本書中，我們可以看到基因、表觀遺傳、微生物和下意識等因素經由許多隱蔽的方式影響了人類的性格、信仰，以及幾乎所有的言行。現在這些隱藏的力量暴露在陽光下了，但是我們能找出勝過這些力量方法嗎？那些發現到的事實令人驚訝，但真正的好消息是我們知道了行為背後的原因，這是後續能夠介入的先決條件。

找到讓人傾向肥胖與濫用藥物的基因和微生物相不是很棒嗎？我們能夠吞下一顆聰明藥或移植什麼儀器到腦中就能夠提高認知能力嗎？能利用這些知識治療心理疾病或是犯罪行為嗎？這些目標看似遙不可及，但是可能比我們想像的還要容易達成。

我們能夠改變自己的基因嗎？

改變遺傳組成的能力可能的應用範圍很大，有的是雞毛蒜皮的小事（讓超級味覺者喜歡吃綠花椰菜），有的是重要的（修正引起杭丁頓氏症的基因變異），有的會引起爭議（增加助長智能的基因或是在腦袋後面長眼睛）。

從技術上來說，人類從一萬多年前就開始以篩選培育植物和動物的方式，製造基因改造生物（GMO）。人類經由篩選培育，掌控了一些生物的演化，讓這些生物更符合人類的目的。舉例來說，人類讓番茄果實結得更大、蘋果更甜、狗更溫馴、雞更肥胖。這個過程極度緩慢，看我們現代都沒有寵物熊就可以知道，不是所有的物種都可以馴化。

科學家自從一九五〇年代發現了DNA是生命的配方，就在研究有效改進配方的方式。他們從小處著手，這不是比喻，而是從很小的細菌大腸桿菌開始。一九七三年，史丹利·科恩（Stanley Cohen）和哈伯特·包以爾（Herbert Boyer）讓細菌吸收並且解讀外來DNA。

他們把一小段蛙類DNA插入大腸桿菌。這不是什麼有實際應用的發明，卻是重要的一步。細菌解讀了DNA上的訊息並且製造出蛙類蛋白質。之後人類就利用細菌製造我們需要的蛋白質，包括胰島素、人類生長激素，以及當作疫苗用的蛋白質。一年後，魯道夫・堅尼許（Rudolf Jaenisch）和碧翠絲・閔茲（Beatrice Mintz）把一個基因注入小鼠胚胎中，首度以遺傳工程的方式改造動物。從此之後，科學家就改造了植物、真菌、線蟲、魚類、昆蟲、大鼠、猴子等生物，下一個是人類。

諷刺的是，在一九九七年我們首度嘗試改變人類的DNA（也就是基因療法），電影《千鈞一髮》（*Gattaca*）也在這一年上映。基因療法是用功能正常的基因取代有缺陷的基因。這個工作雖然聽起來像是彈奏火柴盒二十樂團（Matchbox Twenty）的吉他獨奏那麼簡單，但實際上極為困難。你不可能吞一顆基因藥就了事，因為這個基因必須得進入需要修正的細胞中，才能發揮功能。如果我們把醫師縮小到微生物等級，讓他們搭乘超迷你潛水艇進入病人身體，像是電影《聯合縮小軍》（*Fantastic Voyage*）那樣，醫師就有可能把基因送到需要治療的細胞。但這不可能，不過科學家有靈感：病毒就像是超迷你潛水艇，能夠把載送的DNA注入所感染的細胞。我們或許可以用病毒把有療效的基因送到病人的細胞中。

打造適合的病毒宛如與狼共舞：雖然病毒能夠把基因送入體內，但是依然是無法預測的感染原，可能造成傷害。有項臨床試驗在一九九九年叫停，因為一位十八歲的受試者傑西・

基爾辛格（Jesse Gelsinger）在基因療法的實驗中死亡。研究人員把攜帶基爾辛格所需的治病基因的腺病毒（adenovirus）注射到他體內，但是數天後腺病毒引發了致死的免疫反應。

在二〇〇〇年，基因療法救了數個天生就帶有嚴重免疫缺陷的兒童。他們的狀況糟到不可以離開無菌的房間，這種病也稱為「泡沫男孩病」（bubble boy disease）。但是有些接受這種療法的兒童，出現了類似白血症的疾病。在這項實驗中，科學家利用的是反轉錄病毒（retrovirus），因為這種病毒不只會把好的基因送入細胞，還能把這個基因插入病人的DNA中，讓這個基因一直續存下去。但是很不幸，在把病人所需的基因縫進病人DNA的過程中，會使病人其他的基因受到破壞，因此有可能引發癌症。

病毒有效但是也有缺陷，結果令人沮喪。我們能夠馴化這些微小瘋狂的病原體嗎？經過了二十年，研究人員發現了幾個能夠解除病毒武裝的方式，就像是小精靈拔除雪怪的牙齒。辛苦的研究終於有回報，基因療法現在已經捲土重來了。

二〇一七年，基因療法因為成功治療了腎上腺腦白質病（adrenoleukodystrophy）而聲名大噪，電影《羅倫佐的油》（*Lorenzo's Oil*）描述的便是這種疾病。腎上腺腦白質病是罕見的神經退化疾病，沒有治療方式，大約在七歲的時候發病。羅病兒童會漸漸失去控制肌肉的能力，因此無法行走、說話，只能靠餵食管進食。引起腎上腺腦白質病的突變位於ABCD1上，這個基因所製造出的蛋白質在腦細胞中，能夠運送脂肪分子到分解脂肪的區域。如果這種蛋白質無法發揮功能，脂肪會累積，造成的發炎反應會傷害腦部。

治療腎上腺腦白質病的原理很簡單：把正常的ABCD1基因送到病人體內，那些累積的脂肪就可以如正常狀況般分解。研究人員成功地利用慢病毒（lentivirus）這種反轉錄病毒，將正常運作的ABCD1基因送到來自病人的骨髓幹細胞中。正常基因插入幹細胞的基因體中之後，再把這些幹細胞送回病人體內。幹細胞是尚未分化的細胞，有可能成為身體中任何形式的細胞，有些經過遺傳工程改造的幹細胞會發育成為腦細胞，把造成問題的脂肪分解掉。

另一個由基因療法治療成功的例子也很快就出現，患者是一位有表皮分解性水皰症（epidermolysis bullosa）的七歲兒童。這種疾病患者的皮膚非常脆弱，很容易就破裂而遭受感染。超過一半的表皮分解性水皰症患者沒有辦法活到能夠考駕照的年紀。科學家利用基因療法改正病人幹細胞中的突變，這些修補好的幹細胞會在實驗室中發育成皮膚細胞，然後長成整片，大到能夠移植到患者的身上。

現在科學家正在為基因療法發展更安全有效的病毒傳輸系統，將來有可能治療乙型地中海型貧血（beta-thalassemia）、某些類型的遺傳性失明、血友病等。現在我們的基因編輯工具箱中有了新的工具，其他成功的例子就在眼前。目前頂尖的基因編輯技術是CRISPR/Cas9，由於應用的結果令人非常振奮，這個詞已經廣為人知。CRISPR/Cas9屬於細菌的免疫系統，功能就像是剪斷DNA的剪刀，能夠在精確的序列上剪斷DNA，用來摧毀基因，或是插入新基因。

二〇一五年，中國廣州中山大學黃軍就所領導的研究團隊，利用CRISPR/Cas9修補了人類胚胎中造成乙型地中海型貧血的突變β球蛋白（這項實驗中使用的胚胎本身已經無法存活）。和CRISPR/Cas9類似的工具是鋅指核酸酶（zinc finger nuclease），也能夠切斷DNA上特定的位置，讓新的基因插入。基因療法中另一個受到密集研究的領域是免疫療法，利用遺傳工程技術改造患者的免疫系統，讓免疫系統能夠認出如淋巴瘤之類的癌症並且加以攻擊。嵌合抗原受體（(chimeric antigen receptor）T細胞療法是用遺傳工程的方式製造出特殊的受體，能夠辨認病人的惡性細胞。這些經過改造或是稱為「重新設定」的T細胞，會送回患者體內，像是暗殺者那樣殺死癌細胞。

基因編輯工具的出現，代表我們不只能夠讀取DNA的訊息，也能抄寫訊息（不過我們現在還在學習DNA中的語言）。我們不能要求學齡前兒童抄寫文件，同樣地，絕大部分的科學家認為要禁止改造活胚胎或生殖細胞的基因，因為這樣的修改會遺傳，並且對於個人與後代可能帶來意料之外的不良影響。基因編輯也帶來了其他倫理難題，因為不久之後就會有人讓想要把這項技術用在醫療之外，拿來設計嬰兒。

我們能夠改變基因的表現嗎？

我們所討論的許多行為，並不是由於基因序列的變化所造成，而是基因表現的強弱。環境會經由DNA甲基化或是化學修飾組織蛋白等表觀遺傳機制，影響基因表現的程度。如果科學家發現了能夠寫入、讀取和消除表觀遺傳修飾的酵素，顯然就能夠把這些酵素作為藥物作用的標的。基本的假定是：某基因因為甲基化而關閉了，造成不良影響，我們利用阻止DNA甲基化的藥物讓這個基因再度打開。

雖然表觀遺傳是新的研究領域，美國食品及藥物管理局已經批准了數個表觀遺傳藥物，用以治療多種疾病。第一個藥物是在二〇〇四年核准的阿扎胞苷（azacitidine），用來治療骨髓發育不良症候群（myelodysplastic syndrome），《早安美國》（*Good Morning America*）的主持人之一蘿賓．羅勃茲（Robin Roberts）因為罹患此症而讓這個疾病受到許多人注意。阿扎胞苷能夠抑制一種DNA甲基化酶，減少DNA甲基化以促進基因表現。雖然藥物不能選擇哪些基因要活化，但是有幾類影響血液細胞成熟的基因的確活化了，使得血球細胞指數增加，有些病人的狀況也改善了。

二〇〇六年，食品及藥物管理局核准了第二類表觀遺傳藥物：組織蛋白去乙醯酶抑制劑（histone deacetylase inhibitor），治療淋巴癌或多發性骨髓瘤（multiple myeloma），用來治療實性瘤（solid tumor）的衍伸藥品正在進行臨床試驗。DNA所纏繞的組織蛋白如果接上了乙醯團，上面的基因便會表現。組織蛋白去乙醯酶會移除那些乙醯，基因表現就受到抑制。組織蛋白去乙醯酶抑制劑能夠阻止那些酵素移除乙醯團，讓基因維持活化狀態。

組織蛋白去乙醯酶抑制劑如何對抗癌症？人類的DNA中有腫瘤抑制基因，會製造出能偵測並且消滅反叛細胞的蛋白質。具有攻擊性的腫瘤細胞能夠關閉腫瘤抑制基因，逃過受到狙擊的命運。有人認為組織蛋白去乙醯酶抑制劑能夠讓這些腫瘤抑制基因持續活化。改變基因表現牽涉到許多類型的疾病，組織蛋白去乙醯酶抑制劑或許可以在驗證後，用於治療思覺失調症等神經疾病、肥胖等代謝疾病、心血管疾病，甚至抗老化。

表觀遺傳藥物或許也能夠改變在胎兒或幼年時期形成的DNA編程。在第五章中提到了明尼的實驗：受到大鼠母親忽略的幼鼠，DNA甲基化的程度比較高，應對壓力的基因受到抑制，使得幼鼠過度焦慮。明尼給幼鼠組織蛋白去乙醯酶抑制劑，讓應對壓力的基因活化，反轉了這些行為問題。

在連環漫畫《卡爾文與霍布斯虎》（*Calvin and Hobbes*）中，卡爾文利用「轉換紙箱」把自己變成大象，好去背字彙。顯然我們要用比較低調的方式增強記憶力。表觀遺傳藥物可能可以讓我們的基因變得更有利於學習和記憶。在腦缺血（中風）和阿茲海默症的齧齒動物身上使用組織蛋白去乙醯酶抑制劑，可能讓腦部受到的損傷降到最低，同時促進記憶的提取和保留能力。在沒有受到這類疾病所影響的正常大鼠身上，組織蛋白去乙醯酶抑制劑也能夠增強記憶和學習能力。

二〇一五年，羅格斯大學的神經科學家卡西亞．比斯查德（Kasia Bieszczad）研究指出，組織蛋白去乙醯酶抑制劑能讓神經連結更為牢固，這可能是服用這種藥物的大鼠記憶增強的原因。其中的原理是，在專心某一項工作的時候，腦中負責打造記憶的神經網絡會啟動，啟動的方式之一是讓和這些基因有關的組織蛋白連接上乙醯團。組織蛋白去乙醯酶抑制劑能夠阻止這些乙醯團被移除，形成記憶所需要的基因網絡維持活性的時間便能夠增長。

然而，所有的表觀遺傳藥物都面臨了專一性這個問題，發揮的效用像是死小孩按了電梯的所有樓層，而不是只按下目的地樓層。換句話說，表觀遺傳藥物除了影響需要修飾的基因之外，其他所有的基因也可能受到波及。麻省理工學院皮考爾學習與記憶研究所（Picower Institute for Learning and Memory）的蔡立慧院士是這個領域的先驅，她很瞭解這個問題，正在確認人體中大約二十種的組織蛋白去乙醯酶中，有哪些參與了記憶。二〇〇九年，她和研究團隊發現到組織蛋白去乙醯酶2（HDAC2）在小鼠中是記憶的負向調節因子，只作用在這個酵素的抑制劑引發的副作用可能比較少。

另外，也有不需藥物而控制基因表現的方式：改變環境，包括了飲食內容和運動。之前提過，我們所處的環境對於基因的開啟或關閉也有很大的影響力。你可以經由改變生活型態而對基因發揮一定程度的影響力。對於許多健康問題來說，運動是最好的解方。我們知道運動能夠增加肌肉的力量、保護心臟、控制膽固醇濃度，並且讓體重維持在健康的範圍。而到最近我們才知道運動還可以經由表觀遺傳機制改變基因的表現。

當你在運動場上費力喘氣時，身體的運動會經由表觀遺傳機制重新設定你的基因體。斯德哥爾摩卡洛林斯卡學院的科學家讓受試者的一隻腳在三個月中，每個星期活動四十五分鐘四次（另一隻腳不動）。我覺得很容易就能夠發現哪些人參與了這個實驗，就是那些一條腿長滿肌肉、另一條腿骨肉如柴，跛著在街上行走的人。研究結果指出在這樣的腿部訓練前後，運動的腿部中有數千個位置的DNA甲基化改變了，其中有些改變位於和代謝健康及免疫反應有關的基因上。沒有運動的腿部在訓練前後，DNA甲基化沒有明顯的差異。

許多研究指出，身體運動不只能夠增加肌肉力量，還能夠提升腦力。運動可以經由表觀遺傳機制讓腦袋變好。還記得剛才提到的HDAC2嗎？這種組織蛋白去乙醯酶對於學習與記憶有負面影響。二〇一六年發表的一項研究結果指出，運動能夠讓身體製造β-羥基丁酸（β-hydroxybutyrate），這種化合物屬於組織蛋白去乙醯酶抑制劑，作用的目標是HDAC2。HDAC2受到抑制之後，腦源神經營養因子的表現量會增加，這種蛋白質能夠促進記憶，並且刺激神經元的生長。

運動經由表觀遺傳造成的好處不限於增加你的腦力，也可能會讓你的孩子變得比較聰明。德國哥廷根神經退化疾病中心（Center for Neurodegenerative Diseases）的遺傳學家安德列・費雪（Andre Fischer）主持的研究發現，運動小鼠產生的精子和懶惰小鼠產生的精子，在表觀遺傳模式上有所不同。他將雄性小鼠分成兩群，一群住在空蕩蕩的籠子中，另一群住的籠子有如小鼠健身房。健身小鼠所產下的後代，比沒運動小鼠產下的，學習能力更為高強。這些比較聰明小鼠的海馬回中，神經元彼此的連接更強，海馬回是腦中和學習息息相關的區域。科學家相信因為小鼠父親運動造成的表觀遺傳差異，有利於幼鼠的腦部發育。

除了練習，冥想也很有用，這種活動要比《歡樂單身派對》的法蘭克在有壓力的時候喃喃念著「平靜下來、平靜下來」要專注多了。冥想的時候保持安靜，身體不動，念頭只專注在呼吸之上，佛教僧侶和絕地武士都會進行冥想。研究人員發現冥想也能夠減少HDAC2，改變組織蛋白乙醯化的程度，讓促進發炎基因的表現程度下降。這些發現正一點一滴揭露冥想者比其他人更善於處理壓力的生物原因。

我們要如何控制身體中的微生物？

本書中提過了許多我們身體內部細菌、真菌和寄生物以駭人方式影響行為的例子。這些微生物會製造許多種生物化合物，包括了神經傳導物質，能夠影響我們的感覺、渴望和行為。在我們持續瞭解這些微生物的作用時，當然也會想到要怎麼操作這些微生物才會對自己有利。畢竟身為這些生物的宿主，難道對於誰要住進來都沒有話語權嗎？

人體內有些微生物本來就是不速之客，例如在三分之一的人口腦中閒居的弓蟲。弓蟲病不如其他益菌能和人類互利共生，屬於得驅逐出境的病原體，問題是這種病原體住在細胞之中，還會分泌寄生蛋白，打造出包裹自己的堡壘囊壁。殺死這種腦中寄生物的藥物，首先必須要能夠穿過血腦障壁，這些障壁就像是《魔戒》中的甘道夫那樣大喊：「你不能通過！」第二，藥物得能夠進入受到感染的神經元。第三藥物要能夠穿過包裹寄生物的厚厚囊壁。最後，藥物要能夠進入寄生物體內。對這種藥物的要求真多。

話雖如此，我在印第安那大學醫學院的實驗室一直以小鼠為感染模型，研究試驗性的療法。二〇一五年，由伊馬恩．班默祖加（Imaan Benmerzouga）領導的研究發現到，可穿過血腦障壁的老血壓藥物胍那苄（guanabenz），能夠讓受感染小鼠腦中寄生物囊胞的數量大幅減少。或許這類藥物對人類病患也有相同的效果。不過現在對抗弓蟲最有效的方式是避免感染，方法是要把貓照顧好，管理流浪貓，並且以恰當的方式處理食品。

至於那些棲息在腸道中的共生菌，科學家目前正在鑑定物種，找出哪些細菌對於人類的健康與行為產生了哪些效果。利用益生菌改變人類微生物相的尖端研究已經有一些值得期待的成果。除此之外，糞便移植也誕生了，也就是把所需的細菌注入身體內部。目前這種療法最成功的應用是在治療困難梭狀芽胞桿菌（*Clostridium difficile*）造成的感染。這種細菌天生就能夠抵抗大多數的抗生素，如果大腸中的好菌減少了（這種狀況的確會發生，例如長時間服用抗生素），困難梭狀芽胞桿菌就會大肆繁殖，造成災難。健康捐贈者的細菌能夠重建患者腸道的微生物相，控制困難梭狀芽胞桿菌的數量。這種療法的成功讓我們想到另一個問題：我們能夠藉由控制腸道微生物相而更健康嗎？

愛爾蘭科克大學（University College Cork）的神經藥學家與微生物體專家約翰・克利安（John Cryan）就這麼認為。事實上，他相信不久之後，檢查微生物相就像是抽血檢查一樣，將納入常規健康檢查之中。克利安也想像，我們會設計並使用以細菌為基礎的「心理益生菌」（psychobiotics）藥物，其中具有可能益於心理健康的活微生物。服用心理益生菌可能像是糞便移植，但是沒有糞便成分。那些醫療用的細菌和真菌可以在實驗室中培養出來，如同有利腸胃道的普通益生菌那般服用即可。重點在於要使用哪些微生物、用量多寡，以及是否真的會作用於腦部而不會產生副作用。

某些細菌能夠影響腦部和行為，現階段科學家正在努力尋找其中的關聯。瑞士乳桿菌（*Lactobacillus helveticus*）加上長比菲德氏菌（*Bifidobacterium longum*）製成的益生菌產品，能夠讓體內的壓力激素皮質醇濃度降低，因而減少焦慮。嬰兒比菲德氏菌在大鼠的實驗中展現出抗憂鬱的特性。也有許多人關注腸道細菌和泛自閉症障礙（autism spectrum disorder）症狀是否有關。美國加州理工學院的生物學家沙克斯．馬茲馬尼恩（Sarkis Mazmanian）在二〇一三年發表了一項令人振奮的研究結果：給小鼠脆弱擬桿菌（*Bacteroides fragilis*），能夠改善自閉症狀。

人體微生物相的狀況可能影響容易產生創傷與否的傾向，不論創傷來自於童年經驗或是戰場。美國科羅拉多州大學的心理學家克里斯多福．羅瑞（Christopher Lowry）在二〇一七年比較了具有創傷後壓力症的人，以及經歷過類似創傷但沒有產生創傷後壓力症的人之間微生物組成的差異。具有童年創傷經歷的人和成年創傷後壓力症患者，缺少了數門（phylum）細菌種類，包括了放線菌門（Actinobacteria）、黏膠球形菌門（Lentisphaerae）和疣微菌門（Verrucomicrobia）。這些細菌能夠維持免疫系統的平衡，創傷後壓力症患者往往具有發炎這類問題，可能也和少了那些細菌有關。

或許還有其他能夠促進腸道益菌的方式，例如使用益生質（prebiotics）。益生質包含在我們的飲食之中，纖維素就是，它們能夠讓腸道微生物維持適當的族群。漂亮的花園需要施肥，健康的微生物相也需要由適當的飲食支持。依照健康飲食指南就能夠攝取到大多數的益生質：大量的水果與蔬菜。除此之外也可以順便避免含有大量糖、鹽和油脂的加工食品。

二〇一七年進行的一項研究，測試了進行十二週的地中海飲食，是否能夠幫助苦於重度憂鬱的人，結果顯示三成的人症狀獲得改善。目前許多研究正在尋找健康食物中益生質調節體內微生物相而改善情緒的方式。雖然光靠飲食改變不太可能治癒大部分憂鬱的狀況，不過益生質和益生菌或許很快就會成為重要的精神疾病療法。附帶一提，益生質和益生菌兩者合稱共生質（synbiotics）。仔細想想，有好多種「生質」（biotics）啊！

控制體內微生物客人的種類也包括了要請一些我們需要的細菌種類來加入宴會。科學家正在打造能夠幫助苯酮尿症（phenylketonuria）患者的細菌。苯酮尿症是一種罕見的遺傳疾病，患者幾乎不能吃蛋白質，因為他們缺乏代謝必需胺基酸中苯丙胺酸的酵素。Synlogic這家公司改造了細菌，讓它們攜帶能治療苯酮尿症的酵素基因。苯酮尿症患者如果吃了那些細菌，應該也可以吃蛋白質。

我們要特別注意，遺傳工程、表觀遺傳和微生物相等尖端科學研究領域時時都有令人振奮的發現，但是這些發現很容易就受人渲染過頭。這些領域都還在起步階段，需要更多研究才能夠落實早期研究的期待。到目前為止，還沒有足夠的證據證明有些騙子賣的蛇油、另類療法，或是詭異的新世紀活動能夠改變你的基因體、表觀遺傳組或是微生物群落而對健康有幫助。相反地，往往會帶來害處。

我們能夠侵入腦嗎？

連接腦部和電子設備的革命正在進行中，引發這場革命的是神經科學家戴爾嘎多，他在一九六〇年代只按下了遙控器的按鈕，就讓往前衝的公牛停下來（見第六章）。過了三十年，到了一九九〇年代，菲爾・甘迺迪（Phil Kennedy）首度把人腦和電腦連接起來。受試者名叫強尼・雷伊（Johnny Ray），他在五十二歲時因為中風而癱瘓。不論原因是中風、漸凍人症或是嚴重的意外，雷伊這樣的病人往往像是囚禁在身體之中，他們有完整的意識，但是動彈不得。甘迺迪把連接到電腦的電極貼在雷伊的頭上，打造了第一個腦機介面（brain-computer interface）。像是魔術，雷伊光用想的，就能夠經由腦機介面移動電腦螢幕上的游標。不久之後，雷伊就能夠用這種方式在電腦螢幕上打字，讓他在中風之後首次能夠和親人對話。

雷伊還算不上第一個「機械化人類」（human cyborg），這個詞是指生物機器和人造機器融合在所形成的個體。把電腦連接到心智上，並沒有如同科幻故事中所描述的那般成為人類的噩夢。羅伊的人性沒有受到剝奪，反而再次能夠活得如同人類。

二〇〇六年，美國布朗大學的神經科學家約翰・多諾格（John Donoghue）發明了「腦門」（BrainGate），這種植入身體的微小儀器上面含有一百個電極，可以安裝在四肢麻痺的病人運動皮質上。「腦門」可藉由基座與頭部連接，將訊號傳到電腦上。病患能夠用思想打開電子郵件、玩電動、切換電視頻道。

美國約翰霍普金斯大學應用物理實驗室的科學家正在利用腦機介面發展模組化義肢。失去一個肢體的病人腦部所發出的訊息會傳到一個特製的插口上，好用來訓練義肢活動。最新的機械手臂具備了二十六個關節，可以由思想控制，舉起超過二十公斤的物體。目前的研究集中在反向的訊息運輸，也就是把來自義肢的訊息回送到腦部，讓肢體被截斷的人重拾該肢體的感覺，例如魔鬼氈的質地或是湯的溫度。其他研究團隊也在進行類似的研發，在腦中植入儀器，解讀來自裝在頭上攝影機的影像訊息。

目前科學家傾向發展不需要在腦中植入設備的腦機介面，偏好在把許多電極放在腦部表面，這是「腦皮層電圖」（electrocorticography）的技術，還有更好的是「腦電圖學」（electroencephalography）技術，把電極放在頭顱上。腦電圖學的電極裝置像是泳帽那樣套在頭上，其中有超過百條電線連接到電腦。這兩種方法都能夠大規模接收腦部活動，並且把活動模式轉譯成語言活動或是運動，相當類似於讀心術。

這類技術能夠成真，在於組成腦部的眾多神經元活動時會發出細微的電衝動。一群神經元同時活動的時候，會發出神經震盪，也就是所謂的腦波。人在想不同的事情時，發出的腦波類型各有不同。腦電圖技術能夠讀取這些電活動，轉換成圖形，並且由電腦解讀，發出活動指令。你可以想像成用想的控制無人機的飛行。這項技術很可能令這種想像成真。

腦機介面還可以讓人光用想的就能夠控制另一個人的活動，即使這兩個人在不同的地點。研究人員能夠讓一個人藉由思想，使另一個人打電動的時候擊中目標：某人頭上戴著腦電圖機械帽，當打電動中的目標出現時，想像按下了射擊按鈕，他思想的腦波經由網路傳到另一個人，這第二個人也連接到電腦上，但是背對遊戲螢幕。雖然第二個人在另外一棟建築中，而且看不到遊戲螢幕，但是可以經由第一個人傳來的思想正確射擊目標。《阿凡達》的續集終於上映了，但不再是科幻故事。

甘迺迪推測，有天我們能夠把腦裝入機械身體中，脫離肉體，讓永生成為可能。至於他要怎樣把微生物相發揮的影響也一併轉移，還不清楚。不過你可能要開始買機械潤滑油而不是護膚乳霜了。

從戴爾嘎多的鬥牛場經典實驗衍伸出來的另一個神經醫學分支，是深部腦刺激術（deep brain stimulation）。深部腦刺激術現在常運用在治療重度憂鬱、強迫症，或是帕金森氏症等運動疾病的病人身上。這項技術有時候會被比喻成心律調整。進行深部腦刺激術時，會植入電極到腦部，放出電脈衝。科學家還在研究深部腦刺激術的詳細機制，他們猜測從電極放出的電脈衝能夠打斷或是重設病人腦中造成問題的電活動。

電極在腦中的配置取決於要治療的神經疾病。使用的電極是細長的探針，能夠深入腦部。在插入的過程中，病人是清醒的（除非因為運動障礙而無法靜止不動）。這個過程雖然聽起來讓人心驚膽顫，但並不會非常疼痛，因為腦中沒有痛覺受器。除此之外，病人清醒也有助於用語言溝通，讓醫師知道植入的設備是否有效。類似的狀況是，如果病人宣稱急著要趕回克羅諾斯星（Qo'noS）好試圖取回克林貢最高議會（Klingon High Council）中的席位，這時醫師就知道得改換安置電極的位置了。

你年紀大的時候，是否可能需要費勁才能夠回想起珍貴回憶的細節？有能夠幫助這種情況的植入設備嗎？美國南加州大學的生醫工程師西奧多・伯傑（Theodore Berger）是研究增長記憶裝置的科學家之一，這個裝置能夠直接與腦作用。記憶捉摸不定，是神經元之間電衝動所構築出來的現象（見第八章）。腦中的海馬回會將短期記憶轉換成長期記憶，這個過程是電活動，會發出腦波。理論上，如果我們能夠解讀這些腦波所代表的意義，就能夠解析記憶。從另一方面來說，也可以經由海馬回把記憶送入腦中，整個過程像是一九九〇年電影《魔鬼總動員》（*Total Recall*）中阿諾史瓦辛格主演角色所經歷過的事情。不過我們可以送進腦中的記憶包括了莎士比亞作品全集、某種外國語言，或是你最喜歡的影集上一季的內容。

記憶問題有的時候是海馬回訊息傳遞出了狀況，所以伯傑的團隊要學習記憶的語言。他們研究大鼠和猴子，記錄這些動物在學習簡單任務（例如拉動桿子好得到食物）時海馬回發出的電訊號。這些電訊號會寫入記憶晶片中，研究人員把晶片植入海馬回，再給予研究動物阻止長期記憶提取的藥物時，也把記憶晶片關閉，這讓牠們忘記了拉哪根拉桿能夠得到食物。如果記憶晶片打開，那些動物便知道該拉哪根拉桿。這個結果讓我們有望去幫助具有記憶問題的人。

有的時候問題反而在於無法遺忘某個記憶。約有百分之八的美國人具有創傷後壓力症，這種讓人衰弱的疾病是由難以抹滅的創傷經驗所引起的。在第八章中提到，記憶在每次回想起來的時候會重建，而在重建（寫回到記憶庫中）的過程中能夠加以改變。科學家認為可以好好利用這個過程，在重建的過程中改變記憶。方法之一是使用能夠降低心跳速率和焦慮的 β-阻斷劑（beta-blocker）之類的藥物。二〇〇九年，尼德蘭阿姆斯特丹大學的心理學家馬瑞爾．科恩特（Merel Kindt）在輕微電擊志願者的同時，讓他們看蜘蛛的照片。一天後，一半的志願者服用 β-阻斷劑，另一半服用缺乏效果的安慰劑，然後讓兩群志願者看蜘蛛照片好喚起記憶（這次沒有電擊）。兩群志願者都受到照片的驚嚇。讓人驚訝的結果出現在幾天後那群服用了 β-阻斷劑的志願者，他們看到蜘蛛照片喚醒記憶時，並沒有覺得害怕。相較之下，服用安慰劑的那組志願者看到蜘蛛還是會嚇一跳。

就像你會在電視影集《黑鏡》（*Black Mirror*）中看到的某一集那樣，科學家也在嘗試把網際網路連到我們的腦袋中。幾十年後的青少年會嘲笑說：「帶著一個機器才能把點心照片放到社群網站上實在是太瘸腳了！」許多人現在把網際網路當成第二個腦來用，有問題就上網查，在網路上設定行程表，或是看臉書上的照片好喚起記憶。直接讓腦部和智慧型手機融合，和用眼睛接收手機資訊沒有太大差別。如果用想的就能夠直接使用這些資源，不是很棒嗎？或至少給腦部接個硬碟好增加記憶力也不錯。有科學家預測，大約在三十到五十年後，能夠擴充記憶的技術就會出現，新類型的機械病毒和惡意軟體也會隨之出現，想要進入資訊產業的人或許得先拿個神經科學博士學位。

我們為什麼凡事講求證據？

編輯基因，經由表觀遺傳藥物調整基因表現，控制體內的微生物相，還有腦機介面，這些令人振奮的科技有助於改善生活。有些人會認為些神奇的科技有如奇蹟，這種說法是錯誤的，因為那種種進展都是採取了科學方法所直接得到的成果。在近幾個世紀以來，是科學家費力研究人類生理背後的機制，才有這樣的回報。這些化約的知識並沒有減損人類的尊嚴，而是減少人類的痛苦，並且改善生活。

艾瑪・莫拉諾（Emma Morano）是世界上最長壽的人之一，二〇一七年去世時，享年一一七歲。她出生時，美國新英格蘭地區發生了吸血鬼恐慌，這可以讓我們瞭解那個事件距離現在有多麼地近。套用卡爾・薩根（Carl Sagan）的說法，人類離開獵巫的世界還沒有多久。事實上有很多人依然在這黑暗的陰影中拖磨。二〇一七年十月，馬拉威的暴民殺了八個人，因為暴民認為那些死者是吸血鬼。

我們在對抗傳染病戰爭中所取得的進展，顯示了科學行為和迷信行為之間的差異，也明確顯示出哪一種更能增進我們未來的福祉。在不久之前，人們還相信超自然能力會引起威脅生命的瘟疫。某人或是某村落發生疾病，通常會歸因於哪位憤怒的神明、懷有惡意的女巫，或是有人違背了某些迷信。人們會思念與禱告，燒死被控有巫術的無辜者，盲目相信毫無道理（有時還會造成傷害）的迷信，希望能夠決困境，種種做法全部都沒有任何效果。

但是在十九世紀中葉，人們發現了病菌是人們咳血或是全身長滿嚴重膿瘡的真正原因。瞭解了疾病的生物學，讓我們能夠進行些真正處理問題的事情，到了二十世紀初期，科學家發現了抗生素，當時宣稱為「神奇藥物」。青黴素（penicillin）拯救了無數條人命，不過把青黴素形容為神奇，會忽略了許多勤奮與好奇的科學家努力研究疾病起因的功績。他們有勇氣對抗把疾病原因歸諸於超自然力量的傳統理論。當我們捲起袖子做實驗、蒐集證據、審慎思考，就會有所進展。

同樣的原理也可以應用在目前還無法解釋的行為上。人類就是人類，人類各種行為的原理就包含在人類的生物本質之中。瞭解人類行為的真正起因，可以讓我們更瞭解自己，以及自己能夠做得多好。聽從實驗資料能夠讓我們依照證據過日子，而不是靠臆測。

有許多例子可以說明依靠證據過日子所帶來的優點，我發現最有說服力的例子是和改善年輕人的生活相關。在本書中時時可見胎兒與幼兒時期對於將來生活的幸福與健康有多麼重要。這裡我舉出一個例子，看看依靠證據如何解決青少年不守規矩和藥物濫用的問題。

你知道哪個國家的青少年最守規矩嗎？愛爾蘭，但以前不是這樣的。在一九九〇年代，愛爾蘭的青少年中有四成會喝酒，兩成吸大麻。現在這些數字都降到百分之五以下。愛爾蘭怎樣取得如此成就？不是宗教力量，也不是完全禁絕藥物使用，而是瞭解生物本質之後的成果。在第四章中提到了大鼠樂園實驗。大鼠如果有很多可以玩耍的東西和有趣的事情可幹，便不會去吃附近的古柯鹼。

一九九〇年代，愛爾蘭政府推動了類似「自我探索」（Project Self-Discovery）的計畫，讓青少年以自然的方式嗨起來，而不是靠藥物。由國家贊助的課後計畫讓青少年有機會學習新東西，例如彈鋼琴、雕塑、跳探戈。他們也可以學習武術或運動。在這項計畫實施之前，許多家庭都無法負擔課程費用。除此之外，青少年會參加生活技能訓練，雙親也要參加傳授教養青少年訣竅的課程。同時政府對青少年進行宵禁，禁止他們在晚上十點之後外出。

在美國，許多富裕的家庭有餘力從事相同的計畫，通常也有所回報。研究指出青少年渴望多巴胺帶來的快感，這些課外活動能夠提供足夠的分量。想想看，如果所有的學區都有平均的資源，讓孩子能夠以自然的方式嗨起來，犯罪率和藥癮率會降得多低！把錢花在讓每個孩子得到適當的營養、方向與指導，以及對於藥物和性的知識，要比花在處理成年人問題划算多了。這種方法不但合乎人性，也合乎經濟。

美國科羅拉多大學健康科學中心的大衛・奧爾茲（David Olds）也有類似的想法，他想試試看一點點的照顧和教育，能夠在教養兒童上有多大的改善。他招募了紐約低收入地區的四百位首度懷孕女性，在這些母親懷孕期間，專業醫護人員會去拜訪十次，在小孩出生到兩歲前，會拜訪約二十次。之後過了十三年，到了小孩十五歲的時候追蹤狀況。在探訪中，母親可以得到自己與孩子的營養諮詢，同時也學習養育技巧。

實驗的結果大出意料，顯示在懷孕與幼兒成長期間，這些簡單又不昂貴的訪問，能夠大幅減少母親接下來的懷孕次數、社會救濟的使用、虐童與冷漠，以及犯罪行為。相關證據在一九九七年發表，或許有一天我們能夠具有足夠的智慧與慈悲利用這項研究結果。

種種科學研究指出，不可能每個人都能成為自己想要的樣子，天性與教養讓人在生命的競賽場上有著懸殊差距。但是我們可以採取實際的方式縮短差距，讓每個人的潛力完全發揮出來。對於我們人類來說，特別是我們的孩子，眼前的選擇並不是只有沉淪下去或是力爭上游，應該是力爭上游和受到救助。瞭解人類的生物本質，並且依循證據的引導，可以讓我們打造對所有人而言更好的環境，建立起更強壯與健康的社會。

結語 看見全新的自己

與其譴責他人，不如瞭解他人。我們應該要努力找出他們這些行為背後的原因，這會比批評更有利也更有趣，讓我們培養同情心、耐心與愛心。

戴爾．卡內基（Dale Carnegie），《卡內基溝通與人際關係——如何贏取友誼與影響他人》（*How to Win Friends and Influence People*）

如你所見，瞭解我們行為背後的原因很簡單。才怪！沒有哪個解釋是萬能的，人類的行為不會只有一種解釋方式。我們在生活中經歷的成功與失敗，並不只取決於自身的優異或缺乏之處。人類的行為和性格，來自於基因（包括了表觀遺傳的編程方式）、微生物、激素、神經傳導物質和環境等彼此之間複雜的交互作用。人類以往受到的演化壓力塑造了現在的行為，這點我們也不能忽略，特別是那些由下意識驅動的生存與生殖行為。

但是這些影響到此為止。我們知道人類是基因在為期數十億年的複製競賽中，為了生存所打造出來的複雜機器。要瞭解我們的DNA製造者，以及發現它為了讓基因續存而欺瞞我們的手段，並不容易。不論王子或乞丐，都是受到DNA支使的奴隸。我們像是小木偶，意識到了自己的生命，但是連接在身體上的線讓我們沮喪。

人類從很久以前就認為自己是自由行動的，但是現在我們瞭解到幾乎所有的行為都不是出自於本身的決斷，而是受到了木偶線的引導與限制。其中一條線是DNA，另外的線包括了表觀遺傳、微生物相和下意識。我們還正在發現有其他以前未知的線也影響了我們的行為。舉例來說，在基因製造蛋白質的過程中，遺傳指令會由傳訊RNA攜帶，傳訊RNA也可以如同DNA那樣接上甲基。研究傳訊RNA上的化學修飾稱為表觀轉錄組學（epitranscriptomics）。在傳訊RNA上的修飾能夠改變蛋白質的製造時機與產量。蛋白質也會受到修飾，改變自身的穩定性、功能，以及在細胞中的位置。以上種種額外的調節步驟，讓人更難以光倚靠基因的序列來判斷人類的行為。

這些控制我們的木偶線本來是隱藏起來的，現在我們看得見了。除此之外，我們也發現到藉由基因編輯、表觀遺傳藥物、改造微生物組成、腦機融合等方式，有可能切斷這些操縱線。演化一直是木偶操縱者，掌握著人類的命運。但是科學讓人類這種木偶成為操縱木偶者，讓我們能夠自己演化。只有時間才能夠讓我們知道人類自己導演的木偶劇，票房會大賣還是慘賠。

如果我們能夠讓歷史成為人類的吉明尼蟋蟀（Jiminy Cricket）[1]，成功的機會將比較大。人類的本質來自於自私基因，但是自私基因已經是過去式了。自私基因對人類造成的惡劣影響，包括了膨脹的自我、貪婪、不誠實、欺騙、「非我族類其心必異」的想法，還有忍受社會階級而讓財富集中於少數雄性領袖，造成數十億人陷入貧困。這些自私基因打造了腦中有如女明星的部分，這個部分總是讓自己陷入困境，或是傷害他人。

不過，這些基因所創造出來的腦也能夠設想出科學方法，讓我們更能瞭解腦部以及所處的宇宙。上到探索星空的天文學，下到研究走獸的動物學，科學中的各個領域讓人類步下了女明星大腦拱自己上去的神壇。在漫畫《凱文和霍布斯虎》中生動的描繪出人類逐漸接受這個事實，凱文對著星空無畏地大喊：「我超級重要！」然後低聲嘀咕：「來自小灰塵的吶喊。」

科學的確會碾碎自尊心，但是對洋洋自滿的心態施以打擊，能夠讓人類的女明星大腦謙卑，認為自己和他人一樣。這是有好處的，因為自尊心會在自己一夥人和世界其他人之間築起沒有必要的高牆。破壞了自尊心之後，我們能把區隔人類的無謂界線消抹殆盡，化暴戾為祥和。

1 譯註：迪士尼動畫版小木偶中角色，經常給小木偶睿智的建議。

歷史已經證明合作對於個人和社會來說絕對有好處。學會分工合作的物種，其實是在模仿基因，因為DNA上的基因從很久以前就開始分工合作了。犧牲一點自主權能夠換來更大的好處，不過由於個人（和親屬）往往從更大的好處中獲益，因此形成了正向的回饋循環。

在自然界中，絕大部分的事件都牽涉到獠牙與利爪，並不在意其他個體的福祉。但是有些物種翻轉了這個邏輯，人類更是如此，現在我們認為缺乏同情憐憫之心算得上一種心理疾病。這種彼此互助的策略一直很有用，也是人類未來繁榮昌盛的關鍵。不論對方的遺傳組成是否和自己相同，都能夠給予幫助，是對於自私基因的最佳反抗策略。我們只要能夠抗拒以自我為核心的原始衝動，就能夠顛覆自私基因，讓我們過的日子由教養所引導，而非天性。

我認為我們都要接受這項挑戰。

致謝

你現在已經知道了，我會寫這本書是因為沒得選擇。你現在也知道，憑空不可能變得出東西，所以該是要大聲感謝許多人的時候了。

最先也是最需要感謝的是我的父母。我的基因來自於他們，而他們也提供了能夠滿足我好奇大腦的環境。為了教養與鼓勵我這個不愛運動的小孩，他們犧牲了許多，提供了無數的書籍和唱片、高檔電子計算機，以及康懋達六四個人電腦。

我也受教於許多優異的教師與研究指導者，特別是威廉．維爾（William Vail）博士、大衛．魯斯（David Roos）、恰克．史密斯（Chuck Smith）與雪莉．奎恩納（Sherry Queener），他們讓我瞭解到生物醫學研究的刺激之處，以及批判性思考的方式。如果沒有他們，我現在應該可以賣出數百萬張的多白金專輯唱片，並且和我專屬的搖滾樂團在世界各地舉辦數百場門票銷售一空的演唱會。所以……感謝他們？

說要感謝弓蟲可能有點奇怪。我從一九九四年起研究這種寄生蟲，牠讓我知道有人類自己無法控制的東西在控制人類的行為。我在研究室的那段期間，卡爾．齊默（Carl Zimmer）

為了撰寫他那本名作《霸王寄生物》（*Parasite Rex*）來採訪我的指導教授（書中第一一八頁中，齊默提到「魯斯的研究生」就是我！）我覺得有天能夠寫本科普書應該滿好玩的。賈德·戴蒙（Jared Diamond）是我在那麼久之後才寫書的原因。有次簽書會上我談起寫書的想法，他一臉同情的看著我，給了我睿智的建議：「等你拿到終身職再說。」

最後，如果當時我沒有在費城，就不會遇到洛麗（Lori），她願意和我組隊進行最偉大的實驗：生孩子。我經由柯林和蘇菲亞，能夠第一手觀察遺傳學的運作。

印第安那波利斯這裡有許多科學家和科學愛好者，我很感謝他們有時邀請我離開實驗室一會兒，和他們漫談有趣的生物學故事。由梅蘭妮·福克斯（Melanie Fox）所成立的中印地安那科學推廣中心（Central Indiana Science Outreach）在二〇一六年邀請我在酒杯科學節（Pint of Science）中演講，我的題目是〈自由意志終結了〉，演講的內容成為本書的基礎。在與公眾溝通科學知識時，有些人給予支持和鼓勵，有些人提供了論壇：教育諮詢中心（Center for Inquiry）的執行主任雷巴·波伊德·伍登（Reba Boyd Wooden），蕾貝卡·史密斯（Rebecca Smith）與印第安那州立博物館（Indiana State Museum），科學書俱樂部「書與酒與腦」（Books, Booze, and Brains）的創辦者卡里·路易斯－奇諾瓦（Cari Lewis-Tsinovoi），「達文西事業」（The daVinci Pursuit）的創辦者馬克·凱斯林（Mark Kesling），以及印地安那科學交流與教育基金會與「為科學遊行」活動的創辦人魯佛斯·科克倫

（Rufus Cochran）。

我有幸和一些獻身於科學溝通藝術的奇才合作，特別是我在《科學公共圖書館・科學溝通》（*PLOS SciComm*）的編輯同事強森・歐根（Jason Organ）與克莉絲塔・霍夫曼－隆汀（Krista Hoffmann-Longtin）。我要特別感謝強森辛苦看完初稿並且提供了許多大有幫助的建議。我也要感謝馬克・拉斯柏瑞（Mark Lasbury）幫助我修改寫作本書時萌生的想法，以及和我一起成立了部落格 THE 'SCOPE，鍛鍊我們的寫作能力。

寫作正式科學論文時，很少會遇到寫作障礙，但是寫科普書的時候就經常會遇到不知從何下筆的狀況。我得感謝「越軌釀酒廠」（Deviate Brewing）的天才製造出的美酒消融了這些認知障礙，或是至少幫我暫時忘卻這些障礙。

我覺得自己很幸運能夠由羅瑞・阿肯彌爾（Laurie Abkemeier）與 DeFiore 公司經紀我的寫作事業。羅瑞從本書的寫作計畫一開始就參與其中，並且耐心地把我這個外行人所寫的出版計畫打理得通順。在本書逐漸成形的時候，羅瑞也幫忙把重點彙整起來，同時刪除很冷的笑話。我的天才編輯希拉蕊・布雷克（Hilary Black）和艾莉森・強森（Allyson Johnson）非常熱心地編輯這本書，並且高效處理了第九章關於 CRISPR/Cas9 的部分。我也要感謝國家地理（National Geographic）的其他工作伙伴：創意總監瑪麗莎・法利斯（Melissa Farris）、美術設計妮可兒・米勒（Nicole Miller）、資深企畫編輯朱蒂絲・克萊恩（Judith Klein）、執行編輯珍妮佛・索爾頓（Jennifer Thornton），以及文編希瑟・麥克爾溫（Heather McElwain）。

我要感謝另類搖滾樂團（The Replacements）讓我得到本書書名的靈感，[1] 他們寫了很多歌，我將從其中得到的領悟寫在這本三百頁的書中。

最後，如果沒有那些充滿好奇心又獻身於增進人類知識的科學家辛苦工作，就沒有本書的內容。我很榮幸和您們一起完成這個偉大的拼圖。

---

1 譯註：The Replacements的第五張專輯名稱便是本書原文書名Pleased to Meet Me。

參考書目

第一章 會見打造身體者

Borghol, N., M. Suderman, W. McArdle, A. Racine, M. Hallett, M. Pembrey, C. Hertzman, C. Power, and M. Szyf. "Associations With Early-Life Socio-Economic Position in Adult DNA Methylation." *International Journal of Epidemiology* 41, no. 1 (Feb. 2012): 62–74.

Human Microbiome Project, Consortium. "Structure, Function and Diversity of the Healthy Human Microbiome." *Nature* 486, no. 7402 (June 13, 2012): 207–14.

Kioumourtzoglou, M. A., B. A. Coull, E. J. O'Reilly, A. Ascherio, and M. G. Weisskopf. "Association of Exposure to Diethylstilbestrol During Pregnancy With Multigenerational Neurodevelopmental Deficits." *JAMA Pediatrics* 172, no. 7 (July 1, 2018): 670–77.

Lax, S., D. P. Smith, J. Hampton-Marcell, S. M. Owens, K. M. Handley, N. M. Scott, S. M. Gibbons, et al. "Longitudinal Analysis of Microbial Interaction Between Humans and the Indoor Environment." *Science* 345, no. 6200 (Aug. 29, 2014): 1048–52.

Meadow, J. F., A. E. Altrichter, A. C. Bateman, J. Stenson, G. Z. Brown, J. L. Green, and B. J. Bohannan. "Humans Differ in Their Personal Microbial Cloud." *PeerJ* 3 (2015): e1258.

Sender, R., S. Fuchs, and R. Milo. "Revised Estimates for the Number of Human and Bacteria Cells in the Body." *PLoS Biology* 14, no. 8 (Aug. 2016): e1002533.

Simola, D. F., R. J. Graham, C. M. Brady, B. L. Enzmann, C. Desplan, A. Ray, L. J. Zwiebel, et al. "Epigenetic (Re) Programming of Caste-Specific Behavior in the Ant *Camponotus floridanus*." *Science* 351, no. 6268 (Jan. 1, 2016): aac6633.

第二章　認識自己喜惡的味道

Allen, A. L., J. E. McGeary, and J. E. Hayes. "Polymorphisms in TRPV1 and TAS2RS Associate With Sensations From Sampled Ethanol." *Alcoholism:Clinical and Experimental Research* 38, no. 10 (Oct. 2014): 2550–60.

Anderson, E. C., and L. F. Barrett. "Affective Beliefs Influence the Experience of Eating Meat." *PLoS One* 11, no. 8 (2016): e0160424.

Bady, I., N. Marty, M. Dallaporta, M. Emery, J. Gyger, D. Tarussio, M. Foretz, and B. Thorens. "Evidence From Glut2-Null Mice That Glucose Is a Critical Physiological Regulator of Feeding." *Diabetes* 55, no. 4 (Apr. 2006): 988–95.

Basson, M. D., L. M. Bartoshuk, S. Z. Dichello, L. Panzini, J. M. Weiffenbach, and V. B. Duffy. "Association Between 6-N-Propylthiouracil (Prop) Bitterness and Colonic Neoplasms." *Digestive Diseases and Sciences* 50, no. 3 (Mar. 2005):483–89.

Bayol, S. A., S. J. Farrington, and N. C. Stickland. "A Maternal 'Junk Food' Diet in Pregnancy and Lactation Promotes an Exacerbated Taste for 'Junk Food' and a Greater Propensity for Obesity in Rat Offspring." *British Journal of Nutrition* 98, no. 4 (Oct. 2007): 843–51.

Ceja-Navarro, J. A., F. E. Vega, U. Karaoz, Z. Hao, S. Jenkins, H. C. Lim, P. Kosina, et al. "Gut Microbiota Mediate Caffeine Detoxification in the Primary Insect Pest of Coffee." *Nature Communications* 6 (July 14, 2015): 7618.

Cornelis, M. C., A. El-Sohemy, E. K. Kabagambe, and H. Campos. "Coffee, Cyp1a2 Genotype, and Risk of

Myocardial Infarction." *JAMA* 295, no. 10 (Mar. 8, 2006): 1135–41.

Eny, K. M., T. M. Wolever, B. Fontaine-Bisson, and A. El-Sohemy. "Genetic Variant in the Glucose Transporter Type 2 Is Associated With Higher Intakes of Sugars in Two Distinct Populations." *Physiological Genomics* 33, no. 3 (May 13,2008): 355–60.

Eriksson, N., S. Wu, C. B. Do, A. K. Kiefer, J. Y. Tung, J. L. Mountain, D. A. Hinds, and U. Francke. "A Genetic Variant Near Olfactory Receptor Genes Influences Cilantro Preference." *arXiv.org* (2012).

Hodgson, R. T. "An Examination of Judge Reliability at a Major U.S. Wine Competition." *Journal of Wine Economics* 3, no. 2 (2008): 105–13.

Knaapila, A., L. D. Hwang, A. Lysenko, F. F. Duke, B. Fesi, A. Khoshnevisan, R. S. James, et al. "Genetic Analysis of Chemosensory Traits in Human Twins." *Chemical Senses* 37, no. 9 (Nov. 2012): 869–81.

Marco, A., T. Kisliouk, T. Tabachnik, N. Meiri, and A. Weller. "Overweight and CpG Methylation of the Pomc Promoter in Offspring of High-Fat-Diet-Fed Dams Are Not 'Reprogrammed' by Regular Chow Diet in Rats." *FASEB Journal* 28, no. 9 (Sep. 2014): 4148–57.

McClure, S. M., J. Li, D. Tomlin, K. S. Cypert, L. M. Montague, and P. R. Montague. "Neural Correlates of Behavioral Preference for Culturally Familiar Drinks." *Neuron* 44, no. 2 (Oct. 14, 2004): 379–87.

Mennella, J. A., A. Johnson, and G. K. Beauchamp. "Garlic Ingestion by Pregnant Women Alters the Odor of Amniotic Fluid." *Chemical Senses* 20, no. 2(Apr. 1995): 207–09.

Munoz-Gonzalez, C., C. Cueva, M. Angeles Pozo-Bayon, and M. Victoria Moreno-Arribas. "Ability of Human Oral Microbiota to Produce Wine Odorant Aglycones From Odourless Grape Glycosidic Aroma Precursors." *Food Chemistry* 187 (Nov. 15, 2015): 112–19.

Pirastu, N., M. Kooyman, M. Traglia, A. Robino, S. M. Willems, G. Pistis, N. Amin, et al. "A Genome-Wide Association Study in Isolated Populations Reveals New Genes Associated to Common Food Likings." *Reviews in Endocrine and Metabolic Disorders* 17, no. 2 (June 2016): 209–19.

Pomeroy, R. "The Legendary Study That Embarrassed Wine Experts Across the Globe." *Real Clear Science,* accessed February 22, 2018, www.realclearscience .com/blog/2014/08/the_most_infamous_study_on_wine_tasting.html.

Rozin, P., L. Millman, and C. Nemeroff. "Operation of the Laws of Sympathetic Magic in Disgust and Other Domains." *Journal of Personality and Social Psychology* 50, no. 4 (1986): 703–12.

Tewksbury, J. J., and G. P. Nabhan. "Seed Dispersal. Directed Deterrence by Capsaicin in Chilies." *Nature* 412, no. 6845 (July 26, 2001): 403–04.

Vani, H. *The Food Babe Way: Break Free From the Hidden Toxins in Your Food and Lose Weight, Look Years Younger, and Get Healthy in Just 21 Days!* New York: Little, Brown and Company, 2015.

Vilanova, C., A. Iglesias, and M. Porcar. "The Coffee-Machine Bacteriome: Biodiversity and Colonisation of the Wasted Coffee Tray Leach." *Scientific Reports* 5 (Nov. 23, 2015): 17163.

Womack, C. J., M. J. Saunders, M. K. Bechtel, D. J. Bolton, M. Martin, N. D. Luden, W. Dunham, and M. Hancock. "The Influence of a Cyp1a2 Polymorphism on the Ergogenic Effects of Caffeine." *Journal of the International Society of Sports Nutrition* 9, no. 1 (Mar. 15, 2012): 7.

第三章　瞭解自己的胃口

Afshin, A., M. H. Forouzanfar, M. B. Reitsma, P. Sur, K. Estep, A. Lee, et al., and Global Burden of Disease 2015 Obesity Collaborators. "Health Effects of Overweight and Obesity in 195 Countries over 25 Years." *New*

England Journal of Medicine 377, no. 1 (July 6, 2017): 13–27.

Ahmed, S. H., K. Guillem, and Y. Vandaele. “Sugar Addiction: Pushing the Drug- Sugar Analogy to the Limit.” *Current Opinions in Clinical Nutritition and Metabolic Care* 16, no. 4 (July 2013): 434–39.

Backhed, F., H. Ding, T. Wang, L. V. Hooper, G. Y. Koh, A. Nagy, C. F. Semenkovich, and J. I. Gordon. “The Gut Microbiota as an Environmental Factor That Regulates Fat Storage.” *Proceedings of the National Academy of Sciemnces of the United States of America* 101, no. 44 (Nov. 2, 2004): 15718–23.

Barton, W., N. C. Penney, O. Cronin, I. Garcia-Perez, M. G. Molloy, E. Holmes, F. Shanahan, P. D. Cotter, and O. O’Sullivan. “The Microbiome of Professional Athletes Differs From That of More Sedentary Subjects in Composition and Particularly at the Functional Metabolic Level.” *Gut* (Mar. 30, 2017).

Blaisdell, A. P., Y. L. Lau, E. Telminova, H. C. Lim, B. Fan, C. D. Fast, D. Garlick, and D. C. Pendergrass. “Food Quality and Motivation: A Refined Low-Fat Diet Induces Obesity and Impairs Performance on a Progressive Ratio Schedule of Instrumental Lever Pressing in Rats.” *Physiology & Behavior* 128 (Apr. 10, 2014): 220–25.

Bressa, C., M. Bailen-Andrino, J. Perez-Santiago, R. Gonzalez-Soltero, M. Perez, M. G. Montalvo-Lominchar, J. L. Mate-Munoz, et al. “Differences in Gut Microbiota Profile Between Women With Active Lifestyle and Sedentary Women.” *PLoS One* 12, no. 2 (2017): e0171352.

Clement, K., C. Vaisse, N. Lahlou, S. Cabrol, V. Pelloux, D. Cassuto, M. Gourmelen, et al. “A Mutation in the Human Leptin Receptor Gene Causes Obesity and Pituitary Dysfunction.” *Nature* 392, no. 6674 (Mar. 26, 1998): 398–401.

De Filippo, C., D. Cavalieri, M. Di Paola, M. Ramazzotti, J. B. Poullet, S. Massart, S. Collini, G. Pieraccini, and P. Lionetti. “Impact of Diet in Shaping Gut Microbiota Revealed by a Comparative Study in Children From Europe and Rural Africa.” *Proceedings of the National Academy of Sciences of the United States of America*

107, no. 33 (Aug. 17, 2010): 14691–96.

den Hoed, M., S. Brage, J. H. Zhao, K. Westgate, A. Nessa, U. Ekelund, T. D. Spector, N. J. Wareham, and R. J. Loos. "Heritability of Objectively Assessed Daily Physical Activity and Sedentary Behavior." *American Journal of Clinical Nutrition* 98, no. 5 (Nov. 2013): 1317–25.

Deriaz, O., A. Tremblay, and C. Bouchard. "Non Linear Weight Gain With Long Term Overfeeding in Man." *Obesity Research* 1, no. 3 (May 1993): 179–85.

Derrien, M., C. Belzer, and W. M. de Vos. "*Akkermansia muciniphila* and Its Role in Regulating Host Functions." *Microbial Pathogenesis* 106 (May 2017): 171–81.

Dobson, A. J., M. Ezcurra, C. E. Flanagan, A. C. Summerfield, M. D. Piper, D. Gems, and N. Alic. "Nutritional Programming of Lifespan by Foxo Inhibition on Sugar-Rich Diets." *Cell Reports* 18, no. 2 (Jan. 10, 2017): 299–306.

Dolinoy, D. C., D. Huang, and R. L. Jirtle. "Maternal Nutrient Supplementation Counteracts Bisphenol A-Induced DNA Hypomethylation in Early Development." *Proceedings of the National Academy of the Sciences USA* 104, no. 32(Aug. 7, 2007): 13056–61.

Donkin, I., S. Versteyhe, L. R. Ingerslev, K. Qian, M. Mechta, L. Nordkap, B. Mortensen, et al. "Obesity and Bariatric Surgery Drive Epigenetic Variation of Spermatozoa in Humans." *Cell Metabolism* 23, no. 2 (Feb. 9, 2016):369–78.

Everard, A., V. Lazarevic, M. Derrien, M. Girard, G. G. Muccioli, A. M. Neyrinck, S. Possemiers, et al. "Responses of Gut Microbiota and Glucose and Lipid Metabolism to Prebiotics in Genetic Obese and Diet-Induced Leptin-Resistant Mice." *Diabetes* 60, no. 11 (Nov. 2011): 2775–86.

Farooqi, I. S. "Leptin and the Onset of Puberty: Insights From Rodent and Human Genetics." *Seminars in*

Reproductive Medicine 20, no. 2 (May 2002):139–44.

Grimm, E. R., and N. I. Steinle. "Genetics of Eating Behavior: Established and Emerging Concepts." *Nutrition Reviews* 69, no. 1 (Jan. 2011): 52–60.

Hehemann, J. H., G. Correc, T. Barbeyron, W. Helbert, M. Czjzek, and G. Michel. "Transfer of Carbohydrate-Active Enzymes From Marine Bacteria to Japanese Gut Microbiota." *Nature* 464, no. 7290 (Apr. 8, 2010): 908–12.

Johnson, R. K., L. J. Appel, M. Brands, B. V. Howard, M. Lefevre, R. H. Lustig, F. Sacks, et al. "Dietary Sugars Intake and Cardiovascular Health: A Scientific Statement From the American Heart Association." *Circulation* 120, no. 11 (Sep. 15, 2009): 1011–20.

Jumpertz, R., D. S. Le, P. J. Turnbaugh, C. Trinidad, C. Bogardus, J. I. Gordon, and J. Krakoff. "Energy-Balance Studies Reveal Associations Between Gut Microbes, Caloric Load, and Nutrient Absorption in Humans." *American Journal of Clinical Nutrition* 94, no. 1 (July 2011): 58–65.

Levine, J. A. "Solving Obesity Without Addressing Poverty: Fat Chance." *Journal of Hepatology* 63, no. 6 (Dec. 2015): 1523–24.

Ley, R. E., F. Backhed, P. Turnbaugh, C. A. Lozupone, R. D. Knight, and J. I. Gordon. "Obesity Alters Gut Microbial Ecology." *Proceedings of the National Academy of the Sciences USA* 102, no. 31 (Aug. 2, 2005): 11070–05.

Loos, R. J., C. M. Lindgren, S. Li, E. Wheeler, J. H. Zhao, I. Prokopenko, M. Inouye, et al. "Common Variants Near Mc4r Are Associated With Fat Mass, Weight and Risk of Obesity." *Nature Genetics* 40, no. 6 (June 2008): 768–75.

Mann, Traci. *Secrets From the Eating Lab*. Harper Wave, 2015.

Moss, Michael. *Salt Sugar Fat: How the Food Giants Hooked Us*. New York: Random House, 2013.

Ng, S. F., R. C. Lin, D. R. Laybutt, R. Barres, J. A. Owens, and M. J. Morris. "Chronic High-Fat Diet in Fathers Programs Beta-Cell Dysfunction in Female Rat Offspring." *Nature* 467, no. 7318 (Oct. 21, 2010): 963–66.

O'Rahilly, S. "Life Without Leptin." *Nature* 392, no. 6674 (Mar. 26, 1998): 330–31.

Pelleymounter, M. A., M. J. Cullen, M. B. Baker, R. Hecht, D. Winters, T. Boone, and F. Collins. "Effects of the Obese Gene Product on Body Weight Regulation in Ob/Ob Mice." *Science* 269, no. 5223 (July 28, 1995): 540–43.

Puhl, R., and Y. Suh. "Health Consequences of Weight Stigma: Implications for Obesity Prevention and Treatment." *Current Obesity Reports* 4, no. 2 (June 2015): 182–90.

Ridaura, V. K., J. J. Faith, F. E. Rey, J. Cheng, A. E. Duncan, A. L. Kau, N. W. Griffin, et al. "Gut Microbiota From Twins Discordant for Obesity Modulate Metabolism in Mice." *Science* 341, no. 6150 (Sep. 6, 2013): 1241214.

Roberts, M. D., J. D. Brown, J. M. Company, L. P. Oberle, A. J. Heese, R. G. Toedebusch, K. D. Wells, et al. "Phenotypic and Molecular Differences Between Rats Selectively Bred to Voluntarily Run High Vs. Low Nightly Distances." *American Journal of Physiology-Regulatory Integrative and Comparative Physiology* 304, no. 11 (June 1, 2013): R1024–35.

Schulz, L. O., and L. S. Chaudhari. "High-Risk Populations: The Pimas of Arizona and Mexico." *Current Obesity Reports* 4, no. 1 (Mar. 2015): 92–98.

Shadiack, A. M., S. D. Sharma, D. C. Earle, C. Spana, and T. J. Hallam. "Melanocortins in the Treatment of Male and Female Sexual Dysfunction." *Current Topics in Medicinal Chemistry* 7, no. 11 (2007): 1137–44.

Stice, E., S. Spoor, C. Bohon, and D. M. Small. "Relation Between Obesity and Blunted Striatal Response to Food Is Moderated by Taqia A1 Allele." *Science* 322, no. 5900 (Oct. 17, 2008): 449–52.

Trogdon, J. G., E. A. Finkelstein, C. W. Feagan, and J. W. Cohen. "State- and Payer-Specific Estimates of Annual Medical Expenditures Attributable to Obesity." *Obesity* (Silver Spring) 20, no. 1 (Jan. 2012): 214–20.

Trompette, A., E. S. Gollwitzer, K. Yadava, A. K. Sichelstiel, N. Sprenger, C. Ngom- Bru, C. Blanchard, et al. "Gut Microbiota Metabolism of Dietary Fiber Influences Allergic Airway Disease and Hematopoiesis." *Nature Medicine* 20, no. 2 (Feb. 2014): 159–66.

Turnbaugh, P. J., M. Hamady, T. Yatsunenko, B. L. Cantarel, A. Duncan, R. E. Ley, M. L. Sogin, et al. "A Core Gut Microbiome in Obese and Lean Twins." *Nature* 457, no. 7228 (Jan. 22, 2009): 480–84.

Turnbaugh, P. J., R. E. Ley, M. A. Mahowald, V. Magrini, E. R. Mardis, and J. I. Gordon. "An Obesity-Associated Gut Microbiome With Increased Capacity for Energy Harvest." *Nature* 444, no. 7122 (Dec. 21, 2006): 1027–31.

Voisey, J., and A. van Daal. "Agouti: From Mouse to Man, From Skin to Fat." *Pigment Cell & Melanoma Research* 15, no. 1 (Feb. 2002): 10–18.

Wang L., S. Gillis-Smith, Y. Peng, J. Zhang, X. Chen, C. D. Salzman, N. J. Ryba, and C. S. Zuker. "The Coding of Valence and Identity in the Mammalian Taste System." *Nature* 558, no. 7708 (June 2018): 127–31.

Yang, N., D. G. MacArthur, J. P. Gulbin, A. G. Hahn, A. H. Beggs, S. Easteal, and K. North. "Actn3 Genotype Is Associated With Human Elite Athletic Performance." *American Journal of Human Genetics* 73, no. 3 (Sep. 2003): 627–31.

Zhang, X., and A. N. van den Pol. "Rapid Binge-Like Eating and Body Weight Gain Driven by Zona Incerta GABA Neuron Activation." *Science* 356, no. 6340 (May 26, 2017): 853–59.

第四章　瞭解自己的癮頭

Anstee, Q. M., S. Knapp, E. P. Maguire, A. M. Hosie, P. Thomas, M. Mortensen, R. Bhome, et al. "Mutations in the Gabrb1 Gene Promote Alcohol Consumption Through Increased Tonic Inhibition." *Nature Communications* 4 (2013): 2816.

Bercik, P., E. Denou, J. Collins, W. Jackson, J. Lu, J. Jury, Y. Deng, et al. "The Intestinal Microbiota Affect Central Levels of Brain-Derived Neurotropic Factor and Behavior in Mice." *Gastroenterology* 141, no. 2 (Aug. 2011):599–609.e3.

Dick, D. M., H. J. Edenberg, X. Xuei, A. Goate, S. Kuperman, M. Schuckit, R. Crowe, et al. "Association of Gabrg3 With Alcohol Dependence." *Alcoholism: Clinical and Experimental Research* 28, no. 1 (Jan. 2004): 4–9.

DiNieri, J. A., X. Wang, H. Szutorisz, S. M. Spano, J. Kaur, P. Casaccia, D. Dow-Edwards, and Y. L. Hurd. "Maternal Cannabis Use Alters Ventral Striatal Dopamine D2 Gene Regulation in the Offspring." *Biological Psychiatry* 70, no. 8 (Oct. 15, 2011): 763–69.

Egervari, G., J. Landry, J. Callens, J. F. Fullard, P. Roussos, E. Keller, and Y. L. Hurd. "Striatal H3k27 Acetylation Linked to Glutamatergic Gene Dysregulation in Human Heroin Abusers Holds Promise as Therapeutic Target." *Biological Psychiatry* 81, no. 7 (Apr. 1, 2017): 585–94.

Finkelstein, E. A., K. W. Tham, B. A. Haaland, and A. Sahasranaman. "Applying Economic Incentives to Increase Effectiveness of an Outpatient Weight Loss Program (Trio): A Randomized Controlled Trial." *Social Science & Medicine* 185 (July 2017): 63–70.

Flagel, S. B., S. Chaudhury, M. Waselus, R. Kelly, S. Sewani, S. M. Clinton, R. C. Thompson, S. J. Watson, Jr., and H. Akil. "Genetic Background and Epigenetic

Modifications in the Core of the Nucleus Accumbens Predict Addiction-Like Behavior in a Rat Model." *Proceedings of the National Academy of the Sciences USA* 113, no. 20 (May 17. 2016): E2861–70.

Flegr, J., and R. Kuba. "The Relation of *Toxoplasma* Infection and Sexual Attraction to Fear, Danger, Pain, and Submissiveness." *Evolutionary Psychology* 14, no. 3 (2016).

Flegr, J., M. Preiss, J. Klose, J. Havlicek, M. Vitakova, and P. Kodym. "Decreased Level of Psychobiological Factor Novelty Seeking and Lower Intelligence in Men Latently Infected With the Protozoan Parasite *Toxoplasma gondii* Dopamine, a Missing Link Between Schizophrenia and Toxoplasmosis?" *Biological Psychology* 63, no. 3 (July 2003): 253–68.

Frandsen, M. "Why We Should Pay People to Stop Smoking." theconversation. com/why-we-should-pay-people-to-stop-smoking-84058.

Giordano, G. N., H. Ohlsson, K. S. Kendler, K. Sundquist, and J. Sundquist. "Unexpected Adverse Childhood Experiences and Subsequent Drug Use Disorder: A Swedish Population Study (1995–2011)." *Addiction* 109, no. 7 (July 2014): 1119–27.

Kippin, T. E., J. C. Campbell, K. Ploense, C. P. Knight, and J. Bagley. "Prenatal Stress and Adult Drug-Seeking Behavior: Interactions With Genes and Relation to Nondrug-Related Behavior." *Advances in Neurobiology* 10 (2015): 75–100.

Koepp, M. J., R. N. Gunn, A. D. Lawrence, V. J. Cunningham, A. Dagher, T. Jones, D. J. Brooks, C. J. Bench, and P. M. Grasby. "Evidence for Striatal Dopamine Release During a Video Game." *Nature* 393, no. 6682 (May 21 1998):266–68.

Kreek, M. J., D. A. Nielsen, E. R. Butelman, and K. S. LaForge. "Genetic Influences on Impulsivity, Risk Taking, Stress Responsivity and Vulnerability to Drug Abuse and Addiction." *Nature Neuroscience* 8, no. 11 (Nov. 2005): 1450–57.

Leclercq, S., S. Matamoros, P. D. Cani, A. M. Neyrinck, F. Jamar, P. Starkel, K. Windey, et al. "Intestinal Permeability, Gut-Bacterial Dysbiosis, and Behavioral Markers of Alcohol-Dependence Severity." *Proceedings of the National Academy of the Sciences USA* 111, no. 42 (Oct. 21, 2014): E4485–93.

Matthews, L. J., and P. M. Butler. "Novelty-Seeking DRD4 Polymorphisms Are Associated With Human Migration Distance Out-of-Africa After Controlling for Neutral Population Gene Structure." *American Journal of Physical Anthropology* 145, no. 3 (July 2011): 382–89.

Mohammad, Akikur. *The Anatomy of Addiction: What Science and Research Tell Us About the True Causes, Best Preventive Techniques, and Most Successful Treatments*. New York: TarcherPerigee, 2016.

Osbourne, Ozzy. *Trust Me, I'm Dr. Ozzy: Advice from Rock's Ultimate Survivor*. New York: Grand Central Publishing, 2011.

Peng, Y., H. Shi, X. B. Qi, C. J. Xiao, H. Zhong, R. L. Ma, and B. Su. "The ADH1B Arg47His Polymorphism in East Asian Populations and Expansion of Rice Domestication in History." *BMC Evolutionary Biology* 10 (Jan. 20, 2010): 15.

Peters, S., and E. A. Crone. "Increased Striatal Activity in Adolescence Benefits Learning." *Nature Communications* 8, no. 1 (Dec. 19, 2017): 1983.

Ptacek, R., H. Kuzelova, and G. B. Stefano. "Dopamine D4 Receptor Gene DRD4 and Its Association With Psychiatric Disorders." *Medical Science Monitor* 17, no. 9 (Sep. 2011): RA215–20.

Repunte-Canonigo, V., M. Herman, T. Kawamura, H. R. Kranzler, R. Sherva, J. Gelernter, L. A. Farrer, M. Roberto, and P. P. Sanna. "Nf1 Regulates Alcohol Dependence-Associated Excessive Drinking and Gamma-Aminobutyric Acid Release in the Central Amygdala in Mice and Is Associated With Alcohol Dependence in Humans." *Biological Psychiatry* 77, no. 10 (May 15, 2015): 870–79.

Reynolds, Gretchen. "The Genetics of Being a Daredevil." *New York Times,* well.blogs.nytimes.com/2014/02/19/the-genetics-of-being-a-daredevil/?_r=0. Schumann, G., C. Liu, P. O'Reilly, H. Gao, P. Song, B. Xu, B. Ruggeri, et al. "KLB Is Associated With Alcohol Drinking, and Its Gene Product Beta-Klotho Is Necessary for FGF21 Regulation of Alcohol Preference." *Proceedings of the National Academy of the Sciences USA* 113, no. 50 (Dec. 13, 2016): 14372–77.

Stoel, R. D., E. J. De Geus, and D. I. Boomsma. "Genetic Analysis of Sensation Seeking With an Extended Twin Design." *Behavior Genetics* 36, no. 2 (Mar. 2006): 229–37.

Substance Abuse and Mental Health Services Administration. "Substance Use and Dependence Following Initiation of Alcohol of Illicit Drug Use"," *The NSDUH Report,* Rockville, MD, 2008.

Sutterland, A. L., G. Fond, A. Kuin, M. W. Koeter, R. Lutter, T. van Gool, R. Yolken, et al. "Beyond the Association. *Toxoplasma gondii* in Schizophrenia, Bipolar Disorder, and Addiction: Systematic Review and Meta-Analysis." *Acta Psychiatrica Scandinavica* 132, no. 3 (Sep. 2015): 161–79.

Szalavitz, Maia. *Unbroken Brain: A Revolutionary New Way of Understanding Addiction*. New York: St. Martin's Press, 2016.

Tikkanen, R., J. Tiihonen, M. R. Rautiainen, T. Paunio, L. Bevilacqua, R. Panarsky, D. Goldman, and M. Virkkunen. "Impulsive Alcohol-Related Risk-Behavior and Emotional Dysregulation Among Individuals With a Serotonin 2b Receptor Stop Codon." *Translational Psychiatry* 5 (Nov. 17, 2015): e681.

Vallee, M., S. Vitiello, L. Bellocchio, E. Hebert-Chatelain, S. Monlezun, E. Martin-Garcia, F. Kasanetz, et al. "Pregnenolone Can Protect the Brain From Cannabis Intoxication." *Science* 343, no. 6166 (Jan. 3, 2014): 94–98.

Webb, A., P. A. Lind, J. Kalmijn, H. S. Feiler, T. L. Smith, M. A. Schuckit, and K. Wilhelmsen. "The Investigation

Into CYP2E1 in Relation to the Level of Response to Alcohol Through a Combination of Linkage and Association Analysis." *Alcoholism: Clinical and Experimental Research* 35, no. 1 (Jan. 2011): 10–18.

第五章 瞭解自己的情緒

Aldwin, C. M., Y. J. Jeong, H. Igarashi, and A. Spiro. "Do Hassles and Uplifts Change With Age? Longitudinal Findings From the Va Normative Aging Study." *Psychology and Aging* 29, no. 1 (Mar. 2014): 57–71.

Amin, N., N. M. Belonogova, O. Jovanova, R. W. Brouwer, J. G. van Rooij, M. C. van den Hout, G. R. Svishcheva, et al. "Nonsynonymous Variation in NKPD1 Increases Depressive Symptoms in European Populations." *Biological Psychiatry* 81, no. 8 (Apr. 15, 2017): 702–07.

Bravo, J. A., P. Forsythe, M. V. Chew, E. Escaravage, H. M. Savignac, T. G. Dinan, J. Bienenstock, and J. F. Cryan. "Ingestion of *Lactobacillus* Strain Regulates Emotional Behavior and Central Gaba Receptor Expression in a Mouse Via the Vagus Nerve." *Proceedings of the National Academy of the Sciences USA* 108, no. 38 (Sep. 20, 2011): 16050–55.

Brickman, P., D. Coates, and R. Janoff-Bulman. "Lottery Winners and Accident Victims: Is Happiness Relative?" *Journal of Personality and Social Psychology* 36, no. 8 (Aug. 1978): 917–27.

Cameron, N. M., D. Shahrokh, A. Del Corpo, S. K. Dhir, M. Szyf, F. A. Champagne, and M. J. Meaney. "Epigenetic Programming of Phenotypic Variations in Reproductive Strategies in the Rat Through Maternal Care." *Journal of Neuroendocrinology* 20, no. 6 (June 2008): 795–801.

Caspi, A., K. Sugden, T. E. Moffitt, A. Taylor, I. W. Craig, H. Harrington, J. McClay, et al. "Influence of Life Stress on Depression: Moderation by a Polymorphism in the 5-HTT Gene." *Science* 301, no. 5631 (July 18, 2003): 386–89.

Chiao, J. Y., and K. D. Blizinsky. "Culture-Gene Coevolution of Individualism-Collectivism and the Serotonin Transporter Gene." *Proceedings of the Royal Society of London B: Biological Sciences* 277, no. 1681 (Feb. 22, 2010): 529–37.

Claesson, M. J., S. Cusack, O. O'Sullivan, R. Greene-Diniz, H. de Weerd, E. Flannery, J. R. Marchesi, et al. "Composition, Variability, and Temporal Stability of the Intestinal Microbiota of the Elderly." *Proceedings of the National Academy of the Sciences USA* 108 Suppl. 1 (Mar. 15, 2011): 4586–91.

Claesson, M. J., I. B. Jeffery, S. Conde, S. E. Power, E. M. O'Connor, S. Cusack, H. M. Harris, et al. "Gut Microbiota Composition Correlates With Diet and Health in the Elderly." *Nature* 488, no. 7410 (Aug. 9, 2012): 178–84.

Converge Consortium. "Sparse Whole-Genome Sequencing Identifies Two Loci for Major Depressive Disorder." *Nature* 523, no. 7562 (July 30, 2015): 588–91.

Cordell, B., and J. McCarthy. "A Case Study of Gut Fermentation Syndrome (Auto-Brewery) With Saccharomyces Cerevisiae as the Causative Organism." *International Journal of Clinical Medicine* 4 (2013): 309–12.

Dreher J. C., S. Dunne S, A. Pazderska, T. Frodl, J. J. Nolan, and J. P. O'Doherty. "Testosterone Causes Both Prosocial and Antisocial Status-Enhancing Behaviors in Human Males." *Proceedings of the National Academy of the Sciences USA* 113, no. 41 (Oct. 11, 2016): 11633–38.

Ford, B. Q., M. Tamir, T. T. Brunye, W. R. Shirer, C. R. Mahoney, and H. A. Taylor. "Keeping Your Eyes on the Prize: Anger and Visual Attention to Threats and Rewards." *Psychological Science* 21, no. 8 (Aug. 2010): 1098–105.

Gruber, J., I. B. Mauss, and M. Tamir. "A Dark Side of Happiness? How, When, and Why Happiness Is Not Always Good." *Perspectives on Psychological Science* 6, no. 3 (May 2011): 222–33.

Guccione, Bob. "Fanfare for the Common Man: Who Is John Mellencamp?" *SPIN,* 1992.

Hing, B., C. Gardner, and J. B. Potash. "Effects of Negative Stressors on DNA Methylation in the Brain: Implications for Mood and Anxiety Disorders." *American Journal of Medical Genetics B: Neuropsychiatric Genetics* 165B, no. 7 (Oct. 2014): 541–54.

Hyde, C. L., M. W. Nagle, C. Tian, X. Chen, S. A. Paciga, J. R. Wendland, J. Y. Tung, et al. "Identification of 15 Genetic Loci Associated With Risk of Major Depression in Individuals of European Descent." *Nature Genetics* 48, no. 9 (Sep. 2016): 1031–36.

Jansson-Nettelbladt, E., S. Meurling, B. Petrini, and J. Sjolin. "Endogenous Ethanol Fermentation in a Child With Short Bowel Syndrome." *Acta Paediatrica* 95, no. 4 (Apr. 2006): 502–04.

Kaufman, J., B. Z. Yang, H. Douglas-Palumberi, S. Houshyar, D. Lipschitz, J. H. Krystal, and J. Gelernter. "Social Supports and Serotonin Transporter Gene Moderate Depression in Maltreated Children." *Proceedings of the National Academy of the Sciences USA* 101, no. 49 (Dec. 7, 2004): 17316–21.

Kelly, J. R., Y. Borre, O' Brien C, E. Patterson, S. El Aidy, J. Deane, P. J. Kennedy, et al. "Transferring the Blues: Depression-Associated Gut Microbiota Induces Neurobehavioural Changes in the Rat." *Journal of Psychiatric Research* 82 (Nov. 2016): 109–18.

Kim A., and S. J. Maglio. "Vanishing Time in the Pursuit of Happiness." *Psychonomic Bulletin and Review* 25, no. 4 (Aug. 2018): 1337–42.

LaMotte, S. "Woman Claims Her Body Brews Alcohol, Has DUI Charge Dismissed." *CNN,* www.cnn.com/2015/12/31/health/auto-brewery-syndrome -dui-womans-body-brews-own-alcohol/index.html. Lohoff, F. W. "Overview of the Genetics of Major Depressive Disorder." *Current Psychiatry Reports* 12, no. 6 (Dec. 2010): 539–46.

McGowan, P. O., A. Sasaki, A. C. D'Alessio, S. Dymov, B. Labonte, M. Szyf, G. Turecki, and M. J. Meaney.

"Epigenetic Regulation of the Glucocorticoid Receptor in Human Brain Associates With Childhood Abuse." *Nature Neuroscience* 12, no. 3 (Mar. 2009): 342–48.

Messaoudi, M., R. Lalonde, N. Violle, H. Javelot, D. Desor, A. Nejdi, J. F. Bisson, et al. "Assessment of Psychotropic-Like Properties of a Probiotic Formulation *(Lactobacillus helveticus* R0052 and *Bifidobacterium longum* R0175) in Rats and Human Subjects." *British Journal of Nutrition* 105, no. 5 (Mar. 2011): 755–64.

Minkov, M., and M. H. Bond. "A Genetic Component to National Differences in Happiness." *Journal of Happiness Studies* 18, no. 2 (2017): 321–40.

Moll, J., F. Krueger, R. Zahn, M. Pardini, R. de Oliveira-Souza, and J. Grafman. "Human Fronto-Mesolimbic Networks Guide Decisions About Charitable Donation." *Proceedings of the National Academy of the Sciences USA* 103, no. 42 (Oct. 17, 2006): 15623–28.

Naumova, O. Y., M. Lee, R. Koposov, M. Szyf, M. Dozier, and E. L. Grigorenko. "Differential Patterns of Whole-Genome DNA Methylation in Institutionalized Children and Children Raised by Their Biological Parents." *Development and Psychopathology* 24, no. 1 (Feb. 2012): 143–55.

Nesse, R. M. "Natural Selection and the Elusiveness of Happiness." *Philosophical Transactions of the Royal Society London B: Biological Sciences* 359, no. 1449 (Sep. 29, 2004): 1333–47.

Okbay, A., B. M. Baselmans, J. E. De Neve, P. Turley, M. G. Nivard, M. A. Fontana, S. F. Meddens, et al. "Genetic Variants Associated With Subjective Well-Being, Depressive Symptoms, and Neuroticism Identified Through Genome-Wide Analyses." *Nature Genetcis* 48, no. 6 (June 2016): 624–33.

Pena, C. J., H. G. Kronman, D. M. Walker, H. M. Cates, R. C. Bagot, I. Purushothaman, O. Issler, et al. "Early Life Stress Confers Lifelong Stress Susceptibility in Mice Via Ventral Tegmental Area Otx2." *Science* 356, no. 6343 (June 16, 2017): 1185–88.

Pronto, E., and Pswald A. J. "National Happiness and Genetic Distance: A Cautious Exploration." ftp.iza.org/dp8300.pdf.

Romens, S. E., J. McDonald, J. Svaren, and S. D. Pollak. "Associations Between Early Life Stress and Gene Methylation in Children." *Child Development* 86, no. 1 (Jan.–Feb. 2015): 303–09.

Rosenbaum, J. T. "The E. Coli Made Me Do It." *The New Yorker,* www.new yorker.com/tech/elements/the-e-coli-made-me-do-it.

Singer, Peter. *The Expanding Circle: Ethics and Sociobiology*. Princeton, NJ: Princeton University Press, 1981.

Steenbergen, L., R. Sellaro, S. van Hemert, J. A. Bosch, and L. S. Colzato. "A Randomized Controlled Trial to Test the Effect of Multispecies Probiotics on Cognitive Reactivity to Sad Mood." *Brain, Behavior, and Immunity* 48 (Aug. 2015): 258–64.

Sudo, N., Y. Chida, Y. Aiba, J. Sonoda, N. Oyama, X. N. Yu, C. Kubo, and Y. Koga. "Postnatal Microbial Colonization Programs the Hypothalamic-Pituitary-Adrenal System for Stress Response in Mice." *Journal of Physiology* 558, no. Pt. 1 (July 1, 2004): 263–75.

Sullivan, P. F., M. C. Neale, and K. S. Kendler. "Genetic Epidemiology of Major Depression: Review and Meta-Analysis." *American Journal of Psychiatry* 157, no. 10 (Oct. 2000): 1552–62.

Swartz, J. R., A. R. Hariri, and D. E. Williamson. "An Epigenetic Mechanism Links Socioeconomic Status to Changes in Depression-Related Brain Function in High-Risk Adolescents." *Molecular Psychiatry* 22, no. 2 (Feb. 2017): 209–14.

Tillisch, K., J. Labus, L. Kilpatrick, Z. Jiang, J. Stains, B. Ebrat, D. Guyonnet, et al. "Consumption of Fermented Milk Product With Probiotic Modulates Brain Activity." *Gastroenterology* 144, no. 7 (June 2013): 1394–401.e4.

World Health Organization. “Depression.” www.who.int/mediacentre/factsheets/ fs369/en.

Zhang, L., A. Hirano, P. K. Hsu, C. R. Jones, N. Sakai, M. Okuro, T. McMahon, et al. “A PERIOD3 Variant Causes a Circadian Phenotype and Is Associated With a Seasonal Mood Trait.” *Proceedings of the National Academy of the Sciences USA* 113, no. 11 (Mar. 15, 2016): E1536–44.

第六章　瞭解心中的惡魔

Aizer, A., and J. Currie. “Lead and Juvenile Delinquency: New Evidence From Linked Birth, School and Juvenile Detention Records.” National Bureau of Economic Research, www.nber.org/papers/w23392.

Arrizabalaga, G., and B. Sullivan. “Common Parasite Could Manipulate Our Behavior.” Scientific American MIND, www.scientificamerican.com/article/ common-parasite-could-manipulate-our-behavior.

Berdoy, M., J. P. Webster, and D. W. Macdonald. “Fatal Attraction in Rats Infected With *Toxoplasma gondii.*” *Proceedings of the Royal Society: Biological Sciences* 267, no. 1452 (Aug. 7, 2000): 1591–94.

Bjorkqvist, K. “Gender Differences in Aggression.” *Current Opinion in Psychology* 19 (Feb. 2018): 39–42.

Brunner, H. G., M. Nelen, X. O. Breakefield, H. H. Ropers, and B. A. van Oost. “Abnormal Behavior Associated With a Point Mutation in the Structural Gene for Monoamine Oxidase A.” *Science* 262, no. 5133 (Oct. 22, 1993): 578–80.

Burgess, E. E., M. D. Sylvester, K. E. Morse, F. R. Amthor, S. Mrug, K. L. Lokken, M. K. Osborn, T. Soleymani, and M. M. Boggiano. “Effects of Transcranial Direct Current Stimulation (Tdcs) on Binge Eating Disorder.” *International Journal of Eating Disorders* 49, no. 10 (Oct. 2016): 930–36.

Burt, S. A. “Are There Meaningful Etiological Differences Within Antisocial Behavior? Results of a Meta-Analysis.”

Clinical Psychology Review 29, no. 2 (Mar. 2009): 163–78.

Cahalan, Susannah. *Brain on Fire: My Month of Madness*. New York: Simon & Schuster, 2013.

Cases, O., I. Seif, J. Grimsby, P. Gaspar, K. Chen, S. Pournin, U. Muller, et al. "Aggressive Behavior and Altered Amounts of Brain Serotonin and Norepinephrine in Mice Lacking Maoa." *Science* 268, no. 5218 (June 23, 1995): 1763–66.

Caspi, A., J. McClay, T. E. Moffitt, J. Mill, J. Martin, I. W. Craig, A. Taylor, and R. Poulton. "Role of Genotype in the Cycle of Violence in Maltreated Children." *Science* 297, no. 5582 (Aug. 2, 2002): 851–54.

Chen, H., D. S. Pine, M. Ernst, E. Gorodetsky, S. Kasen, K. Gordon, D. Goldman, and P. Cohen. "The Maoa Gene Predicts Happiness in Women." *Progress in Neuropsychopharmacology & Biological Psychiatry* 40 (Jan. 10, 2013): 122–25.

Coccaro, E. F., R. Lee, M. W. Groer, A. Can, M. Coussons-Read, and T. T. Postolache. "*Toxoplasma gondii* Infection: Relationship With Aggression in Psychiatric Subjects." *Journal of Clinical Psychiatry* 77, no. 3 (Mar. 2016): 334–41.

Crockett, M. J., L. Clark, G. Tabibnia, M. D. Lieberman, and T. W. Robbins. "Serotonin Modulates Behavioral Reactions to Unfairness." *Science* 320, no. 5884 (June 27, 2008): 1739.

Dalmau, J., E. Tuzun, H. Y. Wu, J. Masjuan, J. E. Rossi, A. Voloschin, J. M. Baehring, et al. "Paraneoplastic Anti-N-Methyl-D-Aspartate Receptor Encephalitis Associated With Ovarian Teratoma." *Annals of Neurology* 61, no. 1 (Jan. 2007): 25–36.

Dias, B. G., and K. J. Ressler. "Parental Olfactory Experience Influences Behavior and Neural Structure in Subsequent Generations." *Nature Neuroscience* 17, no. 1 (Jan. 2014): 89–96.

Faiola, A. "A Modern Pope Gets Old School on the Devil." *The Washington Post,* www.washingtonpost.com/world/a-modern-pope-gets-old-school-on-the -devil/2014/05/10/f56a9354-1b93-4662-abbb-d877e49f15ea_story.html?utm _term=.8a6c61629cd5.

Feigenbaum, J.J., and C. Muller. "Lead Exposure and Violent Crime in the Early Twentieth Century." *Explorations in Economic History* 62 (2016): 51–86.

Flegr, J., J. Havlicek, P. Kodym, M. Maly, and Z. Smahel. "Increased Risk of Traffic Accidents in Subjects With Latent Toxoplasmosis: A Retrospective Case-Control Study." *BMC Infectious Diseases* 2 (July 2, 2002): 11.

Gatzke-Kopp, L. M., and T. P. Beauchaine. "Direct and Passive Prenatal Nicotine Exposure and the Development of Externalizing Psychopathology." *Child Psychiatry and Human Development* 38, no. 4 (Dec. 2007): 255–69.

Gogos, J. A., M. Morgan, V. Luine, M. Santha, S. Ogawa, D. Pfaff, and M. Karayiorgou. "Catechol-O-Methyltransferase-Deficient Mice Exhibit Sexually Dimorphic Changes in Catecholamine Levels and Behavior." *Proceedings of the National Academy of the Sciences USA* 95, no. 17 (Aug. 18, 1998): 9991–96.

Gunduz-Cinar, O., M. N. Hill, B. S. McEwen, and A. Holmes. "Amygdala FAAH and Anandamide: Mediating Protection and Recovery from Stress." *Trends in Pharmacological Sciences* 34, no. 11 (Nov. 2013): 637–44.

Hawthorne, M. "Studies Link Childhood Lead Exposure, Violent Crime." *Chicago Tribune,* www.chicagotribune.com/news/ct-lead-poisoning-science-met -20150605-story.html.

Heijmans, B. T., E. W. Tobi, A. D. Stein, H. Putter, G. J. Blauw, E. S. Susser, P. E. Slagboom, and L. H. Lumey. "Persistent Epigenetic Differences Associated With Prenatal Exposure to Famine in Humans." *Proceedings of the National Academy of the Sciences USA* 105, no. 44 (Nov. 4, 2008): 17046–49.

Hibbeln, J. R., J. M. Davis, C. Steer, P. Emmett, I. Rogers, C. Williams, and J. Golding. "Maternal Seafood Consumption in Pregnancy and Neurodevelopmental Outcomes in Childhood (Alspac Study): An Observational

Cohort Study." *Lancet* 369, no. 9561 (Feb. 17, 2007): 578–85.

Hodges, L. M., A. J. Fyer, M. M. Weissman, M. W. Logue, F. Haghighi, O. Evgrafov, A. Rotondo, J. A. Knowles, and S. P. Hamilton. "Evidence for Linkage and Association of GABRB3 and GABRA5 to Panic Disorder." *Neuropsychopharmacology* 39, no. 10 (Sep. 2014): 2423–31.

Hunter, P. "The Psycho Gene." *EMBO Reports* 11, no. 9 (Sep. 2010): 667–69.

Ivorra, C., M. F. Fraga, G. F. Bayon, A. F. Fernandez, C. Garcia-Vicent, F. J. Chaves, J. Redon, and E. Lurbe. "DNA Methylation Patterns in Newborns Exposed to Tobacco in Utero." *Journal of Translational Medicine* 13 (Jan. 27, 2015): 25.

Kelly, S. J., N. Day, and A. P. Streissguth. "Effects of Prenatal Alcohol Exposure on Social Behavior in Humans and Other Species." *Neurotoxicology and Teratology* 22, no. 2 (Mar.–Apr. 2000): 143–49.

Li, Y., C. Xie, S. K. Murphy, D. Skaar, M. Nye, A. C. Vidal, K. M. Cecil, et al. "Lead Exposure During Early Human Development and DNA Methylation of Imprinted Gene Regulatory Elements in Adulthood." *Environmental Health Perspectives* 124, no. 5 (May 2016): 666–73.

Mednick, S. A., W. F. Gabrielli, Jr., and B. Hutchings. "Genetic Influences in Criminal Convictions: Evidence From an Adoption Cohort." *Science* 224, no. 4651 (May 25, 1984): 891–94.

Neugebauer, R., H. W. Hoek, and E. Susser. "Prenatal Exposure to Wartime Famine and Development of Antisocial Personality Disorder in Early Adulthood." *JAMA* 282, no. 5 (Aug. 4, 1999): 455–62.

Ouellet-Morin, I., C. C. Wong, A. Danese, C. M. Pariante, A. S. Papadopoulos, J. Mill, and L. Arseneault. "Increased Serotonin Transporter Gene (Sert) DNA Methylation Is Associated With Bullying Victimization and Blunted Cortisol Response to Stress in Childhood: A Longitudinal Study of Discordant Monozygotic Twins." *Psychological Medicine* 43, no. 9 (Sep. 2013): 1813–23.

Ouko, L. A., K. Shantikumar, J. Knezovich, P. Haycock, D. J. Schnugh, and M. Ramsay. "Effect of Alcohol Consumption on CpG Methylation in the Differentially Methylated Regions of H19 and IG-DMR in Male Gametes: Implications for Fetal Alcohol Spectrum Disorders." *Alcoholism: Clinical and Experimental Research* 33, no. 9 (Sep. 2009): 1615–27.

Raine, A., J. Portnoy, J. Liu, T. Mahoomed, and J. R. Hibbeln. "Reduction in Behavior Problems With Omega-3 Supplementation in Children Aged 8–16

Years: A Randomized, Double-Blind, Placebo-Controlled, Stratified, Parallel-Group Trial." *Journal of Child Psychology and Psychiatry* 56, no. 5 (May 2015): 509–20.

Ramboz, S., F. Saudou, D. A. Amara, C. Belzung, L. Segu, R. Misslin, M. C. Buhot, and R. Hen. "5-HT1B Receptor Knock Out—Behavioral Consequences." *Behavioral Brain Research* 73, no. 1–2 (1996): 305–12.

Ramsbotham, L. D., and B. Gesch. "Crime and Nourishment: Cause for a Rethink?" *Prison Service Journal* 182 (Mar. 1, 2009): 3–9.

Sen, A., N. Heredia, M. C. Senut, S. Land, K. Hollocher, X. Lu, M. O. Dereski, and D. M. Ruden. "Multigenerational Epigenetic Inheritance in Humans: DNA Methylation Changes Associated With Maternal Exposure to Lead Can Be Transmitted to the Grandchildren." *Scientific Reports* 5 (Sep. 29, 2015): 14466.

Tiihonen, J., M. R. Rautiainen, H. M. Ollila, E. Repo-Tiihonen, M. Virkkunen, A. Palotie, O. Pietilainen, et al. "Genetic Background of Extreme Violent Behavior." *Molecular Psychiatry* 20, no. 6 (June 2015): 786–92.

Torrey, E. F., J. J. Bartko, and R. H. Yolken. "*Toxoplasma gondii* and Other Risk Factors for Schizophrenia: An Update." *Schizophrenia Bulletin* 38, no. 3 (May 2012): 642–47.

Weissman, M. M., V. Warner, P. J. Wickramaratne, and D. B. Kandel. "Maternal Smoking During Pregnancy and Psychopathology in Offspring Followed to Adulthood." *Journal of the American Academy of Child and*

Adolescent Psychiatry 38, no. 7 (July 1999): 892–99.

第七章　瞭解你的伴侶

Acevedo, B. P., A. Aron, H. E. Fisher, and L. L. Brown. “Neural Correlates of Long-Term Intense Romantic Love.” *Social Cognitive and Affective Neuroscience* 7, no. 2 (Feb. 2012): 145–59.

Barash, D. P., and J. E. Lipton. *The Myth of Monogamy: Fidelity and Infidelity in Animals and People*. New York: W. H. Freeman, 2001.

Buston, P. M., and S. T. Emlen. “Cognitive Processes Underlying Human Mate Choice: The Relationship Between Self-Perception and Mate Preference in Western Society.” *Proceedings of the National Academy of the Sciences USA* 100, no. 15 (July 22, 2003): 8805–10.

Ciani, A. C., F. Iemmola, and S. R. Blecher. “Genetic Factors Increase Fecundity in Female Maternal Relatives of Bisexual Men as in Homosexuals.” *Journal of Sexual Medicine* 6, no. 2 (Feb. 2009): 449–55.

Conley, T. D., J. L. Matsick, A. C. Moors, and A. Ziegler. “Investigation of Consensually Nonmonogamous Relationships.” *Perspectives on Psychological Science* 12, no. 2 (2017): 205–32.

De Dreu, C. K., L. L. Greer, G. A. Van Kleef, S. Shalvi, and M. J. Handgraaf. “Oxytocin Promotes Human Ethnocentrism.” *Proceedings of the National Academy of Sciences USA* 108, no. 4 (Jan. 25, 2011): 1262–66.

Feldman, R., A. Weller, O. Zagoory-Sharon, and A. Levine. “Evidence for a Neuroendocrinological Foundation of Human Affiliation: Plasma Oxytocin Levels Across Pregnancy and the Postpartum Period Predict Mother-Infant Bonding.” *Psychological Science* 18, no. 11 (Nov. 2007): 965–70.

Fillion, T. J., and E. M. Blass. “Infantile Experience With Suckling Odors Determines Adult Sexual Behavior in Male

Rats." *Science* 231, no. 4739 (Feb. 14, 1986): 729–31.

Finkel, E. J., J. L. Burnette, and L. E. Scissors. "Vengefully Ever After: Destiny Beliefs, State Attachment Anxiety, and Forgiveness." *Journal of Personality and Social Psychology* 92, no. 5 (May 2007): 871–86.

Fisher, H., A. Aron, and L. L. Brown. "Romantic Love: An fMRI Study of a Neural Mechanism for Mate Choice." *Journal of Comparative Neurology* 493, no. 1 (Dec. 5, 2005): 58–62.

Fisher, Helen. *Anatomy of Love: A Natural History of Mating, Marriage, and Why We Stray.* New York: W. W. Norton & Company, 2016.

Fraccaro, P. J., B. C. Jones, J. Vukovic, F. G. Smith, C. D. Watkins, D. R. Feinberg, A. C. Little, and L. M. DeBruine. "Experimental Evidence That Women Speak in a Higher Voice Pitch to Men They Find Attractive." *Journal of Evolutionary Psychology* 9, no. 1 (2011): 57–67.

Garcia, J. R., J. MacKillop, E. L. Aller, A. M. Merriwether, D. S. Wilson, and J. K. Lum. "Associations Between Dopamine D4 Receptor Gene Variation With Both Infidelity and Sexual Promiscuity." *PLoS One* 5, no. 11 (Nov. 30, 2010): e14162.

Ghahramani, N. M., T. C. Ngun, P. Y. Chen, Y. Tian, S. Krishnan, S. Muir, L. Rubbi, et al. "The Effects of Perinatal Testosterone Exposure on the DNA Methylome of the Mouse Brain Are Late-Emerging." *Biology of Sex Differences* 5 (2014): 8.

Gobrogge, K. L., and Z. W. Wang. "Genetics of Aggression in Voles." *Advances in Genetics* 75 (2011): 121–50.

Hamer, D. H., S. Hu, V. L. Magnuson, N. Hu, and A. M. Pattatucci. "A Linkage Between DNA Markers on the X Chromosome and Male Sexual Orientation." *Science* 261, no. 5119 (July 16, 1993): 321–27.

Hanson, Joe. "The Odds of Finding Life and Love." It's Okay to Be Smart, www .youtube.com/watch?time_ continue=254&v=TekbxvnvYb8.

Havlíčˇek, J., R. Dvorˇáková, L. Bartoš, and J. Flegr. "Non-Advertized Does Not Mean Concealed: Body Odour Changes Across the Human Menstrual Cycle." *Ethology* 112, no. 1 (2006): 81–90.

Kimchi, T., J. Xu, and C. Dulac. "A Functional Circuit Underlying Male Sexual Behaviour in the Female Mouse Brain." *Nature* 448, no. 7157 (Aug. 30, 2007): 1009–14.

Lee, S., and N. Schwarz. "Framing Love: When It Hurts to Think We Were Made for Each Other." *Journal of Experimental Social Psychology* 54 (2014): 61–67.

LeVay, S. "A Difference in Hypothalamic Structure Between Heterosexual Lim, M. M., Z. Wang, D. E. Olazabal, X. Ren, E. F. Terwilliger, and L. J. Young. "Enhanced Partner Preference in a Promiscuous Species by Manipulating the Expression of a Single Gene." *Nature* 429, no. 6993 (June 17, 2004): 754–57.

Marazziti, D., H. S. Akiskal, A. Rossi, and G. B. Cassano. "Alteration of the Platelet Serotonin Transporter in Romantic Love." *Psychological Medicine* 29, no. 3 (May 1999): 741–45.

Marazziti, D., H. S. Akiskal, M. Udo, M. Picchetti, S. Baroni, G. Massimetti, F. Albanese, and L. Dell'Osso. "Dimorphic Changes of Some Features of Loving Relationships During Long-Term Use of Antidepressants in Depressed Outpatients." *Journal of Affective Disorders* 166 (Sep. 2014): 151–55.

Meyer-Bahlburg, H. F., C. Dolezal, S. W. Baker, and M. I. New. "Sexual Orientation in Women With Classical or Non-Classical Congenital Adrenal Hyperplasia as a Function of Degree of Prenatal Androgen Excess." *Archives of Sexual Behavior* 37, no. 1 (Feb. 2008): 85–99.

Morran, L. T., O. G. Schmidt, I. A. Gelarden, R. C. Parrish, II, and C. M. Lively. "Running With the Red Queen: Host-Parasite Coevolution Selects for Biparental Sex." *Science* 333, no. 6039 (July 8, 2011): 216–18.

Munroe, Randall. *What If?: Serious Scientific Answers to Absurd Hypothetical Questions*. New York: Houghton Mifflin Harcourt, 2014.

Ngun, T. C., and E. Vilain. "The Biological Basis of Human Sexual Orientation: Is There a Role for Epigenetics?" *Advances in Genetics* 86 (2014): 167–84.

Nugent, B. M., C. L. Wright, A. C. Shetty, G. E. Hodes, K. M. Lenz, A. Mahurkar, S. J. Russo, S. E. Devine, and M. M. McCarthy. "Brain Feminization Requires Active Repression of Masculinization Via DNA Methylation." *Nature Neuroscience* 18, no. 5 (May 2015): 690–97.

Odendaal, J. S., and R. A. Meintjes. "Neurophysiological Correlates of Affiliative Behaviour Between Humans and Dogs." *Veterinary Journal* 165, no. 3 (May 2003): 296–301.

Paredes-Ramos, P., M. Miquel, J. Manzo, and G. A. Coria-Avila. "Juvenile Play Conditions Sexual Partner Preference in Adult Female Rats." *Physiology & Behavior* 104, no. 5 (Oct. 24, 2011): 1016–23.

Paredes, R. G., T. Tzschentke, and N. Nakach. "Lesions of the Medial Preoptic Area/Anterior Hypothalamus (MPOA/HA) Modify Partner Preference in Male Rats." *Brain Research* 813, no. 1 (Nov. 30, 1998): 1–8.

Park, D., D. Choi, J. Lee, D. S. Lim, and C. Park. "Male-Like Sexual Behavior of Female Mouse Lacking Fucose Mutarotase." *BMC Genetics* 11 (July 7, 2010): 62.

Pedersen, C. A., and A. J. Prange, Jr. "Induction of Maternal Behavior in Virgin Rats After Intracerebroventricular Administration of Oxytocin." *Proceedings of the National Academy of the Sciences USA* 76, no. 12 (Dec. 1979): 6661–65.

Ramsey, J. L., J. H. Langlois, R. A. Hoss, A. J. Rubenstein, and A. M. Griffin. "Origins of a Stereotype: Categorization of Facial Attractiveness by 6-Month-Old Infants." *Developmental Science* 7, no. 2 (Apr. 2004): 201–11.

Rhodes, G. "The Evolutionary Psychology of Facial Beauty." *Annual Review of Psychology* 57 (2006): 199–226.

Sanders, A. R., G. W. Beecham, S. Guo, K. Dawood, G. Rieger, J. A. Badner, E. S. Gershon, et al. "Genome-Wide Association Study of Male Sexual Orientation." *Scientific Reports* 7, no. 1 (Dec. 7, 2017): 16950.

Sanders, A. R., E. R. Martin, G. W. Beecham, S. Guo, K. Dawood, G. Rieger, J. A. Badner, et al. "Genome-Wide Scan Demonstrates Significant Linkage for Male Sexual Orientation." *Psychological Medicine* 45, no. 7 (May 2015): 1379–88.

Sansone, R. A., and L. A. Sansone. "Ssri-Induced Indifference." *Psychiatry (Edgmont)* 7, no. 10 (Oct. 2010): 14–18.

Scheele, D., A. Wille, K. M. Kendrick, B. Stoffel-Wagner, B. Becker, O. Gunturkun, W. Maier, and R. Hurlemann. "Oxytocin Enhances Brain Reward System Responses in Men Viewing the Face of Their Female Partner." *Proceedings of the National*

Academy of the Sciences USA 110, no. 50 (Dec. 10, 2013): 20308–13.

Sharon, G., D. Segal, J. M. Ringo, A. Hefetz, I. Zilber-Rosenberg, and E. Rosenberg. "Commensal Bacteria Play a Role in Mating Preference of *Drosophila melanogaster.*" *Proceedings of the National Academy of the Sciences USA* 107, no. 46 (Nov. 16, 2010): 20051–56.

Singh, D. "Female Mate Value at a Glance: Relationship of Waist-to-Hip Ratio to Health, Fecundity and Attractiveness." *Neuro Endocrinology Letters* 23 Suppl. 4 (Dec. 2002): 81–91.

Singh, D., and D. Singh. "Shape and Significance of Feminine Beauty: An Evolutionary Perspective." *Sex Roles* 64, no. 9–10 (2011): 723–31.

Stern, K., and M. K. McClintock. "Regulation of Ovulation by Human Pheromones." *Nature* 392, no. 6672 (Mar. 12, 1998): 177–79.

Swami, V., and M. J. Tovee. "Resource Security Impacts Men's Female Breast Size Preferences." *PLoS One* 8, no. 3 (2013): e57623.

Thornhill, R., and S. W. Gangestad. "Facial Attractiveness." *Trends in Cognitive Sciences* 3, no. 12 (Dec. 1999): 452–60.

Walum, H., L. Westberg, S. Henningsson, J. M. Neiderhiser, D. Reiss, W. Igl, J. M. Ganiban, et al. "Genetic Variation in the Vasopressin Receptor 1a Gene (AVPR1A) Associates with Pair-Bonding Behavior in Humans." *Proceedings of the National Academy of the Sciences USA* 105, no. 37 (Sep. 16, 2008): 14153–56.

Wedekind, C., T. Seebeck, F. Bettens, and A. J. Paepke. "Mhc-Dependent Mate Preferences in Humans." *Proceedings: Biological Sciences* 260, no. 1359 (June 22, 1995): 245–49.

Weisman, O., O. Zagoory-Sharon, and R. Feldman. "Oxytocin Administration to Parent Enhances Infant Physiological and Behavioral Readiness for Social Engagement." *Biological Psychiatry* 72, no. 12 (Dec. 15, 2012): 982–89.

Williams, J. R., C. S. Carter, and T. Insel. "Partner Preference Development in Female Prairie Voles Is Facilitated by Mating or the Central Infusion of Oxytocin." *Annals of the New York Academy of Sciences* 652 (June 12, 1992): 487–89.

Winslow, J. T., N. Hastings, C. S. Carter, C. R. Harbaugh, and T. R. Insel. "A Role for Central Vasopressin in Pair Bonding in Monogamous Prairie Voles." *Nature* 365, no. 6446 (Oct. 7, 1993): 545–48.

Witt, D. M., and T. R. Insel. "Central Oxytocin Antagonism Decreases Female Reproductive Behavior." *Annals of the New York Academy of Sciences* 652 (June 12, 1992): 445–47.

Zeki, S. "The Neurobiology of Love." *FEBS Letters* 581, no. 14 (June 12, 2007): 2575–79.

Zuniga, A., R. J. Stevenson, M. K. Mahmut, and I. D. Stephen. "Diet Quality and the Attractiveness of Male Body Odor." *Evolution & Human Behavior* 38, no. 1 (2017): 136–43.

第八章　瞭解自己的心智

Bellinger, D. C. "A Strategy for Comparing the Contributions of Environmental Chemicals and Other Risk Factors to Neurodevelopment of Children." *Environmental Health Perspectives* 120, no. 4 (Apr. 2012): 501–07.

Bench, S. W., H. C. Lench, J. Liew, K. Miner, and S. A. Flores. "Gender Gaps in Overestimation of Math Performance." *Sex Roles* 72, no. 11–12 (2015): 536–46.

Biergans, S. D., C. Claudianos, J. Reinhard, and C. G. Galizia. "DNA Methylation Mediates Neural Processing After Odor Learning in the Honeybee." *Scientific Reports* 7 (Feb. 27, 2017): 43635.

Brass, M., and P. Haggard. "To Do or Not to Do: The Neural Signature of Self-Control." *Journal of Neuroscience* 27, no. 34 (Aug. 22, 2007): 9141–45.

Bustin, G. M., D. N. Jones, M. Hansenne, and J. Quoidbach. "Who Does Red Bull Give Wings To? Sensation Seeking Moderates Sensitivity to Subliminal Advertisement." *Frontiers in Psychology* 6 (2015): 825.

Claro, S., D. Paunesku, and C. S. Dweck. "Growth Mindset Tempers the Effects of Poverty on Academic Achievement." *Proceedings of the National Academy of the Sciences USA* 113, no. 31 (Aug. 2, 2016): 8664–68.

Danziger, S., J. Levav, and L. Avnaim-Pesso. "Extraneous Factors in Judicial Decisions." *Proceedings of the National Academy of the Sciences USA* 108, no. 17 (Apr. 26, 2011): 6889–92.

Else-Quest, N. M., J. S. Hyde, and M. C. Linn. "Cross-National Patterns of Gender Differences in Mathematics: A Meta-Analysis." *Psychological Bulletin* 136, no. 1 (Jan. 2010): 103–27.

Fitzsimons, G. M., T. Chartrand, and G. J. Fitzsimons. “Automatic Effects of Brand Exposure on Motivated Behavior: How Apple Makes You ‘Think Different.’ ” *Journal of Consumer Research* 35 (2008): 21–35.

Gareau, M. G., E. Wine, D. M. Rodrigues, J. H. Cho, M. T. Whary, D. J. Philpott, G. Macqueen, and P. M. Sherman. “Bacterial Infection Causes Stress-Induced Memory Dysfunction in Mice.” *Gut* 60, no. 3 (Mar. 2011): 307–17.

Graff, J., and L. H. Tsai. “The Potential of HDAC Inhibitors as Cognitive Enhancers.” *Annual Review of Pharmacology and Toxicology* 53 (2013): 311–30.

Hariri, A. R., T. E. Goldberg, V. S. Mattay, B. S. Kolachana, J. H. Callicott, M. F. Egan, and D. R. Weinberger. “Brain-Derived Neurotrophic Factor Val66Met Polymorphism Affects Human Memory-Related Hippocampal Activity and Predicts Memory Performance.” *Journal of Neuroscience* 23, no. 17 (July 30, 2003): 6690–94.

Hart, W., and D. Albarracin. “The Effects of Chronic Achievement Motivation and Achievement Primes on the Activation of Achievement and Fun Goals.” *Journal of Personality and Social Psychology* 97, no. 6 (Dec. 2009): 1129–41.

Jasarevic, E., C. L. Howerton, C. D. Howard, and T. L. Bale. “Alterations in the Vaginal Microbiome by Maternal Stress Are Associated With Metabolic Reprogramming of the Offspring Gut and Brain.” *Endocrinology* 156, no. 9 (Sep. 2015): 3265–76.

Jones, M. W., M. L. Errington, P. J. French, A. Fine, T. V. Bliss, S. Garel, P. Charnay, et al. “A Requirement for the Immediate Early Gene Zif268 in the Expression of Late LTP and Long-Term Memories.” *Nature Neuroscience* 4, no. 3 (Mar. 2001): 289–96.

Kaufman, G. F., and L. K. Libby. “Changing Beliefs and Behavior Through Experience-Taking.” *Journal of Personality and Social Psychology* 103, no. 1 (July 2012): 1–19.

Kida, S., and T. Serita. “Functional Roles of CREB as a Positive Regulator in the Formation and Enhancement of

Memory." *Brain Research Bulletin* 105 (June 2014): 17–24.

Kramer, M. S., F. Aboud, E. Mironova, I. Vanilovich, R. W. Platt, L. Matush, S. Igumnov, et al. "Breastfeeding and Child Cognitive Development: New Evidence From a Large Randomized Trial." *Archives of General Psychiatry* 65, no. 5 (May 2008): 578–84.

Krenn, B. "The Effect of Uniform Color on Judging Athletes' Aggressiveness, Fairness, and Chance of Winning." *Journal of Sport and Exercise Psychology* 37, no. 2 (Apr. 2015): 207–12.

Kruger, J., and D. Dunning. "Unskilled and Unaware of It: How Difficulties in Recognizing One's Own Incompetence Lead to Inflated Self-Assessments." *Journal of Personality and Social Psychology* 77, no. 6 (Dec. 1999): 1121–34.

Kuhn, S., D. Kugler, K. Schmalen, M. Weichenberger, C. Witt, and J. Gallinat. "The Myth of Blunted Gamers: No Evidence for Desensitization in Empathy for Pain After a Violent Video Game Intervention in a Longitudinal fMRI Study on Non-Gamers." *Neurosignals* 26, no. 1 (Jan. 31, 2018): 22–30.

Letzner, S., O. Gunturkun, and C. Beste. "How Birds Outperform Humans in Multi-Component Behavior." *Current Biology* 27, no. 18 (Sep. 25, 2017): R996-R98.

Libet, B., C. A. Gleason, E. W. Wright, and D. K. Pearl. "Time of Conscious Intention to Act in Relation to Onset of Cerebral Activity (Readiness-Potential). The Unconscious Initiation of a Freely Voluntary Act." *Brain* 106 (Pt. 3; Sep. 1983): 623–42.

Mackay, D. F., G. C. Smith, S. A. Cooper, R. Wood, A. King, D. N. Clark, and J. P. Pell. "Month of Conception and Learning Disabilities: A Record-Linkage Study of 801,592 Children." *American Journal of Epidemiology* 184, no. 7 (Oct. 1, 2016): 485–93.

Miller, B. L., J. Cummings, F. Mishkin, K. Boone, F. Prince, M. Ponton, and C. Cotman. "Emergence of Artistic

Talent in Frontotemporal Dementia." *Neurology* 51, no. 4 (Oct. 1998): 978–82.

Murphy, S. T., and R. B. Zajonc. "Affect, Cognition, and Awareness: Affective Priming with Optimal and Suboptimal Stimulus Exposures." *Journal of Personality and Social Psychology* 64, no. 5 (May 1993): 723–39.

Robinson, G. E., and A. B. Barron. "Epigenetics and the Evolution of Instincts." *Science* 356, no. 6333 (Apr. 7, 2017): 26–27.

Rydell, R. J., A. R. McConnell, and S. L. Beilock. "Multiple Social Identities and Stereotype Threat: Imbalance, Accessibility, and Working Memory." *Journal of Personality and Social Psychology* 96, no. 5 (May 2009): 949–66.

Sniekers, S., S. Stringer, K. Watanabe, P. R. Jansen, J. R. I. Coleman, E. Krapohl, E. Taskesen, et al. "Genome-Wide Association Meta-Analysis of 78,308 Individuals Identifies New Loci and Genes Influencing Human Intelligence." *Nature Genetics* 49, no. 7 (July 2017): 1107–12.

Snyder, A. W., E. Mulcahy, J. L. Taylor, D. J. Mitchell, P. Sachdev, and S. C. Gandevia. "Savant-Like Skills Exposed in Normal People by Suppressing the Left Fronto-Temporal Lobe." *Journal of Integrative Neuroscience* 2, no. 2 (Dec. 2003): 149–58.

Soon, C. S., M. Brass, H. J. Heinze, and J. D. Haynes. "Unconscious Determinants of Free Decisions in the Human Brain." *Nature Neuroscience* 11, no. 5 (May 2008): 543–45.

Stein, D. J., T. K. Newman, J. Savitz, and R. Ramesar. "Warriors Versus Worriers: The Role of Comt Gene Variants." *CNS Spectrums* 11, no. 10 (Oct. 2006): 745–48.

Tang, Y. P., E. Shimizu, G. R. Dube, C. Rampon, G. A. Kerchner, M. Zhuo, G. Liu, and J. Z. Tsien. "Genetic Enhancement of Learning and Memory in Mice." *Nature* 401, no. 6748 (Sep. 2, 1999): 63–69.

Webster, G. D., G. R. Urland, and J. Correll. “Can Uniform Color Color Aggression? Quasi-Experimental Evidence From Professional Ice Hockey.” *Social Psychological and Personality Science* 3, no. 3 (2011): 274–81.

Wimmer, M. E., L. A. Briand, B. Fant, L. A. Guercio, A. C. Arreola, H. D. Schmidt, S. Sidoli, et al. “Paternal Cocaine Taking Elicits Epigenetic Remodeling and Memory Deficits in Male Progeny.” *Molecular Psychiatry* 22, no. 11 (Nov. 2017): 1641–50.

第九章　瞭解自己的信仰

Blanke, O., and S. Arzy. “The Out-of-Body Experience: Disturbed Self-Processing at the Temporo-Parietal Junction.” *Neuroscientist* 11, no. 1 (Feb. 2005): 16–24.

Block, J., and J. H. Block. “Nursery School Personality and Political Orientation Two Decades Later.” *Journal of Research in Personality* 40 (2006): 734–49.

Borjigin, J., U. Lee, T. Liu, D. Pal, S. Huff, D. Klarr, J. Sloboda, et al. “Surge of Neurophysiological Coherence and Connectivity in the Dying Brain.” *Proceedings of the National Academy of the Sciences USA* 110, no. 35 (Aug. 27, 2013): 14432–37.

Carney, D. R., J. T. Jost, S. D. Gosling, and J. Potter. “The Secret Lives of Liberals and Conservatives: Personality Profiles, Interaction Styles, and the Things They Leave Behind.” *Politicial Psychology* 29, no. 6 (2008): 807–40.

Caspar, E. A., J. F. Christensen, A. Cleeremans, and P. Haggard. “Coercion Changes the Sense of Agency in the Human Brain.” *Current Biology* 26, no. 5 (Mar. 7, 2016): 585–92.

Chawla, L. S., S. Akst, C. Junker, B. Jacobs, and M. G. Seneff. “Surges of Electroencephalogram Activity at the Time of Death: A Case Series.” *Journal of Palliative Medicine* 12, no. 12 (Dec. 2009): 1095–100.

Eidelman, S., C. S. Crandall, J. A. Goodman, and J. C. Blanchar. "Low-Effort Thought Promotes Political Conservatism." *Personality and Social Psychology Bulletin* 38, no. 6 (June 2012): 808–20.

Emory University. "Emory Study Lights Up the Political Brain." www.emory.edu/news/Releases/PoliticalBrain1138113163.html.

Haider-Markel, D. P., and M. R. Joslyn. " 'Nanny' State Politics: Causal Attributions About Obesity and Support for Regulation." *American Politics Research* 46, no. 2 (2017): 199–216.

Holstege, G., J. R. Georgiadis, A. M. Paans, L. C. Meiners, F. H. van der Graaf, and A. A. Reinders. "Brain Activation During Human Male Ejaculation." *Journal of Neuroscience* 23, no. 27 (Oct. 8 2003): 9185–93.

Horne, Z., D. Powell, J. E. Hummel, and K. J. Holyoak. "Countering Antivaccination Attitudes." *Proceedings of the National Academy of the Sciences USA* 112, no. 33 (Aug. 18, 2015): 10321–24.

Janoff-Bulman, R. "To Provide or Protect: Motivational Bases of Political Liberalism and Conservatism." *Psychological Inquiry* 20, no. 2–3 (2009): 120–28.

Kanai, R., T. Feilden, C. Firth, and G. Rees. "Political Orientations Are Correlated With Brain Structure in Young Adults." *Current Biology* 21, no. 8 (Apr. 26, 2011): 677–80.

Kaplan, J. T., S. I. Gimbel, and S. Harris. "Neural Correlates of Maintaining One's Political Beliefs in the Face of Counterevidence." *Scientific Reports* 6 (Dec. 23, 2016): 39589.

Konnikova, Maria. "The Real Lesson of the Standford Prison Experiment." www.newyorker.com/science/maria-konnikova/the-real-lesson-of-the-stanford -prison-experiment.

Levine, M., A. Prosser, D. Evans, and S. Reicher. "Identity and Emergency Intervention: How Social Group Membership and Inclusiveness of Group Boundaries Shape Helping Behavior." *Personality and Social*

Psychology Bulletin 31, no. 4 (Apr. 2005): 443–53.

Musolino, Julien. *The Soul Fallacy: What Science Shows We Gain From Letting Go of Our Soul Beliefs*. Amherst, NY: Prometheus Books, 2015.

Oxley, D. R., K. B. Smith, J. R. Alford, M. V. Hibbing, J. L. Miller, M. Scalora, P. K. Hatemi, and J. R. Hibbing. "Political Attitudes Vary With Physiological Traits." *Science* 321, no. 5896 (Sep. 19, 2008): 1667–70.

Parnia, S., K. Spearpoint, G. de Vos, P. Fenwick, D. Goldberg, J. Yang, J. Zhu, et al. "Aware-Awareness During Resuscitation-a Prospective Study." *Resuscitation* 85, no. 12 (Dec. 2014): 1799–805.

Paul, G. S. "Cross-National Correlations of Quantifiable Societal Health With Popular Religiosity and Secularism in the Prosperous Democracies." *Journal of Religion and Society* 7 (2005).

Pinker, S. "The Brain: The Mystery of Consciousness." *TIME,* http://content.time .com/time/magazine/article/0,9171,1580394-1,00.html.

Sample, Ian. "Stephen Hawking: 'There Is No Heaven; It's a Fairy Story.' " *The Guardian,* www.theguardian.com/science/2011/may/15/stephen-hawking -interview-there-is-no-heaven.

Settle, J. E., C. T. Dawes, N. A. Christakis, and J. H. Fowler. "Friendships Moderate an Association Between a Dopamine Gene Variant and Political Ideology." *Journal of Politics* 72, no. 4 (2010): 1189–98.

Sharot, Tali. *The Influential Mind: What the Brain Reveals About Our Power to Change Others*. New York: Henry Holt and Co., 2017.

Sunstein, C. R., S. Bobadilla-Suarez, S. Lazzaro, and T. Sharot. "How People Update Beliefs About Climate Change: Good News and Bad News." *Social Science Research Network* (2016): https://ssrn.com/abstract=2821919.

Westen, D., P. S. Blagov, K. Harenski, C. Kilts, and S. Hamann. "Neural Bases of Motivated Reasoning: An fMRI

Study of Emotional Constraints on Partisan Political Judgment in the 2004 U.S. Presidential Election." *Journal of Cognitive Neuroscience* 18, no. 11 (Nov. 2006): 1947–58.

第十章　瞭解人類的未來

Anderson, S. C., J. F. Cryan, and T. Dinan. *The Psychobiotic Revolution: Mood, Food, and the New Science of the Gut-Brain Connection*. Washington, D.C.: National Geographic, 2017.

Armstrong, D., and M. Ma. "Researcher Controls Colleague's Motions in 1st Human Brain-to-Brain Interface." *UW News,* Aug. 27, 2013.

Benito E., C. Kerimoglu, B. Ramachandran, T. Pena-Centeno, G. Jain, R. M. Stilling, M. R. Islam, V. Capece, Q. Zhou, D. Edbauer, C. Dean, and A. Fischer. "RNA-Dependent Intergenerational Inheritance of Enhanced Synaptic Plasticity After Environmental Enrichment." *Cell Reports* 23, no. 2 (Apr. 10, 2018): 546–54.

Benmerzouga, I., L. A. Checkley, M. T. Ferdig, G. Arrizabalaga, R. C. Wek, and W. J. Sullivan, Jr. "Guanabenz Repurposed as an Antiparasitic With Activity Against Acute and Latent Toxoplasmosis." *Antimicrobial Agents and Chemotherapy* 59, no. 11 (Nov. 2015): 6939–45.

Berger, T. W., R. E. Hampson, D. Song, A. Goonawardena, V. Z. Marmarelis, and S. A. Deadwyler. "A Cortical Neural Prosthesis for Restoring and Enhancing Memory." *Journal of Neural Engineering* 8, no. 4 (Aug. 2011): 046017.

Bieszczad, K. M., K. Bechay, J. R. Rusche, V. Jacques, S. Kudugunti, W. Miao, N. M. Weinberger, J. L. McGaugh, and M. A. Wood. "Histone Deacetylase Inhibition Via RGFP966 Releases the Brakes on Sensory Cortical Plasticity and the Specificity of Memory Formation." *Journal of Neuroscience* 35, no. 38 (Sep. 23, 2015): 13124–32.

Cavazzana-Calvo, M., S. Hacein-Bey, G. de Saint Basile, F. Gross, E. Yvon, P. Nusbaum, F. Selz, et al. "Gene Therapy of Human Severe Combined Immunodeficiency (SCID)-X1 Disease." *Science* 288, no. 5466 (Apr. 28, 2000): 669–72.

Chueh, A. C., J. W. Tse, L. Togel, and J. M. Mariadason. "Mechanisms of Histone Deacetylase Inhibitor-Regulated Gene Expression in Cancer Cells." *Antioxidants & Redox Signaling* 23, no. 1 (July 1, 2015): 66–84.

Cott, Emma. "Prosthetic Limbs, Controlled by Thought." *New York Times,* www.nytimes.com/2015/05/21/technology/a-bionic-approach-to-prosthetics -controlled-by-thought.html.

Desbonnet, L., L. Garrett, G. Clarke, B. Kiely, J. F. Cryan, and T. G. Dinan. "Effects of the Probiotic *Bifidobacterium infantis* in the Maternal Separation Model of Depression." *Neuroscience* 170, no. 4 (Nov. 10, 2010): 1179–88.

Eichler, F., C. Duncan, P. L. Musolino, P. J. Orchard, S. De Oliveira, A. J. Thrasher, M. Armant, et al. "Hematopoietic Stem-Cell Gene Therapy for Cerebral Adrenoleukodystrophy." *New England Journal of Medicine* 377, no. 17 (Oct. 26, 2017): 1630–38.

Guan, J. S., S. J. Haggarty, E. Giacometti, J. H. Dannenberg, N. Joseph, J. Gao, T. J. Nieland, et al. "HDAC2 Negatively Regulates Memory Formation and Synaptic Plasticity." *Nature* 459, no. 7243 (May 7, 2009): 55–60.

Hemmings, S. M. J., S. Malan-Muller, L. L. van den Heuvel, B. A. Demmitt, M. A. Stanislawski, D. G. Smith, A. D. Bohr, et al. "The Microbiome in Posttraumatic Stress Disorder and Trauma-Exposed Controls: An Exploratory Study." *Psychosomatic Medicine* 79, no. 8 (Oct. 2017): 936–46.

Hochberg, L. R., M. D. Serruya, G. M. Friehs, J. A. Mukand, M. Saleh, A. H. Caplan, A. Branner, et al. "Neuronal Ensemble Control of Prosthetic Devices by a Human With Tetraplegia." *Nature* 442, no. 7099 (July 13, 2006): 164–71.

Hsiao, E. Y., S. W. McBride, S. Hsien, G. Sharon, E. R. Hyde, T. McCue, J. A. Codelli, et al. "Microbiota Modulate

Behavioral and Physiological Abnormalities Associated With Neurodevelopmental Disorders." *Cell* 155, no. 7 (Dec. 19, 2013): 1451–63.

Jacka, F. N., A. O'Neil, R. Opie, C. Itsiopoulos, S. Cotton, M. Mohebbi, D. Castle, et al. "A Randomised Controlled Trial of Dietary Improvement for Adults With Major Depression (the 'Smiles' Trial)." *BMC Medicine* 15, no. 1 (Jan. 30, 2017): 23.

Kaliman, P., M. J. Alvarez-Lopez, M. Cosin-Tomas, M. A. Rosenkranz, A. Lutz, and R. J. Davidson. "Rapid Changes in Histone Deacetylases and Inflammatory Gene Expression in Expert Meditators." *Psychoneuroendocrinology* 40 (Feb. 2014): 96–107.

Kilgore, M., C. A. Miller, D. M. Fass, K. M. Hennig, S. J. Haggarty, J. D. Sweatt, and G. Rumbaugh. "Inhibitors of Class 1 Histone Deacetylases Reverse Contextual Memory Deficits in a Mouse Model of Alzheimer's Disease." *Neuropsychopharmacology*

35, no. 4 (Mar. 2010): 870–80.

Kindt M., M. Soeter, and B. Vervliet. "Beyond Extinction: Erasing Human Fear Responses and Preventing the Return of Fear." *Nature Neuroscience* 12, no. 3 (Mar. 2009): 256–58.

Liang, P., Y. Xu, X. Zhang, C. Ding, R. Huang, Z. Zhang, J. Lv, et al. "CRISPR/ Cas9-Mediated Gene Editing in Human Tripronuclear Zygotes." *Protein Cell* 6, no. 5 (May 2015): 363–72.

Lindholm, M. E., S. Giacomello, B. Werne Solnestam, H. Fischer, M. Huss, S. Kjellqvist, and C. J. Sundberg. "The Impact of Endurance Training on Human Skeletal Muscle Memory, Global Isoform Expression and Novel Transcripts." *PLoS Genetics* 12, no. 9 (Sep. 2016): e1006294.

Messaoudi, M., R. Lalonde, N. Violle, H. Javelot, D. Desor, A. Nejdi, J. F. Bisson, et al. "Assessment of Psychotropic-Like Properties of a Probiotic Formulation *(Lactobacillus helveticus* R0052 and *Bifidobacterium longum* R0175) in Rats and Human Subjects." *British Journal of Nutrition* 105, no. 5 (Mar. 2011): 755–64.

Olds, D. L., J. Eckenrode, C. R. Henderson, Jr., H. Kitzman, J. Powers, R. Cole, K. Sidora, et al. "Long-Term Effects of Home Visitation on Maternal Life Course and Child Abuse and Neglect. Fifteen-Year Follow-up of a Randomized Trial." *JAMA* 278, no. 8 (Aug. 27, 1997): 637–43.

Seckel, Scott. "Asu Researcher Creates System to Control Robots With the Brain." ASU Now, asunow.asu.edu/20160710-discoveries-asu-researcher-creates -system-control-robots-brain.

Silverman, L. R. "Targeting Hypomethylation of DNA to Achieve Cellular Differentiation in Myelodysplastic Syndromes (MDS)." *Oncologist* 6 Suppl. 5 (2001): 8–14.

Singh, R. K., H. W. Chang, D. Yan, K. M. Lee, D. Ucmak, K. Wong, M. Abrouk, et al. "Influence of Diet on the Gut Microbiome and Implications for Human Health." *Journal of Translational Medicine* 15, no. 1 (Apr. 8, 2017): 73.

Sleiman, S. F., J. Henry, R. Al-Haddad, L. El Hayek, E. Abou Haidar, T. Stringer, D. Ulja, et al. "Exercise Promotes the Expression of Brain Derived Neurotrophic Factor (BDNF) through the Action of the Ketone Body Beta-Hydroxybutyrate." *Elife* 5 (June 2, 2016).

Weaver, I. C., N. Cervoni, F. A. Champagne, A. C. D'Alessio, S. Sharma, J. R. Seckl, S. Dymov, M. Szyf, and M. J. Meaney. "Epigenetic Programming by Maternal Behavior." *Nature Neuroscience* 7, no. 8 (Aug. 2004): 847–54.